罗洛·梅文集

郭本禹 杨韶刚 主编

爱与意志

LOVE AND WILL

[美] 罗洛·梅　著
ROLLO MAY

宏梅　梁华　译

中国人民大学出版社

·北京·

总　序

罗洛·梅（Rollo May，1909—1994）被称为"美国存在心理学之父"，也是人本主义心理学的杰出代表。20 世纪中叶，他把欧洲的存在主义哲学和心理学思想介绍到美国，开创了美国的存在分析学和存在心理治疗。他著述颇丰，其思想内涵带给现代人深刻的精神启示。

一、罗洛·梅的学术生平

罗洛·梅于 1909 年 4 月 21 日出生在俄亥俄州的艾达镇。此后不久，他随全家迁至密歇根州的麦里恩市。罗洛·梅幼时的家庭生活很不幸，父母都没有受过良好的教育，而且关系不和，经常争吵，两人后来分居，最终离婚。他的母亲经常离家出走，不照顾孩子，根据罗洛·梅的回忆，母亲是"到处咬人的疯狗"。他的父亲同样忽视子女的成长，甚至将女儿患心理疾病的原因归于受教育太多。由于父亲是基督教青年会的秘书，因而全家经常搬来搬去，罗洛·梅称自己总是"圈子中的新成员"。作为家中的长子，罗洛·梅很早就承担起家庭的重担。他幼年时最美好的记忆是离家不远的圣克莱尔河，他称这条河是自己"纯洁的、深切的、超凡的和美丽的朋友"。在这里，他夏天游泳，冬天滑冰，或是坐在岸边，看顺流而下运矿石的大船。不幸的早年生活激发了罗洛·梅日后对心理学和心理咨询的兴趣。

罗洛·梅很早就对文学和艺术产生了兴趣。他在密歇根州立学院读书时，最感兴趣的是英美文学。由于他主编的一份激进的文学刊物惹恼了校方，所以他转学到俄亥俄州的奥柏林学院。在此，他投身于艺术课程，学习绘画，深受古希腊艺术和文学的影响。1930年获得该校文学学士学位后，他随一个艺术团体到欧洲游历，学习各国的绘画等艺术。他在由美国人在希腊开办的阿纳托利亚学院教了三年英文，这期间他对古希腊文明有了更深刻的体认。罗洛·梅终生保持着对文学和艺术的兴趣，这在他的著作中也充分体现出来。

1932年夏，罗洛·梅参加了阿德勒（Alfred Adler）在维也纳山区一个避暑胜地举办的暑期研讨班，有幸结识了这位著名的精神分析学家。阿德勒是弗洛伊德（Sigmund Freud）的弟子，但与弗洛伊德强调性本能的作用不同，阿德勒强调人的社会性。罗洛·梅在研讨班中与阿德勒进行了热烈的交流和探讨。他非常赞赏阿德勒的观点，并从阿德勒那里接受了许多关于人的本性和行为等方面的心理学思想。可以说，阿德勒为罗洛·梅开启了心理学的大门。

1933年，罗洛·梅回到美国。1934—1936年，他在密歇根州立学院担任学生心理咨询员，并编辑一本学生杂志。但他不安心于这份工作，希望得到进一步的深造。罗洛·梅原本希望到哥伦比亚大学学习心理学，但他发现那里所讲授的全是行为主义的观点，与自己的兴趣不合。于是，他进入纽约联合神学院学习神学，并于1938年获得神学学士学位。罗洛·梅在这里做了一个迂回。他先学习神学，之后又转回心理学。这个迂回对罗洛·梅至关重要。他在这里学习到有关人的存在的知识，接触到焦虑、爱、恨、悲剧等主题，这些主题在他日后的著作中都得到了阐释。

在联合神学院，罗洛·梅还结识了被他称为"朋友、导师、精神之父和老师"的保罗·蒂利希（Paul Tillich），他对罗洛·梅学术生涯的发展产生了至关重要的影响。蒂利希是流亡美国的德裔存在主义哲学家，罗洛·梅常去听蒂利希的课，并与他结为终生好友。从蒂利希那里，罗洛·梅第一次系统地学习了存在主义哲学，了解到存在主义鼻祖克尔凯郭尔（Soren Kierkegaard）和存在主义大师海德格尔（Martin Heidegger）的思想。罗洛·梅思想中的许多关键概念，如生命力、意向性、勇气、无意义的焦虑等，都可以看到蒂利希的影子。为纪念这位良师诤友，罗洛·梅出版了三部关于蒂利希的著作。此外，罗洛·梅还受到德国心理学家戈德斯坦（Kurt Goldstein）的影响，接受了他关于自我实现、焦虑和恐惧的观点。

从纽约联合神学院毕业后，罗洛·梅被任命为公理会牧师，在新泽西州的蒙特克莱尔做了两年牧师。他对这个职业并不感兴趣，最终还是回到了心理学领域。在这期间，罗洛·梅出版了自己的第一部著作《咨询的艺术：如何给予和获得心理健康》（*The Art of Counseling: How to Give and Gain Mental Health*，1939）。20 世纪 40 年代初，罗洛·梅到纽约城市学院担任心理咨询员。同时，他进入纽约著名的怀特精神病学、心理学和精神分析研究院（下称怀特研究院）学习精神分析。他在怀特研究院受到精神分析社会文化学派的影响。当时，该学派的成员沙利文（Harry Stack Sullivan）为该研究院基金会主席，另一位成员弗洛姆（Erich Fromm）也在该研究院任教。社会文化学派与阿德勒一样，也不赞同弗洛伊德的性本能观点，而是重视社会文化对人格的影响。该学派拓展了罗洛·梅的学术视野，并进一步确立了他对存在的探究。

通过在怀特研究院的学习，罗洛·梅于1946年成为一名开业心理治疗师。在此之前，他已进入哥伦比亚大学攻读博士学位。但1942年，他感染了肺结核，差点死去。这是他人生的一大难关。肺结核在当时被视作不治之症，罗洛·梅在疗养院住院三年，经常感受到死亡的威胁，除了漫长的等待之外别无他法。但难关同时也是一种契机，他在面临死亡时，得以切身体验自身的存在，并以自己的理论加以观照。罗洛·梅选择了焦虑这个主题为突破点。结合深刻的焦虑体验，他仔细阅读了弗洛伊德的《焦虑的问题》（*The Problem of Anxiety*）、克尔凯郭尔的《焦虑的概念》（*The Concept of Anxiety*），以及叔本华（Arthur Schopenhauer）、尼采（Friedrich Wilhelm Nietzsche）等人的著作。他认为，在当时的疾病状况下，克尔凯郭尔的话更能打动他的心，因为它触及焦虑的最深层结构，即人类存在的本体论问题。康复之后，罗洛·梅在蒂利希的指导下，以其亲身体验和内心感悟写出博士学位论文《焦虑的意义》（*The Meaning of Anxiety*）。1949年，他以优异成绩获得哥伦比亚大学授予的第一个临床心理学博士学位。博士学位论文的完成，标志着罗洛·梅思想的形成。此时，他已届不惑之年。

自 20 世纪 50 年代起，罗洛·梅的学术成就突飞猛进。他陆续出版多种著作，将存在心理学拓展到爱、意志、权力、创造、梦、命运、神话等诸多主题。同时，他也参与到心理学的历史进程中。这一方面表现在他对发展美国存在心理学的贡献上。1958 年，他与安杰尔（Ernest Angel）和艾伦伯格（Henri Ellenberger）合作主编了《存在：精神病学和心理学的新方向》（*Existence: A New Dimension in Psychiatry and Psychology*），向美国的读者介绍欧洲的存在心理学和存在心理治疗思想，此书标志着美国存在心理学本土化的完成。1958—1959 年，罗洛·梅组织了两次关于存在心理学的专题讨论会。第一次专题讨论会后形成了美国心理治疗家学院。第二次是 1959 年在美国心理学会辛辛那提年会上举行的存在心理学特别专题讨论会，这是存在心理学第一次出现在美国心理学会官方议事日程上。这次会议的论文集由罗洛·梅主编，并以《存在心理学》（*Existential Psychology*，1960）为名出版，该书推动了美国存在心理学的进一步发展。1959 年，他开始主编油印的《存在探究》杂志，该杂志后改为《存在心理学与精神病学评论》，成为存在心理学和精神病学会的官方杂志。正是由于这些工作，罗洛·梅被誉为"美国存在心理学之父"。另一方面，罗洛·梅积极参与人本主义心理学的活动，推动了人本主义心理学的发展。1963 年，他参加了在费城召开的美国人本主义心理学会成立大会，此次会议标志着人本主义心理学的诞生。1964 年，他参加了在康涅狄格州塞布鲁克召开的人本主义心理学大会，此次会议标志着人本主义心理学为美国心理学界所承认。他曾对行为主义者斯金纳（Burrhus Frederic

Skinner）的环境决定论和机械决定论提出严厉的批评，也不赞成弗洛伊德精神分析的本能决定论和泛性论观点，将精神分析改造为存在分析。他还通过与其他人本主义心理学家争论，推动了人本主义心理学的健康发展。其中最有名的是他与罗杰斯（Carl Rogers）的著名论辩，他反对罗杰斯的性善论，提倡善恶兼而有之的观点。

20世纪50年代中期，罗洛·梅积极参与纽约州立法，反对美国医学会试图把心理治疗作为医学的一个专业，只有医学会的会员才能具有从业资格的做法。在60年代后期和70年代早期，罗洛·梅投身反对越南战争、反核战争、反种族歧视运动以及妇女自由运动，批评美国文化中欺骗性的自由与权力观点。到了70年代后期和80年代，罗洛·梅承认自己成为一名更加温和的存在主义者，反对极端的主观性和否定任何客观性。他坚持人性中具有恶的一面，但对人的潜能运动和会心团体持朴素的乐观主义态度。

1948年，罗洛·梅成为怀特研究院的一名成员；1952年，升为研究员；1958年，担任该研究院的院长；1959年，成为该研究院的督导和培训分析师，并一直工作到1974年退休。罗洛·梅曾长期担任纽约市的社会研究新学院主讲教师（1955—1976），他还先后做过哈佛大学（1964）、普林斯顿大学（1967）、耶鲁大学（1972）、布鲁克林学院（1974—1975）的访问教授，以及纽约大学的资深学者（1971）和加利福尼亚大学圣克鲁斯分校董事教授（1973）。此外，他还担任过纽约心理学会和美国精神分析学会主席等多种学术职务。

1975年，罗洛·梅移居加利福尼亚，继续他的私人临床实践，并为人本主义心理学大本营塞布鲁克研究院和加利福尼亚职业心理学学院工作。

罗洛·梅与弗洛伦斯·德弗里斯（Florence DeFrees）于1938年结婚。他们在一起度过了30年的岁月后离婚。两人育有一子两女，儿子罗伯特·罗洛（Robert Rollo）曾任阿默斯特学院的心理咨询主任，女儿卡罗林·简（Carolyn Jane）和阿莱格拉·安妮（Allegra Anne）是双胞胎，前者是社会工作者、治疗师和画家，后者是纪录片创作者。罗洛·梅的第二任妻子是英格里德·肖勒（Ingrid Scholl），他们于1971年结婚，7年后分手。1988年，他与第三任妻子乔治亚·米勒·约翰逊（Georgia Miller Johnson）走到一起。乔治亚是一位荣格学派的分析心理学治疗师，她是罗洛·梅的知心伴侣，陪伴他走过了最后的岁月。1994年10月22日，罗洛·梅因多种疾病在加利福尼亚的家中逝世。

罗洛·梅曾先后获得十多个名誉博士学位和多种奖励，他尤为得意的是两次获得克里斯托弗奖章，以及美国心理学会颁发的临床心理学科学和职业杰出贡献奖与美国心理学基金会颁发的心理学终身成就奖章。

1987年，塞布鲁克研究院建立了罗洛·梅中心。该中心由一个图书馆和一个研究项目组成，鼓励研究者秉承罗洛·梅的精神进行研究和出版作品。1996年，美国心理学会人本主义心理学分会设立了罗洛·梅奖。这表明罗洛·梅在今天依然产生着影响。

二、罗洛·梅的基本著作

罗洛·梅一生著述丰富，出版了 20 余部著作，发表了许多论文。他在 80 岁高龄时，仍然坚持每天写作 4 个小时。我们按他思想发展的历程来介绍其主要作品。

罗洛·梅的两部早期著作是《咨询的艺术：如何给予和获得心理健康》（1939）和《创造性生命的源泉：人性与神的研究》（*The Springs of Creative Living: A Study of Human Nature and God*，1940）。《咨询的艺术：如何给予和获得心理健康》一书是罗洛·梅于 1937 年和 1938 年在教会举行的"咨询与人格适应"研讨会上的讲稿。该书是美国出版的第一部心理咨询著作，具有重要的学术意义。该书再版多次，到 1989 年已印刷 15 万册。在这部著作中，罗洛·梅提倡在理解人格的基础上进行咨询实践。他认为，人格是生活过程的实现，它围绕生活的终极意义或终极结构展开。咨询师通过共情和理解，调整患者人格内部的紧张，使其人格发生转变。该书虽然明显有精神分析和神学的痕迹，但已经在一定程度上表现出罗洛·梅的后期思想。《创造性生命的源泉：人性与神的研究》一书与前一部著作并无大的差异，只是更明确地表述了健康人格和宗教信念。在与里夫斯（Clement Reeves）的通信中，罗洛·梅表示拒绝该书再版。这一时期出版的著作还有《咨询服务》（*The Ministry of Counseling*，1943）一书。

罗洛·梅思想形成的标志是《焦虑的意义》（1950）一书的问

世。该书是在他的博士学位论文基础上修改而成的。在这部著作中，罗洛·梅对焦虑进行了系统研究。他在考察哲学、生物学、心理学和文化学的焦虑观基础上，通过借鉴克尔凯郭尔的观点，结合临床案例，提出了自己的观点。他将焦虑置于人的存在的本体论层面，视作人的存在受到威胁时的反应，并对其进行了详细的描述。通过焦虑研究，罗洛·梅逐渐形成了以人的存在为核心的思想。在这种意义上，该书为罗洛·梅此后的著作奠定了框架基础。

1953年，罗洛·梅出版了《人的自我寻求》(*Man's Search for Himself*)，这是他早期最畅销的一本书。他用自己的思想对现代社会进行了整体分析。他以人格为中心，探究了在孤独、焦虑、异化和冷漠的时代自我的丧失和重建，分析了现代社会危机的心理学根源，指出自我的重新发现和自我实现是其根本出路。该书涉及自由、爱、创造性、勇气和价值等一系列重要主题，这些主题是罗洛·梅此后逐一探讨的问题。可以说，该书是罗洛·梅思想全面展开的标志。

在思想形成的同时，罗洛·梅还积极推进美国存在心理学的发展。这首先反映在他与安杰尔和艾伦伯格合作主编的《存在：精神病学和心理学的新方向》(1958)中。该书是一部译文集，收录了欧洲存在心理学家宾斯万格(Ludwig Binswanger)、明可夫斯基(Eugene Minkowski)、冯·格布萨特尔(V. E. von Gebsattel)、斯特劳斯(Erwin W. Straus)、库恩(Roland Kuhn)等人的论文。罗洛·梅撰写了两篇长篇导言：《心理学中的存在主义运动的起源与意义》和《存在心理治疗的贡献》。这两篇导言清晰明快地介绍了存在心理学的思想，其价值不亚于后面欧洲存在心理学家的论文。该书被誉为美国存在心理学的"圣经"。罗洛·梅对美国存在心理学发展的推进还反映在他主编的《存在心理学》中。书中收入了罗洛·梅的两篇论文：《存在心理学的产生》和《心理治疗的存在基础》。

1967 年，罗洛·梅出版了《存在心理治疗》（*Existential Psychotherapy*），该书由罗洛·梅为加拿大广播公司系列节目《观念》所做的六篇广播讲话结集而成。该书简明扼要地阐述了罗洛·梅的许多核心观点，其中许多主题在罗洛·梅以后的著作中以扩展的形式出现。次年，他与利奥波德·卡利格（Leopold Caligor）合作出版了《梦与象征：人的潜意识语言》（*Dreams and Symbols: Man's Unconscious Language*）。他们在书中通过分析一位女病人的梦，阐发了关于梦和象征的观点。在他们看来，梦反映了人更深层的关注，它能够使人超越现实的局限，达到经验的统一。同时，梦能够使人体验到象征，象征则是将各种分裂整合起来的自我意识的语言。罗洛·梅关于象征的观点还见于他主编的《宗教与文学中的象征》（*Symbolism in Religion and Literature*，1960）一书，该书收入了他的《象征的意义》一文，该文还收录在《存在心理治疗》中。

1969 年，罗洛·梅出版了《爱与意志》（*Love and Will*）。该书是罗洛·梅最富原创性和建设性的著作，一经面世，便成为美国最受欢迎的畅销书之一，曾荣获爱默生奖。写作该书时，罗洛·梅与第一任妻子的婚姻正走向尽头。因此，该书既是他对自己生活的反思，也是他对现代社会的深刻洞察。该书阐述了他对爱与意志的心理学意义的看法，分析了爱与意志、愿望、选择和决策的关系，以及它们在心理治疗中的应用。罗洛·梅将这些主题置于现代社会情境下，揭示了人们日趋恶化的生存困境，并呼吁通过正视自身、勇于担当来成长和发展。

从 20 世纪 70 年代起，罗洛·梅开始将自己的思想拓展到诸多领域。1972 年，他出版了《权力与无知：寻求暴力的根源》(*Power and Innocence: A Search for the Sources of Violence*)。正如其副标题所示，该书目的在于探讨美国社会和个人的暴力问题，阐述了在焦虑时代人的困境与权力的关系。罗洛·梅从社会中的无力感出发，认为当无力感导致冷漠，而人的意义感受到压抑时，就会爆发不可控制的攻击。因此，暴力是人确定自我进而发展自我的一种途径，当然这并非整合性的途径。围绕自我的发展，罗洛·梅又陆续出版了《创造的勇气》(*The Courage to Create*，1975) 和《自由与命运》(*Freedom and Destiny*，1981)。在《创造的勇气》中，罗洛·梅探讨了创造性的本质、局限以及创造性与潜意识和死亡等的关系。他认为，只有通过需要勇气的创造性活动，人才能表现和确定自己的存在。在《自由与命运》中，罗洛·梅将自由与命运视作矛盾的两端。人是自由的，但要受到命运的限制；反过来，只有在自由中，命运才有意义。在二者间的挣扎和奋斗中，凸显人自身以及人的存在。在《祈望神话》(*The Cry for Myth*，1991) 中，罗洛·梅将主题拓展到神话上。这是他生前最后一部重要的著作。罗洛·梅认为，神话能够展现出人类经验的原型，能够使人意识到自身的存在。在现代社会中，人们遗忘了神话，与此同时也意识不到自身的存在，由此导致人的迷失。

罗洛·梅还先后出版过两部文集，分别是《心理学与人类困境》（*Psychology and the Human Dilemma*，1967）和《存在之发现》（*The Discovery of Being*，1983）。《心理学与人类困境》收录了罗洛·梅20世纪五六十年代发表的论文。如书名所示，该书探讨了在焦虑时代生命的困境，阐明了自我认同客观现实世界的危险，指出自我的觉醒需要发现内在的核心性。从这种意义上，该书是对《人的自我寻求》中主题的进一步深化。罗洛·梅将现代人的困境追溯到人生存的种种矛盾上，如理性与非理性、主观性与客观性等。他对当时的心理学尤其是行为主义对该问题的忽视提出严厉批评。《存在之发现》以他在《存在：精神病学和心理学的新方向》中的导言为主题，较全面地展现了他的存在心理学和存在治疗思想。该书是存在心理学和存在心理治疗最简明、最权威的导论性著作。

罗洛·梅深受存在哲学家保罗·蒂利希的影响，先后出版了三本回忆保罗·蒂利希的书，它们分别是《保卢斯①：友谊的回忆》（*Paulus: Reminiscences of a Friendship*，1973）、《作为精神导师的保卢斯·蒂利希》（*Paulus Tillich as Spiritual Teacher*，1988）和《保卢斯：导师的特征》（*Paulus: The Dimensions of a Teacher*，1988）。

罗洛·梅积极参与人本主义心理学运动，他与罗杰斯和格林（Thomas C. Greening）合著了《美国政治与人本主义心理学》（*American Politics and Humanistic Psychology*，1984），还与罗杰斯、马斯洛（Abraham Maslow）合著了《政治与纯真：人本主义的争论》（*Politics and Innocence: A Humanistic Debate*，1986）。

---

① 保卢斯是保罗的爱称。

1985 年，罗洛·梅出版了自传《我对美的追求》（*My Quest for Beauty*，1985）。作为一位学者，他在回顾自己的一生时，以自己的理论对美进行了审视。贯穿全书的是他早年就印刻在内心的古希腊艺术精神。在他对生活的叙述中，不断涉及爱、创造性、价值、象征等主题。

罗洛·梅的最后一部著作是与他晚年的朋友和追随者施奈德（Kirk J. Schneider）合著的《存在心理学：一种整合的临床观》（*The Psychology of Existence: An Integrative, Clinical Perspective*，1995）。该书是为新一代心理治疗实践者所写的教科书，可视作《存在：精神病学和心理学的新方向》的延伸。在该书中，罗洛·梅提出了整合、折中的存在心理学观点，并把他的人生体验用于心理治疗，对自己的思想做了最后的总结。

此外，罗洛·梅还经常发表电视和广播讲话，留下了许多录像带和录音带，如《意志、愿望和意向性》（*Will, Wish and Intentionality*，1965）、《意识的维度》（*Dimensions of Consciousness*，1966）、《创造性和原始生命力》（*Creativity and the Daimonic*，1968）、《暴力和原始生命力》（*Violence and the Daimonic*，1970）、《发展你的内部潜源》（*Developing Your Inner Resources*，1980）等。

三、罗洛·梅的主要理论

罗洛·梅的思想围绕人的存在展开。我们从以下四方面阐述他的主要理论观点。

（一）存在分析观

在人类思想史上，存在问题一直是令人困扰的谜团。古希腊哲学家亚里士多德说过："存在之为存在，这个永远令人迷惑的问题，自古以来就被追问，今日还在追问，将来还会永远追问下去。"有时，我们也会产生如古人一样惊讶的困惑：自己居然活在这个世界上。但对这个困惑的深入思考，主要是存在主义哲学进行的。丹麦哲学家克尔凯郭尔是存在主义的先驱，他在反对哲学家黑格尔（G. W. F. Hegel）的纯粹思辨的形而上学的基础上，提出关注现实的人的存在，如人的焦虑、烦闷和绝望等。德国哲学家海德格尔第一个真正地将存在作为问题提了出来。他从区分存在与存在者入手，认为存在只能通过存在者来存在。在诸种存在者中，只有人的存在最为独特。这是因为，只有人的存在才能将存在的意义彰显出来。与海德格尔同时代的萨特（Jean-Paul Sartre）、梅洛－庞蒂（Maurice Merleau-Ponty）、雅斯贝尔斯（Karl Jaspers）和蒂利希等人都对存在主义进行了阐发，并对罗洛·梅产生了重要影响。当然，罗洛·梅着重于人的存在的心理层面，不同于哲学家们的思辨探讨，具有自身独特的风格。

1. 存在的核心

罗洛·梅关于人的存在的观点最为核心的是存在感。所谓存在感，就是指人对自身存在的经验。他认为，人不同于动物之处，就在于人具有自我存在的意识，能够意识到自身的存在，这就是存在感。存在感和我们日常较为熟悉的自我意识是较为接近的，但他指出，自我意识并非纯知性的意识，如知道我当前的工作计划。自我意识是对自身的体验，如感受到自己沉浸到自然万物之中。

罗洛·梅认为，人在意识到自身的存在时，能够超越各种分离，实现自我整合。只有人的自我存在意识才能够使人的各种经验得以连贯和统整，将身与心、人与自然、人与社会等连为一体。在这种意义上，存在感是通向人的内心世界的核心线索。看待一个人，尤其是其心理健康状况如何，应当视其对自身的感受而定。存在感越强、越深刻，个人自由选择的范围就越广，人的意志和决定就越具有创造性和责任感，人对自己命运的控制能力就越强。反之，一个人丧失了存在感，意识不到自我的存在价值，就会听命于他人，不能自由地选择和决定自己的未来，就会导致心理疾病。

2. 存在的本质

当人通过存在感体验到自己的存在时，他首先会发现，自己是活在这个世界之中的。存在的本质就是存在于世（being-in-the-world）。人存在于世界之中，与世界密不可分，共同构成一个整体，在生成变化中展现自己的丰富面貌。中国俗语"人生在世"就说明了这一点。人的存在于世意味着：（1）人与世界是不可分的整体。世界并非外在于人的存在，并非如行为主义所说的，是客观成分（如引起人的反应的刺激）的总和。事实上，人在世界之中，与事物存在独特的意义关联。比如，人看到一块石头，石头并非客观的刺激，它对人有着独特的意义，人的内心也许会浮起久远的往事，继而欢笑或悲伤。（2）人的存在始终是现实的、个别的和变化的。

人一生下来，就存在于世界之中，与具体的人或物打交道。换句话说，人是被抛到这个世界上的，人要现实地接受世界中的一切，也就是接受自己的命运。而且，人的存在始终在生成变化之中。人要在过去的基础上，朝向未来发展。人在变化中展现出不同于他人的自己独特的经验。（3）人的存在又是自己选择的。人在世界中并非被动地承受一切，而是通过自己的自由选择，并勇于承担由此带来的责任，发展自己，实现自己的可能性。

3. 存在的方式

人存在于世表现为三种存在方式。（1）存在于周围世界（Umwelt）之中。周围世界是指人的自然世界或物质世界，它是宇宙间自然万物的总和。人和动物都拥有这个世界，目的在于维持生物性的生存并获得满足。对人来说，除了自然环境外，还有人的先天遗传因素、生物性的需要、驱力和本能等。（2）存在于人际世界（Mitwelt）之中。人际世界是指人的人际关系世界，它是人所特有的世界。人在周围世界中存在的目的在于适应，而在人际世界中存在的目的在于真正地与他人交往。在交往中，双方增进了解并相互影响。在这种方式中，人不仅仅适应社会，而且更主动地参与到社会的发展中。（3）存在于自我世界（Eigenwelt）之中。自我世界是指人自己的世界，是人类所特有的自我意识世界。它是人真正看待世界并把握世界意义的基础。它告诉人，客体对自己来说具有怎样的意义。要把握客体的意义，就需要自我意识。因此，自我世界需要人的自我意识作为前提。现代人之所以失落精神活力，就在于放弃了自我世界，缺乏明确而坚强的自我意识，由此导致人际世界的表面化和虚伪化。人可以同时处于这三种方式的关系中，例如，人在进晚餐时（周围世界）与他人在一起（人际世界），并且感到身心愉悦（自我世界）。

4. 存在的特征

罗洛·梅认为，人的存在具有如下六种基本特征：（1）自我核心，指人以其独特的自我为核心。罗洛·梅坚持认为，每个人都是一个与众不同的独立存在，每个人都是独一无二的，没有人可以占有其他人的自我，心理健康的首要条件就在于接受自我的这种独特性。在他看来，神经症并非对环境的适应不良。事实上，它是一种逃避，是人为了保持自己的独特性，企图逃避实际的或幻想的外在环境的威胁，其目的依然在于保持自我核心性。（2）自我肯定，指人保持自我核心的勇气。罗洛·梅认为，人的自我核心不会自然发展和成长，人必须不断地鼓励自己、督促自己，使自我的核心性趋于成熟。他把这种督促和鼓励称为自我肯定，这是一种勇气的肯定。自我肯定是一种生存的勇气，没有它，人就无法确立自己的自我，更不能实现自己的自我。（3）参与，指在保持自我核心的基础上参与到世界中。罗洛·梅认为，个体必须保持独立，才能维护自我的核心性。但是，人又必须生活于世界之中，通过与他人分享和沟通，共享这一世界。人的独立性和参与性必须适得其所，平衡发展。一方面，过分的参与必然导致远离自我核心。现代人之所以感到空虚、无聊，在很大程度上就是由于顺从、依赖和参与过多，脱离了自我核心。另一方面，过分的独立会将自己束缚在狭小的自我世界内，缺乏正常的交往，必然损害人的正常发展。（4）觉知，指人与世界接触时所具有的直接感受。觉知是自我核心的主观方面，人通过觉知可以发现外在的威胁或危险。动物身上的觉知即警觉。罗洛·梅认为，觉知一旦形成习惯，往往变成自动化的行为，会在不知不觉中进行，因此它是比自我意识更直接的经验。觉知是自我意识的基础，人必须经过觉知才能形成自我意识。（5）自我意识，指人特有的觉知现象，是人能够跳出来反省自己的能力。它是人类最显著的本质特征，也是人不同于其他动物的标志。它使得人能够超越具体的世界，生活在"可能"的世界之中。此外，它还使得人拥有抽象观念，能用言语和象征符号与他人沟通。正是有了自我意识，人才能在面对自己、他人或世界时，从多种可能性中进行选择。（6）焦虑，指人的存在面临威胁时所产生的痛苦的情绪体验。罗洛·梅认为，每个人都不可避免地会产生焦虑体验。这是因为，人有自由选择的能力，并需要为选择的结果承担责任。潜能的衰弱或压抑会导致焦虑。在现实世界中，人常常感觉无法完美地实现自己的潜能，这种不愉快的经验会给人类带来无限的烦恼和焦虑。此外，人对自我存在的有限性即死亡的认识也会引起极度的焦虑。

（二）存在人格观

在罗洛·梅看来，人格所指的是人的整体存在，是有血有肉、有思想、有意志的人。他强调要将人的内在经验视作心理学研究的首要对象，而不应仅仅专注于外显的行为和抽象的理论解释。他曾指出，要想正确地认识人的真相，揭示人的存在的本质特征，必须重新回到生活的直接经验世界，将人的内在经验如实描述出来。

1. 人格结构

罗洛·梅在《咨询的艺术：如何给予和获得心理健康》一书中阐释了人格的本质结构。他认为，人的存在的四种因素，即自由、个体性、社会整合和宗教紧张感构成人格结构的基本成分。（1）自由。自由是人格的基本条件，是人整个存在的基础。罗洛·梅认为，人的行为并非如弗洛伊德所认为的那样，是盲目的；也非如行为主义所认为的那样，是环境决定的。人的行为是在自由选择的过程中进行的。他深信，自由选择的可能性不仅是心理治疗的先决条件，同时也是使病人重获责任感，重新决定自己生活的唯一基础。当然，自由并不是无限的，它受到时空、遗传、种族、社会地位等方面的限制。人恰恰是在利用现实限制的基础上进行自由选择，实现自己的独特性。（2）个体性。个体性是自我区别于他人的独特性，它是自我的前提。罗洛·梅强调，每一个自由的个体都是独立自主、与众不同的，而且在形成他独特的生活模式之前，人必须首先接受他的自我。人格障碍的主要原因之一就是自我无法个体化，丧失了自我的独特性。（3）社会整合。社会整合是指个人在保持自我独立性的同时，参与社会活动，进行人际交往，以个人的影响力作用于社会。社会整合是完整存在的条件。罗洛·梅在这里使用"整合"而非"适应"，目的在于表明人与社会的相互作用。他反对将社会适应良好作为心理健康的最佳标准。他认为，正常的人能够接受社会，进行自由选择，发掘社会的积极因素，充实和实现自我。（4）宗教紧张感。宗教紧张感是存在于人格发展中的一种紧张或不平衡状态，是人格发展的动力。罗洛·梅认为，人从宗教中能够获得人生的最高价值和生命的意义。宗教能够提升人的自由意志，发展人的道德意识，鼓励人负起自己的责任，勇敢地迈向自我实现。宗教紧张感的明显证明是人不断体验到的罪疚感。当人不可能实现自己的理想时，人就会体验到罪疚感。这种体验能够使人不断产生心理紧张，由此推动人格发展。

2. 人格发展

罗洛·梅以自我意识为线索，通过人摆脱依赖、逐渐分化的程度，勾勒出人格发展的四个阶段。

第一阶段为纯真阶段，主要指两三岁之前的婴儿时期。此时人的自我尚未形成，处于前自我时期。人的自我意识也处于萌芽状态，甚至可以称处于前自我意识时期。婴儿在本能的驱动下，做自己必须做的事情以满足自己的需要。婴儿虽然被割断了脐带，从生理上脱离了母体，甚至具有一定程度的意志力，如可以通过哭喊来表明其需要，但在很大程度上受缚于外界尤其是自己的母亲，并未在心理上"割断脐带"。婴儿在这一阶段形成了依赖性，并为此后的发展奠定基础。

第二阶段为反抗阶段，主要指两三岁至青少年时期。此时的人主要通过与世界相对抗来发展自我和自我意识。他竭力去获得自由，以确立一些属于自己的内在力量。这种对抗甚至夹杂着挑战和敌意，但他并未完全理解与自由相伴随的责任。此时的人处于冲突之中。一方面，他想按自己的方式行事；另一方面，他又无法完全摆脱对世界特别是父母的依赖，希望父母能给他们一定的支持。因此，如何恰当地处理好独立与依赖之间的矛盾，是这一阶段人格发展的重要问题。

第三阶段为平常阶段，这一阶段与上一阶段在时间上有所交叉，主要指青少年时期之后的时期。此时的人能够在一定程度上认识到自己的错误，原谅自己的偏见，在选择中承担责任。他能够产生内疚感和焦虑以承担责任。现实社会中的大多数人都处于这一阶段，但这并非真正成熟的阶段。由于伴随着责任的重担，此时的人往往采取逃避的方式，依从传统的价值观。所以，社会生活中的很多心理问题都是这一阶段的反映。

第四阶段为创造阶段，主要指成人时期。此时的人能够接受命运，以勇气面对人生的挑战。他能够超越自我，达到自我实现。他的自我意识是创造性的，能够超越日常的局限，达到人类存在最完善的状态。这是人格发展的最高阶段。真正达到这一阶段的人是很少的。只有那些宗教与世俗中的圣人以及伟大的创造性人物才能达到这一阶段。不过，常人有时在特殊时刻也能够体验到这一状态，如听音乐或是体验到爱或友谊时，但这是可遇而不可求的。

（三）存在主题观

罗洛·梅研究了人的存在的诸多方面，涉及大量的主题。我们以原始生命力、爱、焦虑、勇气和神话五个主题，来展现罗洛·梅丰富的理论观点。

1.原始生命力

原始生命力（the daimonic）是一种爱的驱动力量，是一个完整的动机系统，在不同的个体身上表现出不同的驱动力量。例如，在愤怒中，人怒气冲天，完全失去了理智，完全为一种力量所掌控，这就是原始生命力。在罗洛·梅看来，原始生命力是人类经验中的基本原型功能，是一种能够推动生命肯定自身、确证自身、维护自身、发展自身的内在动力。例如，爱能够推动个体与他人真正地交往，并在这种交往中实现自身的价值。

原始生命力具有如下特征：（1）统摄性。原始生命力是掌控整个人的一种自然力量或功能。例如，人们在生活中表现出强烈的性与爱的力量，人们在生气时的怒发冲冠、在激动时的慷慨激昂，人们对权力的强烈渴望等，都是原始生命力的表现。实际上，这就是指人在激情状态下不受意识控制的心理活动。（2）驱动性。原始生命力是使每一个存在肯定自身、维护自身、使自身永生和增强自身的一种内在驱力。在罗洛·梅看来，原始生命力可以使个体借助爱的形式来提升自身生命的价值，是用来创造和产生文明的一种内驱力。（3）整合性。原始生命力的最初表现形态是以生物学为基础的"非人性的力量"，因此，要使原始生命力在人类身上发挥积极的作用，就必须用意识来加以整合，把原始生命力与健康的人类之爱融合为一体。只有运用意识的力量坦然地接受它、消化它，与它建立联系，并把它与人类的自我融为一体，才能加强自我的力量，克服分裂和自我的矛盾状态，抛弃自我的伪装和冷漠的疏离感，使人更加人性化。（4）两重性。原始生命力既具有创造性又具有破坏性。如果个体能够很好地使用原始生命力，其魔力般的力量便可在创造性中表现出来，帮助个体实现自我；若原始生命力占据了整个自我，就会使个体充满破坏性。因此，人并非善的，也并非恶的，而是善恶兼而有之。（5）被引导性。由于原始生命力具有两重性，就需要人们有意识地对它加以指引和开导。在心理治疗中，治疗师的作用就是帮助来访者学会对自己的原始生命力进行正确的引导。

罗洛·梅的原始生命力概念隐含着弗洛伊德的本能的痕迹。原始生命力如同本能一样，具有强大的力量，能够将人控制起来。不过，罗洛·梅做出了重大的改进。原始生命力不再像本能那样是趋乐避苦的，它具有积极和消极两重性，而且，通过人的主动作用，能够融入人自身中。由此也可以看出罗洛·梅对精神分析学说的扬弃。

2. 爱

爱是一种独特的原始生命力，它推动人与所爱的人或物相联系，结为一体。爱具有善和恶的两面，它既能创造和谐的关系，也能造成人们之间的仇恨和冲突。

罗洛·梅关于爱的观点经历了一个发展过程。早期，他对爱进行了描述性研究，指出爱具有如下特征：爱以人的自由为前提；爱是实现人的存在价值的一种由衷的喜悦；爱是一种设身处地的移情；爱需要勇气；最完满的爱的相互依赖要以"成为一个自行其是的人"的最完满的创造性能力为基础；爱与存在于世的三种方式都有联系，爱可以表现为自然世界中的生命活力、人际世界中的社会倾向、自我世界中的自我力量；爱把时间看作定性的，是可以直接体验到的，是具有未来倾向的。

后来，罗洛·梅在《爱与意志》中，将爱置于人的存在层面，把它视作人存在于世的一种结构。爱指向统一，包括人与自己潜能的统一、与世界中重要他人的统一。在这种统一中，人敞开自己，展现自己真正的面貌，同时，人能够更深刻地感受到自己的存在，更肯定自己的价值。这里体现出前述存在的特征：人在参与过程中，保持自我的核心性。罗洛·梅还进一步区分出四种类型的爱：（1）性爱，指生理性的爱，它通过性活动或其他释放方式得到满足；（2）厄洛斯（Eros），指爱欲，是与对象相结合的心理的爱，在结合中能够产生繁殖和创造；（3）菲利亚（Philia），指兄弟般的爱或友情之爱；（4）博爱，指尊重他人、关心他人的幸福而不希望从中得到任何回报的爱。在罗洛·梅看来，完满的爱是这四种爱的结合。但不幸的是，现代社会倾向于将爱等同于性爱，现代人将性成功地分离出来并加以技术化，从而出现性的放纵。在性的泛滥的背后，爱却被压抑了，由此人忽视了与他人的联系，忽视了自身的存在，出现冷漠和非人化。

3. 焦虑

在罗洛·梅看来，个体作为人的存在的最根本价值受到威胁，自身安全受到威胁，由此引起的担忧便是焦虑。焦虑和恐惧与价值有着密切的关系。恐惧是对自身一部分受到威胁时的反应。当然，恐惧存在特定的对象，而焦虑没有。如前所述，焦虑是存在的特征之一。在这种意义上，罗洛·梅将焦虑视作自我成熟的积极标志。但是，在现代社会中，由于文化的作用，焦虑逐渐加剧。罗洛·梅特别指出，西方社会过分崇拜个人主义，过于强调竞争和成就，导致了从众、孤独和疏离等心理现象，使人的焦虑增加。当人试图通过竞争与奋斗克服焦虑时，焦虑反而又加剧了。20世纪文化的动荡，使得个人依赖的价值观和道德标准受到削弱，也造成焦虑的加剧。

罗洛·梅区分出两种焦虑：正常焦虑和神经症焦虑。正常焦虑是人成长的一部分。当人意识到生老病死不可避免时，就会产生焦虑。此时重要的是直面焦虑和焦虑背后的威胁，从而更好地过当下的生活。神经症焦虑是对客观威胁做出的不适当的反应。人使用防御机制应对焦虑，并在内心冲突中出现退行。罗洛·梅曾指出，病态的强迫性症状实际是保护脆弱的自我免受焦虑。为了建设性地应对焦虑，罗洛·梅建议使用以下几种方法：用自尊感受到自己能够胜任；将整个自我投身于训练和发展技能上；在极端的情境中，相信领导者能够胜任；通过个人的宗教信仰来发展自身，直面存在的困境。

4. 勇气

在存在的特征中，自我肯定是指人保持自我核心的勇气。因此，勇气也与人的存在有着密切的关联。罗洛·梅指出，勇气并非面对外在威胁时的勇气，它是一种内在的素质，是将自我与可能性联系起来的方式和渠道。换句话说，勇气能够使得人面向可能的未来。它是一种难得的美德。罗洛·梅认为，勇气的对立面并非怯懦，而是缺乏勇气。现代社会中的一个严峻的问题是，人并非禁锢自己的潜能，而是人由于害怕被孤立，从而置自己的潜能于不顾，去顺从他人。

罗洛·梅区分出四种勇气：（1）身体勇气，指与身体有关的勇气。它在美国西部开发时代的英雄人物身上体现得最为明显，他们能够忍受恶劣的环境，顽强地生存下来。但在现代社会中，身体勇气已退化成为残忍和暴力。（2）道德勇气，指感受他人苦难处境的勇气。具有较强道德勇气的人能够非常敏感地体验到他人的内心世界。（3）社会勇气，指与他人建立联系的勇气，它与冷漠相对立。罗洛·梅认为，现代人害怕人际亲密，缺乏社会勇气，结果反而更加空虚和孤独。（4）创造勇气，这是最重要的勇气，它能够用于创造新的形式和新的象征，并在此基础上推进新社会的建立。

5. 神话

神话是罗洛·梅晚年思考的一个重要主题。他认为，20世纪的一个重大问题是价值观的丧失。价值观的丧失使得个人的存在感面临严峻的威胁。当人发现自己所信赖的价值观念忽然灰飞烟灭时，他的自身价值感将受到极大的挑战，他的自我肯定和自我核心等都会出现严重的问题。在这种情境下，现代人面临如何重建价值观的问题。在这方面，神话提供了一条可行的途径。罗洛·梅认为，神话是传达生活意义的主要媒介。它类似分析心理学家荣格（Carl Gustav Jung）所说的原型。但它既可以是集体的，也可以是个人的；既可以是潜意识的，也可以是意识的。如《圣经》就是现代西方人面对的最大的神话。

神话通过故事和意象，能够给人提供看待世界的方式，使人表述关于自身与世界的经验，使人体验自身的存在。《圣经》通过其所展现的意义世界，能够为人的生活指引道路。正是在这种意义上，罗洛·梅认为，神话是给予我们的存在以意义的叙事模式，能够在无意义的世界中让人获得意义。他指出，神话的功能是，能够提供认同感、团体感，支持我们的道德价值观，并提供看待创造奥秘的方法。因此，重建价值观的一项重要的工作，就是通过好的神话来引领现代人前进。罗洛·梅尤其提倡鼓励人们运用加强人际关系的神话，以这类神话替代美国流传已久的分离性的个体神话，能够推动人们走到一起，重建社会。

（四）存在治疗观

1. 治疗的目标

罗洛·梅认为，心理治疗的首要目的并不在于症状的消除，而是使患者重新发现并体认自己的存在。心理治疗师不需要帮助病人认清现实，采取与现实相适应的行动，而是需要加强病人的自我意识，与病人一起，发掘病人的世界，认清其自我存在的结构与意义，由此揭示病人为什么选择目前的生活方式。因此，心理治疗师肩负双重任务：一方面要了解病人的症状；另一方面要进一步认清病人的世界，认识到他存在的境况。后一方面比前一方面更难，也更容易为一般的心理治疗师所忽视。

具体来说，存在心理治疗一般强调两点。首先，患者通过提高觉知水平，增进对自身存在境况的把握，从而做出改变。心理治疗师要提供途径，使病人检查、直面、澄清并重新进入他们对生活的理解，探究他们生活中遇到的问题。其次，心理咨询师使病人提高自由选择的能力并承担责任，使病人能够充分觉知到自己的潜能，并在此基础上变得更敢于采取行动。

2. 治疗的原则和方法

罗洛·梅将心理治疗的基本原则归纳为四点：（1）理解性原则，指治疗师要理解病人的世界，只有在此基础上，才能够使用技术。（2）体验性原则，指治疗师要促进患者对自己存在的体验，这是治疗的关键。（3）在场性原则，治疗师应排除先入之见，进入与病人间的关系场中。（4）行动原则，指促进患者在选择的基础上投身于现实行动。

存在心理治疗从总体上看是一系列态度和思想原则，而非一种治疗的方法或体系，过多使用技术会妨碍对患者的理解。因此，罗洛·梅提出，应该是技术遵循理解，而非理解遵循技术。他尤其反对在治疗技术选择上的折中立场。他认为，存在心理治疗技术应具有灵活性和通用性，随着病人及治疗阶段的变化发生变化。在特定时刻，具体技术的使用应依赖于对病人存在的揭示和阐明。

3. 治疗的阶段

罗洛·梅将心理治疗划分为三个阶段：（1）愿望阶段，发生在觉知层面。心理治疗师帮助患者，使他们拥有产生愿望的能力，以获得情感上的活力和真诚。（2）意志阶段，发生在自我意识层面。心理治疗师促进患者在觉知基础上产生自我意识的意向，例如，在觉知层面体验到湛蓝的天空，现在则意识到自己是生活于这样的世界的人。（3）决心与责任感阶段。心理治疗师促使患者从前两个层面中创造出行动模式和生存模式，从而承担责任，走向自我实现、整合和成熟。

四、罗洛·梅的历史意义

（一）开创了美国存在心理学

在罗洛·梅之前，虽然已有少数美国学者研究存在心理学，但主要是对欧洲存在心理学的引介。罗洛·梅则形成了自己独特而系统的存在心理学理论体系。前已述及，他对欧洲心理学做了较全面的介绍，通过1958年的《存在：精神病学和心理学的新方向》一书，使得美国存在心理学完成了本土化。他还从存在分析观、存在人格观、存在主题观、存在治疗观四个层面系统展开，由此形成了美国第一个系统的存在心理学理论体系。在此基础上，罗洛·梅还进一步提出"一门研究人的科学"，这是关于人及其存在整体理解与研究的科学。这门科学不是停留在了解人的表面，而是旨在理解人存在的结构方式，发展强烈的存在感，促使其重新发现自我存在的价值。罗洛·梅与欧洲存在心理学家一样，以存在主义和现象学为哲学基础，以人的存在为核心，以临床治疗为方法，重视焦虑和死亡等问题。但他又对欧洲心理学进行了扬弃，生发出自己独特的理论观点。他不像欧洲存在心理学家那样过于重视思辨分析，他更重视对人的现实存在尤其是现代社会境遇下人的生存状况的分析。尤为独特的是，他更重视人的建设性的一面。例如，他强调人的潜能观点。正是在这种意义上，他给存在心理学贴上了美国的"标签"，使得美国出现了真正本土化的存在心理学。他还影响了许多学者，推动了美国存在心理学的发展和深化。布根塔尔（James

Bugental）、雅洛姆（Irvin Yalom）和施奈德等人正是在他的基础上，将美国存在心理学推向了新的高度。

（二）推进了人本主义心理学

罗洛·梅在心理学史上的另一突出贡献是推进了人本主义心理学的发展。从前述他的生平中可以看出，他亲自参与并推进了人本主义心理学的历史进程。从思想观点上看，他以探究人的经验和存在感为目标，重视人的自由选择、自我肯定和自我实现的能力，将人的尊严和价值放在心理学研究的首位。他对传统精神分析进行了扬弃，将其引向人本主义心理学的方向，并对行为主义的机械论进行了批判。因此，罗洛·梅开创了人本主义心理学的自我选择论取向，这不同于马斯洛和罗杰斯强调人本主义心理学的自我实现论取向，从而丰富了人本主义心理学的理论体系。正是在这种意义上，罗洛·梅成为与马斯洛和罗杰斯并驾齐驱的人本主义心理学的三位重要代表人物之一。

罗洛·梅还通过理论上的争论，推进了人本主义心理学的健康发展。前面提到，他从原始生命力的两重性，引出人性既有善的一面又有恶的一面。他不同意罗杰斯人性本善的观点。他重视人的建设性，同时也注意到人的不足尤其是破坏性的一面。与之相比，罗杰斯过于强调人的建设性，将消极因素归因于社会的作用，暗含着将人与社会对立起来的倾向。罗洛·梅则一开始就将人置于世界之中，不存在这种对立倾向。所以，罗洛·梅的思想更为现实，更趋近于人本身。除了与罗杰斯的论战外，罗洛·梅在晚年还对人本主义心理学中分化出来的超个人心理学提出告诫，并由此引发了争论。他认为，超个人心理学强调人的积极和健康方面的倾向，存在脱离人的现实的危险。应该说，他的观点对于超个人心理学是具有重要警戒意义的。

（三）首创了存在心理治疗

罗洛·梅在从事心理治疗的实践中，形成了自己独特的思想，这就是存在心理治疗。它以帮助病人认识和体验自己的存在为目标，以加强病人的自我意识、帮助病人自我发展和自我实现为己任，重视心理治疗师和病人的互动以及治疗方法的灵活性。它尤其强调提升人面对现实的勇气和责任感，将心理治疗与人生的意义等重大问题联系起来。罗洛·梅是美国存在心理治疗的首创者，在他之后，布根塔尔和施奈德等人做了进一步发展，使得存在心理治疗成为人本主义心理治疗的重要组成部分。当前，存在心理治疗与来访者中心疗法、格式塔疗法一起，成为人本主义心理治疗领域最为重要的三种方法。

（四）揭示了现代人的生存困境

罗洛·梅不只是一位书斋式的心理学家，他还密切关注现代社会中人的种种问题。他深刻地批判了美国主流文化严重忽视人的生命潜能的倾向。他在进行临床实践的同时，并不仅仅关注面前的病人。他能够从病人的存在境况出发，结合现代社会背景来揭示现代人的生存困境。他从人的存在出发，揭示现代人在技术飞速发展的同时，远离自身的存在，从而导致非人化的生存境况。罗洛·梅指出，现代人在存在的一系列主题上都表现出明显的问题。个体难以接受、引导并整合自己的原始生命力，从而停滞不前，无法激发自己的潜能，从事创造性的活动。他还指出，现代人把性从爱中成功地分离出来，在性解放的旗帜下放纵自身，却遗忘了爱的真正含义是与他人和世界建立联系，从而导致爱的沦丧。现代人逃避自我，不愿承担自己作为一个人的责任，在面临自己的生存处境时感到软弱无能，失去了意志力。个体不敢直面自己的生存境况，不能合理利用自己的焦虑，而是躲避焦虑以保护脆弱的自我，结果使得自己更加焦虑。个体顺从世人，不再拥有直面自己存在的勇气。个体感受不到生活的意义和价值，处于虚空之中。在这种意义上，罗洛·梅不仅是一位面向个体的心理治疗师，还是一位对现代人的生存困境进行诊断的治疗师、一位现代人症状的把脉者。当然，罗洛·梅在揭示现代人的生存困境的同时，也建设性地指出了问题的解决之道，提供了救赎现代人的精神资料。不过，他留给世人的并非简易的行动指南，而是丰富的精神养分，需要世人认真地消化和吸收，由此才能返回到自身的存在中，勇敢地担当，积极地行动，重塑自己的未来。

罗洛·梅在著作中考察的是20世纪中期的人的存在困境。现在，当时光已经过去半个多世纪后，人的生存境遇依然没有得到根本的改观，甚至更加恶化。社会的竞争越来越激烈，人们的生活节奏越来越快，个体所承受的压力也越来越大，内心的焦虑、空虚、孤独等愈发严重。人在接受社会各种新事物的同时，自身的经验却越来越多地被封存起来。与半个世纪前相比，人似乎更加远离自身的存在。从这个意义上说，罗洛·梅更是一位预言家，他所展现的现代人的生存图景依然需要当代人认真地对待和思考。

正因为如此，罗洛·梅在生前和逝后并未被人们忽视或遗忘。越来越多的人发现了他思想的价值，并投入真正的行动中。罗洛·梅的大多数著作都被多次重印或再版，并被翻译成多国文字出版。进入 21 世纪以来，这种趋势依然在延续。也正是基于此，我们推出这套"罗洛·梅文集"，希望能有更多的中国读者听到罗洛·梅的声音，分享他的精神资源。

郭本禹

南京师范大学

2008 年 9 月 1 日

序 言

　　我将爱与意志并列为本书书名会使一些读者感到惊讶,我始终认为爱与意志是相互依存、不可分割的,二者存在相互结合的过程——走出去影响他人,影响他人意识的形成与发展。但这只是精神意义方面的一种可能性。要实现这种可能性,就要求一个人在用内心感受的同时敞开心扉对待来自他人的影响。缺少爱的意志会被利用——第一次世界大战前,这样的例子俯拾皆是。而在我们这个时代,爱失去了意志,变得脆弱并变为实验性的。

　　我出于作者惯常的尊严与责任感而产生了写作本书的想法。在写作本书的八年中,许多朋友阅读并与我讨论了其中的章节。在此,我要对以下朋友表示感谢:杰罗姆·布鲁纳(Jerome Bruner)、桃瑞丝·克尔(Doris Cole)、罗伯特·李弗顿(Robert Lifton)、加德纳·墨菲(Gardner Murphy);而杰西卡·芮恩(Jessica Ryan)给予我的不仅有对本书的直觉理解,还有实际的建议,对此,作为作者,除感激之外,更感到其必要性。

　　在新罕布什尔州写书的那个漫长夏季,我常常一大清早起床,走到屋外的院子里。在那里可以看到,山谷向北部与东部的山脉延伸,黎明前的薄雾使之呈现一片银色。鸟儿们嘹亮的啼声回荡在寂静的山谷中，它们用这欢快的歌声迎接新一天的到来。麻雀们满腔热情，摇头晃脑，起劲地歌唱着，几乎要将自己从那果树顶端的枝丫上摇晃下来。林中歌声荡漾，金翅雀也按捺不住，情不自禁地加入这伴奏。啄木鸟"笃笃"地敲打着山毛榉空洞的树干。湖面上潜鸟哀婉的啼声给这极欢快的歌声增添了几许幽怨。接着，太阳爬上山顶，新罕布什尔州从长长的山谷中显现出来，郁郁葱葱，美不胜收，树木似乎一夜间长高了好几英寸，而草地上一下子冒出了百万朵黄雏菊。

　　我再度感到了世间万物的周而复始、循环往复——生长，交媾，死亡，再生。我知道人类也是这永恒循环的一部分，是其哀伤与欢歌的一部分，而人类这探索者却又听从其意识的召唤而超越了这永恒的循环。我与其他人没有什么不同——只是所选择探索的领域不同，我怀着坚定的信念探求内在真实的存在。我坚信，未来价值的果实只有由我们历史的价值来播种才能生长。我认为，在 20 世纪变迁的时期，当我们内在价值崩溃的最终后果进驻到我们心灵中时，探索爱与意志的根源显得尤为重要。

罗洛·梅

新罕布什尔州霍尔德内斯

1969 年

目 录

第一章

导言：我们的分裂性世界

卡桑德拉（Cassandra）：阿波罗（Apollo）是预言家，他指派给我这工作……

众人：你已陶醉于这神力了吗？

卡桑德拉：是的，那时我已预感到了这城市的命运。

——埃斯库罗斯：《阿伽门农》（Aeschylus, *Agamemnon*）

我们的时代关于爱与意志的引人注目的问题在于，尽管从前我们总是将其视为生活困境的解决之道，但如今其本身已成为问题。的确，在这个过渡的时期，爱与意志变得更为艰难，指导我们心灵航向的古老神话与象征已不复存在，焦虑已成为流行病；我们彼此相拥，尽力让自己感觉什么是爱；我们不敢选择，因为我们害怕一旦选择了一件事或一个人，我们就会失去另外一件事或一个人。我们太害怕了，因此无法抓住机会。于是，我们从根本上放弃了与之相连的情感与过程——而爱与意志首当其冲。个体被迫审视自己的内心，也为不能确定自己的身份这样的新问题所困扰。即：即使我知道自己是谁，我也无足轻重，我无法影响其他人。接下来便是冷漠，继之而来的则是暴力，因为没有人能够永远忍受因自己的无力而产生的麻木感。

爱作为生活困境的解决之道被大肆宣扬，人们的自尊的提高或降低仰赖于是否得到爱。那些认为自己找到爱的人沉溺于自己是正人君子的想法，就如同从前加尔文教徒的财富被当作他们成为上帝选民的确凿证据。而那些未能找到爱的人不仅或多或少有一种剥夺感，而且他们的内心更深处，受到伤害更严重的地方，他们的自尊被破坏，他们感到自己被贴上了新型贱民的标签。他们求助于精神治疗，诉说当他们凌晨醒来时，倒未必是感到特别孤独或不愉快，但他们深信他们莫名其妙地失去了生活的大秘诀，并因此而备受折磨。而且一直以来，离婚率不断升高，文学艺术作品中的陈词滥调日渐增多，并且人们必须面对这样一个事实：对于许多人而言，性越来越容易得到，但却越来越失去其意义。这种"爱"即使是不完全虚幻的，也是极其飘忽不定的，于是一些新的左翼政治团体成员得出这样的结论：爱正是被我们的保守的社会损害的。因此，他们所倡导的改革有着这样明确的目的：建立一个"更有可能产生爱的世界"[1]。

在这样一种矛盾的情况下，不难理解性爱——这一救赎之梯中最低级的人所共有的爱之表现形式——成为我们关注的焦点。因为性根植于人之生理需求的本性，我们似乎至少可以仰赖它给予我们一种爱的复制品。但性也成为西方人成败的评判标准和负担而非救赎。关于爱与性之技巧的书籍不断出版，虽然可能几周之内很热销，但却不可信。大多数人虽然无法说清，但似乎已意识到我们将追求性技巧视为得到救赎的方式而对其狂热的程度，已使我们忘记了我们所追求的救赎。慌不择路是人类古老而具有讽刺意味的习惯。当我们失去爱的价值与意义时，我们便会更执着于对性的研究、数据以及技术帮助。无论金赛（Kinsey）的调查与马斯特斯－约翰逊（Masters-Johnson）的研究本身成败如何，它们都是一种文化的反映。在这种文化中，爱所包含的人的意义不断失去。爱被当成一种动力、一种推动我们的生活继续前进的力量。但我们时代的巨变表明现在这一动力本身也值得怀疑，爱已成为它自身的问题。

因此，实际上，爱已变得自相矛盾，以致一些进行家庭研究的人总结道："爱"不过是家庭中更强势的成员借以控制其他成员的一个名义。罗纳德·兰恩（Ronald Laing）断言，爱是暴力的面具。

意志也可说是面临同样的情形。我们从维多利亚的祖先那里继承了这样的信念：生活中真正的问题是如何理性地决定该做什么——如此，意志便作为"能力"，使得我们随时能够做出决断。而现在已不再是决定做什么的问题，而是决定如何做的问题。意志自身的基础本身已经成为疑问。

意志是种假象吗？自弗洛伊德（Freud）始的许多心理学家证明的确如此："意志力"和"自由意志"这样的词——在我们父辈的词汇中不可或缺——在现代的、时髦的讨论中已销声匿迹，或只是沦为笑柄。人们去医师那里寻求他们失去的意志的替代品：学习如何获得"潜意识"来指导他们的生活，或学习最新的条件作用技巧来使得他们的行为得体，或使用药物来消除一些生存的动机，或学习最新的"感情宣泄法"。但其却未意识到情感实质上不是能够争取到的东西，而是你使自己沉湎于某种生命状态之方式的副产品。但问题在于，他们为何要使用这样的状态？在关于意志的调查中，莱斯利·法勃（Leslie Farber）断言在意志的失败中包含着我们时代的主要病症。我们这个时代应该被称为"混乱意志的时代"[2]。

身处这样一个激变时代，个体被驱回自己的意识中。当爱与意志的根基已被动摇并被完全破坏时，我们不可避免地被推到表面之下，并在我们的意识以及我们社会"无法言喻的集体意识"中搜寻爱与意志的根源。我们所使用的"根源"（source）一词与法语"源头"（source）同义，即水从中流出的最初源泉。如果我们能够找到爱与意志产生的根源，我们就有可能找到这些最基本的体验所必需的新形式，以使其在我们正步入的新时代切实可行。在这个意义上，我们的追求，就如同每一个这样的探索，是一种对于道德的探求，因为我们正在寻求新时代道德得以建立的基础。每一个敏感的人都能感到他正处于斯蒂芬·迪达勒斯（Stephen Dedalus）的境地："我出发……在我灵魂的锻造场中锻造我族类尚未产生的意识。"

我在这一章标题中所使用的"分裂性"一词，意为自我封闭，避免亲密关系，无感觉能力。我所使用的词并非精神病理学意义上的，而是用以描述我们文化的一般状况，以及构成这种文化状况的人们的倾向，安东尼·斯托尔（Anthony Storr）则更多地从精神病理学角度对这种状况进行描述。他认为精神分裂的人冷漠、疏离、傲慢、自我封闭，这有可能导致暴力攻击行为。斯托尔说，这一切都是被压抑的对爱的渴望之复杂表现。孤僻则是一种对敌意的防御行为，它源自某人婴儿期对爱与信任的曲解，这使他永远惧怕真正的爱，"因为它威胁到他的生存"[3]。

就其本身而言，我同意斯托尔的观点，但我认为精神分裂状态是我们这个过渡时代的一般趋势。而斯托尔所说的婴儿期所感到的"无助与被忽视"不但来自其父母，而且来自我们文化的几乎每一方面。父母自身就很无助，而他们这种表现便是对其文化无意识的表达。精神分裂的人则是科技人的自然产物。这是一种生存之道并不断地被加以利用——这就可能爆发成为暴力。在其"正常的"感觉中，精神分裂的人无须压抑，这样的精神分裂的性格状态是否会在某些个案中发展为精神分裂样状态，只能看将来的发展。如果个体能坦率地承认并面对其目前这种带有精神分裂特性的状态，很可能就不会发展到这一步。安东尼·斯托尔还指出分裂的人格"深信自己不招人爱，感觉因批评而受到攻击或羞辱"[4]。

当我评估斯托尔的描述时，我认为有一点站不住脚。他把弗洛伊德、笛卡儿（Descartes）、叔本华（Schopenhauer）和贝多芬（Beethoven）作为精神分裂的例子，"以笛卡儿和叔本华为例，正是由于他们与爱的疏离才使他们的哲学诞生"。而对于贝多芬，他是这样评述的：

　　作为对现实人类的失望与嫉恨的补偿，贝多芬想象出了一个充满了爱与友谊的理想世界……他的音乐，就其蕴含的力量而言，或许比其他作曲家的作品更明显地显示出大量的攻击性。不难想象，如果他未能将此种敌意在音乐中升华，他就可能会患偏执型精神病。[5]

斯托尔的矛盾之处在于，如果这些人被视为心理疾病患者，而且假设他们被"治愈了"，我们就看不到他们的作品了。因而我认为必须承认精神分裂状态是应对十分困难的处境的一种有益的方式。尽管其他文化会促使有精神分裂特质的人更具创造性，我们的文化却迫使他们更割裂、更机械。

在我以爱与意志为中心问题进行讨论时，我并未忘记我们这个时代那些正向的特质以及实现个体满足感的可能性。当时代之舟飘忽不定时，每个人都要在某种程度上自主，更多的人会设法发现自我并实现自我。但当个体的力量极其弱小时，我们听到最多的的确就是关于个体力量的呼声了。而我在写这些问题，写这些要引起我们注意的呼声是什么。

这些问题有一个尚未引起足够重视的奇怪的特点——它们预言了未来。一个时期的问题是：什么是可以决定却尚未决定的？什么是存在之危机？我们姑且不论我们如何重视"决定"一词，倘若没有新的可能性，也就没有危机——有的只是绝望，我们的心理困惑表达了我们潜意识的欲望。我们遭遇我们的世界，发现它不能满足自我或自我不能满足它，于是问题产生了；有什么受到了伤害、崩塌了，就像叶芝（Yeats）描述的那样：

我们……感到伤痛，

耕种之矛……

预言式的问题

在我 25 年精神分析师的职业生涯中，在对那些努力应对和解决自身冲突的人的精心治疗中，我积累了丰富的经验，我写这本书正是基于这样的经验。尤其是在过去大约 10 年间，这些冲突都是由于爱与意志的方面出了问题而出现的。从某种意义上说，每一位治疗师都是或应该是始终进行探究——探究世界的本来面目，追根溯源。

在这一点上，我的实验心理学同事提出疑问，他们认为治疗中得到的资料不可能进行精确的归纳，因为它们来自那些对于文化心理"不适应"的人。同时，我的哲学家朋友也再三强调，没有一种类型的人的内在核心是基于这些得自神经症或人格病态者的资料的。这两种警告我都同意。

但无论是那些心理学家在其实验中，还是那些哲学家在其研究中，都不能忽视这样一个事实：我们确实从求治者那里得到了极其重要的，并且常常是非同寻常的资料——那种只有人类摆脱惯常的伪装与防御（我们在"正常的"社交谈话中总是隐藏在这些伪装与防御之后）才能显露的资料。只有情感与精神的痛苦到了很严重的地步，才能促使人们去寻求心理治疗师的帮助；只有在这种情况下，人们才会忍受揭示其问题深层根源所带来的焦虑与痛苦。还有一种很奇特的情形：除非患者认为我们能够提供帮助，否则在某些方面他们是不会暴露这些重要信息的。哈里·斯塔克·沙利文（Harry Stack Sullivan）关于心理治疗之研究的评述仍与他第一次说这番话时一样令人信服："除非将谈话设计得能为来访者提供帮助，否则你只能得到虚假资料而非真实信息"[6]。

的确，我们从患者那里得到的信息可能很难甚至不可能严格归纳。但这些信息却是如此坦白地呈现了人类当前所面临的冲突及其生活经历（其意义的丰富性远不止弥补了我们诠释的困难）。我们围绕患者的攻击性是挫败感导致的结果这一假设进行讨论是一回事；但我们看到一个患者那种紧张感（眼中充满愤怒或憎恨，身体紧绷），听到他费力地喘息着，重新体验 20 年前他父亲抽打他的情形，因为他的自行车被偷了（那并非他的错呀！）——这件事在他心中激起了憎恨，从那一刻起，他就对其周围所有的父亲形象充满仇恨，其中包括现在与他同处一室的我，这是另一回事。这样的资料生动地阐释了该词最深刻的含义。

反过来，对于我的同事提出的将关于人的理论基于"不适应"理论这一问题，我要质疑了：难道每一个人的冲突不是揭示了人类的普遍性以及个体的特殊问题吗？索福克勒斯（Sophocles）通过俄狄浦斯（Oedipus）国王，一步步向我们呈现了一个人想发现"我是谁以及从哪里来"时极度痛苦的挣扎。心理治疗就是要寻找特定个体生命中最独有的特征和事件——如果忘记了这一点，任何心理治疗都将被削弱成为乏味的、非存在判断的、模糊不清的通则。但心理治疗也寻求构成这个个体中人类冲突的基本要素——它是每个人作为人的体验的最稳定而持久的品质的基础——如果忘记这一点，任何治疗都会趋于减少患者的意识而使其生命更加平庸乏味。

心理治疗既揭示了个体当前的"病"态，同时也揭示了使其成为人的原始品质与特征。前者是由特定的个体以特定的方式使其出现了偏差的后天特征所致。在心理治疗中对于患者问题的诠释也部分地揭示了历史上人类通过文学中的原型形式进行的自我诠释。埃斯库罗斯笔下的奥瑞斯忒亚（Orestes）和歌德（Goethe）笔下的浮士德（Faust），即是两个个性丰富的例子。他们不仅是两个特定的人物形象（一个要追溯到公元前 5 世纪的希腊，另一个则要追溯到 18 世纪的德国），而且展示了我们内心所经历的冲突——无论身处何时、是何种族，我们都会经历成人，试图找到作为个体的人的身份。我们努力地以各种力量来证明我们的存在，努力去爱和创造，竭力应对生活中的各种事件直至死亡（也包括面对死亡）。生活在一个过渡时期——一个"心理治疗"的时期——其价值在于我们被迫接受这个机会，此时我们要努力地解决我们的个人问题，揭示永恒人类的新意义，更深入地审视那些人之所以为人的品质。

我们的患者表明并且呈现了文化中的潜意识和无意识倾向。神经症患者或我们称之为性格病态的人，其特征为文化中的防御手段对他们不起作用——他们或多或少地也意识到了这种状况。[7] 神经症患者或"性格病态"的人是那些问题严重到无法以文化中的正常方式生活的人。我们的患者无法或不会去适应社会，反过来，这可能是由以下一个或两个相互关联的因素导致的：首先，患者生活中创伤性的或不幸的生活经历使之较一般人更敏感，更无能力忍受或控制其焦虑情绪。其次，患者可能较常人有更多的独创性和潜力，促使其进行表达，如遇阻挡便发病。

艺术家与神经症患者

人们常常认为艺术家与神经症二者之间有着神秘的关联，这里所表达的观点可使我们对这种看法有完全的理解。神经症患者与艺术家都对其社会的潜意识或无意识的深处进行表达并生活在那里。艺术家是主动行动，将其体验与其同伴交流。神经症患者则是消极对待，在体验其文化中同样的潜在意义与矛盾时，无法将其体验生成可与自己或其同伴交流的意义。

艺术家与神经症患者都有着预言的作用。艺术是来自无意识层面的交流，它对我们而言代表了这样一种人的形象——他们由于敏锐的意识，而生活在其社会的边缘，也就是说，他们的一只脚跨入了未来。赫伯特·里德（Herbert Read）爵士举出例子，说明艺术家预见到了此后人类科学与理性的知识。[8] 例如：古埃及新石器时代花瓶上三角形的芦苇和朱鹭的图案预示着日后埃及人发展出用以观测星座与测量尼罗河的几何与数学。无论是从帕台农神庙体现出的希腊人不可思议的比例感中，还是从罗马建筑的有力的圆形拱顶或是地中海的教堂中，里德都可追查出在某一特定的历史时期，艺术是如何表达当时无意识的意义与趋势的，而其日后将被哲学家、宗教领袖以及社会学家系统地阐述出来。艺术家预见到下一代的社会及科技较小的变化，或预见到几个世纪之后像数学的发现这样深刻的变化。

同样地，我们发现在这些冲突整体地、有意识地在社会中体现出来之前，艺术家就已将其表达出来。用庞德（Ezra Pound）的话说，艺术家是"人类的触角"，他以只有他能够创造出来的形式生活在意识的深处，这是他在与其世界斗争并形成其世界时在其自己的存在中体验到的深度。

在这里，我们又马上面对本书所提出的问题的核心。我们同时代的画家、剧作家以及其他艺术家所呈现的世界是一个精神分裂的世界。他们呈现了我们这个世界的状态，这种状态使得爱与意志的任务变得特别困难。在这个世界里，大量先进的通信手段将我们包围，对我们狂轰滥炸，而实际上个人的交流却极其困难和罕见。恰如理查德·吉尔曼（Richard Gilman）提醒我们的那样，我们时代最重要的剧作家正是那些将交流的缺失作为其主题内容的人，如尤奈斯库（Ionesco）、热内（Genet）、贝克特（Beckett）和品特（Pinter），他们揭示出人类当前的命运——我们生活在一个人与人之间的交流几乎完全被破坏了的世界中，如贝克特的《克拉普的最后一盘录音带》（*Krapp's Last Tape*）里所表现的。我们过着和录音机谈话的日子。当收音机、电视机和电话越来越多地进入家庭之后，我们的存在却变得越来越孤独。在尤奈斯库的《秃头歌女》（*The Bald Soprano*）中，有这样一场戏：一个男人和一个女人碰巧相遇，很礼貌地交谈，他们在交谈中发现那天早上两个人都是从纽黑文乘 10 点钟的火车去纽约，令人惊奇的是两人的住址都是第五大道的同一座楼。哟，你瞧！两人还同住一套公寓，并且都有个 7

岁的女儿呢。最后，他们惊愕地发现他们原来是夫妻呀！

我们在画家那里也发现了同样的情形！塞尚（Cézanne），这位公认的现代艺术运动之父，在生活中不过与普通法国中产阶级一样平淡无奇和世俗，却画出了由空地、石头以及脸构成的精神分裂的世界。他在古老的机械世界中向我们表达，却迫使我们生活在自由飘浮的空间这样的新世界中。"在这里我们超越了因果，"梅洛·庞蒂（Merleau Ponty）写道，"两者同时在塞尚的内心相聚，而这个塞尚同时是他想成为什么和他想做什么的准则。在塞尚精神分裂的性格与其作品间存在一种和谐，因为这些作品显示出这种疾病的形而上学的意义……在这个意义上，成为精神分裂症患者与成为塞尚是一回事。"[9] 只有精神分裂的人才能画出精神分裂的世界，也就是说，只有那些敏感到能够深入深层的精神冲突中的人才能展现我们世界深层形态的真实面貌。

在通过艺术理解我们的世界的过程中，避免科技导致的非人性化结果得以表现。精神分裂的特征在于既要面对丧失了个性的世界，同时又拒绝被它剥夺个性，因为艺术家发现了我们意识的更深层面，在这个层面我们能够参与到表层之下的人类体验与本性中。这在凡·高（Van Gogh）身上表现得更为清晰，他的精神错乱与其奋力挣扎、欲将其感受诉之于画不无关联。或如毕加索（Picasso），尽管看似辉煌，却洞悉了我们现代社会的精神分裂的特征。我们从其作品《格尔尼卡》（Guernica）中支离破碎的公牛、肢体断裂的村民，以及他的一幅以数字标号而非词语命名的画作里、有着错位的眼睛与变形的耳朵的人物肖像中都可以看到这一点。无怪乎罗伯特·马瑟韦尔（Robert Motherwell）评论道，这是第一个艺术家没有群体的时代；他现在就如我们大家一样，只做自己。

艺术家呈现了支离破碎的人类形象，但却在将其转化为艺术的行为中超越了它。正是其创造性行为赋予虚无和疏离以及现代人的状态的其他因素以意义。我们可再次引用梅洛·庞蒂关于塞尚精神分裂性格的评述："因此，这种疾病便不会造成不可避免的精神错乱，而成为人类存在的普遍的可能性。"[10]

神经症患者与艺术家都生活在人类的无意识中，两者都向我们揭示了其后会在社会中普遍出现的现象。神经症患者会感到来自其虚无、疏离等体验的同样的冲突，但他无法赋予它们有意义的形式。一方面，他无力将这些冲突转化为创造性的工作；而另一方面，他又无力否认它们的存在。他被卡在两者间无法脱身。如奥托·兰克（Otto Rank）所说，神经症患者是"不成功的艺术家"，是那种无法将冲突转化为艺术的艺术家。

承认这一事实不仅使我们作为创造性的人得到自由，也是我们人类自由的基础。同样，一开始就面对我们的世界处于精神分裂状态的事实可能给予我们发现我们时代的爱与意志的基础。

作为预言家的神经症患者

我们的患者有意识地生活在目前大众能够保持无意识的状态中而预言了我们的文化。神经症患者被命运赋予卡桑德拉的角色，当阿伽门农（Agamemnon）带着她从特洛伊返回时，卡桑德拉坐在迈锡尼宫殿的阶梯上徒劳地呼喊："哦，她的命运是这晚风的纯歌！"[11] 她知道，在她不幸的生命中，"如洪水泛滥的悲歌就是孤独"[12]，而她必须遭受如所看到的将发生在那里的厄运。迈锡尼人说她疯了，但他们也相信她说的的确是事实，相信她有预言的特殊能力。今天，有心理问题的人在其血液中也背有我们时代冲突的重负，并注意要以其行动与挣扎预言那些此后将在我们的社会中全面爆发的问题。

这一论点最初和最明显的证据就是第一次世界大战前 20 年，弗洛伊德在其维多利亚时代的患者身上发现的性的问题。这些性的问题，甚至是相关的字眼，都被当时的社会完全否认和压抑了。而这些问题却在第二次世界大战后的 20 年大规模爆发出来。[13] 在 20 世纪 20 年代，每个人都专注于性及其功能。没有人会说是弗洛伊德"导致"这种情形的出现。更确切地说，他是通过患者所呈现的信息反映和解释了社会的深层冲突，这些冲突在"正常的"社会成员身上被成功地压抑而尚未表现出来。神经症患者的问题是无意识转化为社会意识的语言。

第二个不太起眼的例子是，20 世纪 30 年代出现在患者身上的大量敌对情绪。霍妮（Horney）写到过这种情形。10 年之后，它作为一种有意识的现象更公开、更广泛地出现在我们的社会中。

第三个主要的例子可以从焦虑问题中看到。在 20 世纪 30 年代晚期和 40 年代早期，有些心理治疗师，包括我自己在内，注意到在我们的患者中，焦虑不仅仅作为压抑或病态表现出来，而且是以一种普通的性格状态表现出来。我[14]、贺巴特·莫瑞尔（Hobart Mowrer）以及其他人对于焦虑的研究开始于20世纪40年代早期，那时，美国除将其作为病理性症状研究外很少再去关注它。回想起40年代晚期，我在攻读博士学位，我的教授在听我关于正常焦虑的概念的答辩时，保持着礼貌的沉默，但却蹙紧了眉头。

正如艺术家一样，诗人 W. H. 奥登（Auden）1947年发表了他的诗作《焦虑时代》(*Age of Anxiety*)，紧接着，伯恩斯坦（Bernstein）也写出了这个主题的交响乐。加缪（Camus）那时（1947年）进行了关于这个"恐惧的世纪"的写作；卡夫卡（Kafka）则已经在其小说中创作出即将到来的焦虑时代强有力的小品文，而其中的大部分至今未翻译过来。[15]与我们的患者传达的信息相比，科学界对此的阐释照例是迟滞的。因此，在1949年美国精神病协会的年会上，关于"焦虑"的主题当时仍不被出席会议的大多数精神病学家和心理学家接受。

但在20世纪50年代，显而易见，发生了根本性的变化。每个人都在谈论焦虑，每个人都有有关该问题的会议要参加，如今"正常"焦虑的概念在精神病学的文献中逐渐被接受。无论是正常人还是神经症患者，似乎每个人都意识到他们生活在"焦虑时代"。在30年代晚期和40年代艺术家所呈现的和出现在患者身上的问题现在却成了普遍问题。

我们的第四点会将我们带到当代的问题——身份问题上。在40年代末到50年代初，心理治疗师开始关注患者身份这个问题。对于该问题的描述基于艾里克森（Erikson）1950年所著的《童年与社会》(*Childhood and Society*)、我 1953 年所写的《人的自我寻求》(*Man's Search for Himself*)、艾伦·威利斯（Allen Wheelis）1958 年所著的《身份的探求》(*The Quest for Identity*)以及其他心理治疗与精神分析工作者的著作中的心理研究资料。我们发现，身份问题成为 50 年代末 60 年代初挂在时髦人士口头的话题，在卡通片《纽约人》(*New Yorker*)中它回回露脸，大量涌现的有关该问题的书籍也成为最畅销的书，但人们借以获得其身份感的文化价值已不复存在。[16] 我们的患者在社会普遍意识到该问题之前就已经意识到其存在，而他们却无法保护自己不被其困扰与伤害。

所有这些问题，其中固然有着世事的盛衰沉浮相关之要素，但是将心理问题与社会变革这样的动态历史之紧急时刻仅仅当作时尚而加以拒绝也是有失公允的。事实上，冯·登·勃格（Van den Berg）在其具有煽动性的书中辩驳道："所有心理问题都是由文化中社会历史的变化产生的。"他认为，没有"人类本性"，而只有随着社会的变迁而不断变化的人性，我们应当将我们患者的冲突称为"社会症"而不是"神经症"。[17] 我们不必完全赞同其观点。譬如说，我相信心理问题是由生物的、个人的和历史社会的三种因素辩证地相互作用产生的。然而，他认为心理问题是"突然出现的"或仅仅是因为社会现在意识到了这一问题，或认为这些问题的存在仅仅是因为我们找到了新词来对其做出诊断，这样过分简单化的看法是何等肤浅与有害。我们找到了新词，是因为某些重大的事件正在无意识的、模糊的层面发生，并迫切需要表现；而我们的任务就是尽力理解和表达这些急剧的变化。

弗洛伊德的患者大多患有歇斯底里症，他们可以说是带有被压抑的能量；通过治疗师从无意识中将它们挖出来，这些能量可以得到释放。而今天，几乎所有的患者都患有强迫性神经症（或叫性格问题，是此类问题更普遍且较轻微的形式），我们发现治疗师的主要障碍在于，这些患者无感觉能力。这些患者可滔滔不绝地谈论他们的问题，他们通常是教养良好的知识分子，但他们通常都体验不到真正的情感。威廉·赖希（Wilhelm Reich）将这种强迫性的人称为"活着的机器"，大卫·夏皮罗（David Shapiro）在其书中也提及该问题，还提到这些强迫症患者"在生活与思考时是抑制的、迟钝的"。赖希在此先于其时代洞察到了 20 世纪患者的问题。[18]

冷漠的出现

在前面我们引用过莱斯利·法勃声称我们的时代应当被称为"混乱意识的时代"的论述，但什么凸显了这个混乱的意志？

我直接说出问题的答案。我认为那是一种无感觉状态，可能是一种绝望，感觉什么都无所谓，一种非常接近冷漠的状态。帕米拉·H.约翰逊（Pamela H. Johnson）报道了英格兰荒野谋杀案后，坚信"我们可能接近了一种被心理学家称为冷酷无情的状态"[19]。如果冷漠或冷酷无情是我们时代的主要情绪，我们可以从更深层次理解为什么爱与意志变得如此困难。

我们当中的一些同行于 20 世纪 50 年代在我们的患者身上发

现的令人困惑的问题具有预言性，近几年已经成为严重困扰我们整个社会的公开问题。我想引用我在《人的自我寻求》（*Man's Search for Himself*）——该书写于 1952 年并于次年出版——中的一些观点：

如果我说，根据我以及我的心理学家及心理医师同事的临床经验，20 世纪 50 年代人们的主要问题是空虚，这或许听上去令人惊奇！[20]

一二十年前，有人还可能嘲笑人们的厌倦无聊，而如今对于许多人来说，这种空虚已从厌倦无聊的状态转变成一种暗藏着危险的无用感与绝望的状态。[21]

……人类是不能长期生活在空虚状态中的：如果他没有转向某种事情，他就不仅仅会停滞；被禁锢的潜能会变为疾病与绝望，最终会发展为破坏性行为。[22]

空虚或无聊感……通常是因为人们感到无力对其生活或其所生活于的世界做任何有效的事。这种内心的空虚感是一个人对自己特定看法的长期的、不断积累的结果。也就是说，他确信他作为一个实体无法控制自己的生活或改变他人对自己的态度，或有效地改变周围世界。因此，他就如当今的许多人那样陷入深深的无用与绝望感。又由于他的所感所想实际上不会改变什么，因此他很快就会放弃其愿望与感觉。[23]

冷漠与感觉缺乏也是对抗焦虑的防御手段。当一个人持续面对他无力应对的危险时，他最后的防御手段就是最终甚至连对危险的感觉也放弃。[24]

直到 60 年代中期，几起令我们极为震惊的事件才使该问题爆发出来，我们的"空虚感"已变成绝望与破坏性、暴力与谋杀；不可否认，这些都是与冷漠相伴而生的。"在半个多小时里，皇后大街的 38 位令人尊敬的守法公民，"1964 年 3 月《纽约时报》(*The New York Times*) 报道说，"目睹了一个杀手尾随和三次刺戮一位妇女"[25]。同年 4 月，该报一篇言辞激烈的社论报道了另一件事：一个疯狂的年轻人紧抓着旅馆外台欲跳楼，一群人极力怂恿，并叫他"懦夫""胆小鬼"。社论评论道："他们与那些在竞技场观看人兽大战相互残杀而欢呼雀跃并红了眼的罗马人有何不同？这就是奥尔巴尼暴徒所预言的那种许多美国人的生活方式吗？……如果是这样，那么这就为我们敲响了警钟。"[26] 当年 5 月，该报又刊登了一篇题为"被强暴者的叫声引来了 40 人却无人伸出援手"[27] 的报道。接下来的几个月，类似事件接二连三，这使我们警醒：我们冷漠的时间太久了，足以让我们意识到我们变得多么可怜，现代城市生活使我们的心变得多么习惯于置身其外和冷漠疏离。

我知道夸大特殊事件是何等的易事，我并不打算夸大我的个案。然而，我确实认为我们的社会有这样一种确定的趋势：人们将冷漠作为一种生活态度的状态，并作为个性状态。先前被知识分子们洞见的道德沦丧现在已成为可怕的现实，出现在我们的街道上、我们的地铁里。

我们会将如今大量报道的这种状态称为什么呢——疏远、感情淡漠、孤僻、无感觉、漠不关心、道德沦丧、人格解体？这每一个术语都代表了我所说的状态的一部分，这种状态是：男人和女人发现他们感到与自我以及激发其情感和意志的客体分离。[28] 我此刻先不追究其产生的根源。我使用"冷漠"一词（姑且不论其内涵的局限性），是因为其字面意思最接近我所描述的状态："无感觉，无激情、感情或兴奋感，漠不关心。"冷漠与精神分裂的世界相伴而生，互为因果。

冷漠在我们看来尤其重要，因为它与爱和意志关系密切。恨并非爱的对立面，冷漠才是。我们还不能确定意志的对立面——或许如威廉·詹姆斯（William James）所说，它实际上体现了努力去做决定的一种挣扎——但如果对重大事件无动于衷，置身其外，事不关己，漠然视之，那就不会产生意志的问题。爱与意志固有的相关性在于两者都是描述一个人朝向外部世界，寻求自己对于他人及这个毫无生气的世界的影响，并开放自己，接受来自外部的影响，塑造、构成并适应这个世界或要求世界与自己产生共鸣。

这就是爱与意志在这个过渡时代——当所有人们熟悉的精神依托都不复存在——会如此步履维艰的原因，我们影响他人和受他人影响的渠道受阻便是爱与意志最根本的疾病。冷漠或精神的痛苦是对感觉的退缩，它可能开始于情感淡漠，那是一种有意而为的冷漠与无动于衷。"我不想卷进去。"当被问及为何无作为时，皇后大街的 38 位目击者的回答如出一辙。冷漠正如弗洛伊德所谓"死亡本能"一样，起初是逐渐将自己排除出去，直至最终发现生命本身已经逝去。

由于尚未被社会同化，学生对此往往较成人看得更清楚——尽管他们对此的认识很可能过于简单化，只是批评其所在学院。

"这儿根本就没能激发我们学生的热情。"[29]《哥伦比亚观察者报》（*Columbia Spectator*）的一位主编说道。而《密歇根日报》（*The Michigan Daily*）的学生专栏作者写道："这所学院至少在激发学生的求知欲方面一败涂地。朝比庸庸碌碌更糟糕的方向发展——那就是彻底的冷漠无情，一种甚至是对生命本身的冷漠"[30]，"我们都被划分成了 IBM 卡上的孔，"一位伯克利大学的学生说道，"我们决定要在 1964 年的暴乱中还击。当我们决定烧掉电脑卡和征兵卡时，这儿真正的革命即将到来。"[31]

　　冷漠与暴力存在一种辩证关系。生活在冷漠中导致暴力。而暴力如上述事件中那样又加深了冷漠。暴力是用以填充无关系所导致的真空的最终的破坏性的替代物。[32]暴力分为几个等级。许多现代艺术形式带给我们的震撼感受是相对正常的，这是低等级的。再到色情文学与淫秽作品——它们通过对我们的生活习俗施加暴力来获得其渴望得到的反应。最后便是对于行凶的漠然与荒野谋杀案。但内在的生命枯竭后，当感情减少而冷漠增长时，当一个人无法真正影响甚或无法真正接触他人时，原始生命力对于联系的必然要求——一种疯狂的、迫使人以可能的最直接的方式去与他人联系的驱力——便以暴力形式爆发出来。[33]这是众所周知的性感觉与暴力犯罪之间的关系的一个方面。施加痛苦与折磨至少能够证明一个人可以对某个人造成影响。在大众传播的疏离状态中，普通市民熟悉许多电视名人，这些人在晚上面带笑容地出现在他客厅的电视屏幕上，而他自己却不为人知。在这种疏离与默默无闻的状态中——这对一个人来说是无法忍受的痛苦的感觉，这个普通人便很可能生活在幻想中——他徘徊在真正冷漠的痛苦的边缘。这无名小卒的情绪便是："倘使我不能影响或接触任何人，我至少可以刺激你，让你产生某种感觉。通过伤痛迫使你产生激情，我至少可以保证我们都能有些什么感觉，我可以迫使你看见我并知道我也是存在的。"许多儿童与青少年就是通过破坏性的行为迫使群体注意他们，尽管会受到谴责，但至少大家注意到了他们。主动招人恨几乎与主动讨人喜欢感觉一样好。这打破了那种极难忍受的不为人知和孤独的状态。

但了解了冷漠导致的严重后果之后，我们现在需要转而面对其必要性，并且思考：在"正常的分裂"状态中，如何使其转而发挥建设性作用。我们悲剧性的矛盾在于，在当代历史中，我们不得不以某种冷漠来保护自己。"冷漠是一种奇怪的状态，"哈里·斯塔克·沙利文说道，"它是一种能使人不遭受重大伤害而得以在挫败中生存的方式，尽管如果长期忍受这种状态，人们会因时间的流逝而受到伤害。在我看来，冷漠似乎是一种自我保护的奇迹，人格借此处于一种彻底的休眠状态，直至他能够做其他的事。"[34] 这一需求无法满足的状况持续得越久，冷漠的状态也就越久，而这迟早会成为个性状态。这种冷漠是在持续不断的需求之风中的蜷缩，是面对过度刺激时的冻结；他想让这涌流过去，因为他害怕如果回应它就会被它淹没。那些曾在高峰时间乘坐地铁，与一大群不知姓名的人挤在一起，听着车厢里嘈杂声的人不会对此感到惊奇。我们不难发现生活在这样一个精神分裂的时代的人是如何保护自己不被那些可怕的过度刺激伤害的——保护自己不受广播电视中喋喋不休的话语和没完没了的喧闹声困扰，保护自己不受集体化工业的流水线需求和庞大的工厂模式的多科大学困扰。在一个以数字无情地取代其他而成为身份证明的手段的世界里（如同流动的熔岩使其流经途中的所有生命受到窒息与石化的威胁），在一个将"正常"定义为保持冷漠状态的世界里，性变得如此唾手可得，以至于人们保持任何内心世界的唯一方式就是学会在性生活中不投入感情——在这样一个精神分裂的世界里，年轻人对此有着更直接的体验，因为他们还没有时间建立起像年长者那样麻木自己感觉的防御系统。无怪乎爱与意志日益成为难题，甚至像有些人认为的那样，是不可能解决的。

但使这种精神分裂状态发挥其建设性作用又会怎样呢？我们已经看到塞尚将其精神分裂的人格转变成为表现现代生活最重要的形式的一种方式，并以其艺术为手段反抗我们社会日渐衰弱的趋势。我们已经看到精神分裂的状态是必需的，现在我们要提出的问题是，它如何能够在其健康的范围内也转化为有益的东西。建设性的精神分裂的人反抗不断蚕食的技术所带来的精神空虚，不让自己被它掏空。他与机器一起生活和工作而又不使自己变成机器。他发现有必要与其保持足够的距离以便从体验中获得意义。唯有如此，他才能保护自己的精神生活免于枯竭。

布鲁诺·贝特尔海姆（Bruno Bettelheim）博士在第二次世界大战期间集中营的体验中发现了与冷漠者——我们称之为精神分裂症患者——身上同样超然的态度。

根据当时精神分析流行的观点，人们将对他人冷漠并与世界在感情上保持距离视为性格弱点。我对此的评价是，一群被我们称为"涂油者"的人在集中营中表现得令人叹服。这表明这些冷漠的人给我留下了多么深刻的印象。他们与其无意识几乎没有了联系，然而他们却保留着原有的人格结构，在极其艰难的境况中坚守其价值，因为这些人几乎不会被集中营的经历伤害。……正是这些根据现存的心理分析理论被认为有着脆弱的人格，随时都有可能崩溃的人，结果却成了英勇的领袖，这主要是因为他们性格的力量。[35]

事实上，研究表明，在宇宙飞船上最有效生存的人，那些能够为应对这样的生活进行必要的感觉丧失调整的人——我们 20 世纪的人——是那些能够从世界分离并退回自我中的人。"我们有理由相信，"亚瑟·J. 布劳得贝克（Arthur J. Brodbeck）在总结完证据后写道，"可能那些具有精神分裂人格的人最能够忍受长期的太空旅行。"[36] 他们能够保持会被我们这个时代的强烈刺激夺走的内心世界。这些性格内向的人无论有无这样无法抗拒的强大的刺激都能继续生存，因为他们已发展出一种"建设性的"精神分裂的生活态度。我们必须生活在我们所看到的这个并不理想的现实世界中，而这种建设性的精神分裂的态度特征是我们问题的一个重要部分。

冷漠是意志与爱的丧失，是表明它们"无关紧要"，是对责任的放弃。在充满压力与混乱的时期，这是必需的；目前，这大量的刺激便是压力的一种形式。而现在，与"正常的"精神分裂态度相比，冷漠则导致了空虚并使人无力保护自己，生存能力降低。我们无论多么理解以冷漠一词描述的这种状态，最重要的还是要为爱与意志这冷漠的主要受害者寻求一个新的基础。

注释

[1] Carl Oglesby, in *A Prophetic Minority*, by Jack Newfield（New York, New American Library, 1966）, p. 19.

[2] Leslie Farber, *The Ways of the Will*（New York, Basic Book, 1965）, p. 48.

[3] Anthony Storr, *Human Aggression*（New York, Atheneum, 1968）, p. 85.

[4] 同上。

[5] 同上, p. 88。

[6] 个人交流。

[7] 肯尼斯·凯尼斯顿（Kenneth Keniston）注意到一个类似的观点，即我们时代的问题之重担，不是压在愚昧与冷漠的人身上，而是压在智者身上。"不可避免地被夹在心理社会的钳子中的感觉，恰恰使那些对于其社会的复杂性有着深刻理解，因而有可能明智地规划自己未来的男女瘫痪。" *The Uncommitted: Alienated Youth in American Society*（New York, Harcourt, Brace & World, 1960）.

[8] Sir Herbert Read, *Icon and Idea: The Function of Art in the Development of Human Consciousness*（Cambridge, Mass., Harvard University Press, 1955）.

[9] Maurice Merleau-Ponty, *Sense and Non-Sense*（Evanston, Ill., North-Western University Press, 1964）, p. 21.

[10] 同上。

[11] Aeschylus, *Agamemnon*, from *The Complete Greek Tragedies*, eds. David Grene and Richmond Lattimore（Chicago, University of Chicago Press, 1953）, p. 71.

[12] 同上, p. 70。

[13] 色情与性欲的其他方面也会在维多利亚时代存在，就如史蒂文·

马库斯（Steven Marcus）在《其他维多利亚人》（*The Other Victorians*, New York, Basic Books, 1964）中展现的那样，这一事实不能证明我的论文是错误的。在这样一个区隔化的社会里，常常会有压抑，这压抑就出现在地铁中，与生命驱力的阻隔相关。

[14] 以 *The Meaning of Anxiety*（New York, Ronald Press, 1950）出版。

[15] 参见 May, *The Meaning of Anxiety*, pp.6-7。

[16] 1949 年由阿瑟·米勒（Arthur Miller）发表的《推销员之死》（*Death of a Salesman*）是一部最清晰地反映了霍雷肖·阿尔杰（Horatio Alger）的工作与成功价值崩溃的戏剧。我们借此价值获悉我们的个人身份感的重要性。依米勒之言，洛曼（Willy Loman）的麻烦在于"他从不知道自己是谁"。

[17] J. H. van den Berg, "The Changing Nature of Man," intro. to *A Historical Psychology*（New York, W.W.Norton & Co., 1961）.

[18] 参见 David Shapiro, *Neurotic Styles*（New York, Basic Books, 1965）, p. 23。

[19] P. H. Johnson, *On Iniquity*：*Reflections Arising out of the Moors Murder Trial*（New York, Scribners）.

[20] Rollo May, *Man's Search for Himself*（New York, W. W. Norton & Co., 1953）, p.14. 这个问题在我看来是以最初被我称为患者之"空虚"的新的、独特的形式出现的，这种叫法不完全妥当。我是想以此表述一种与冷漠十分近似的状态。

[21] 同上, p. 24。

[22] 同上。

[23] 同上, pp. 24-25。

[24] 同上, p. 25。

[25] *The New York Times*, March 27, 1964.

[26] 同上，April 16, 1964。

[27] 同上，May 6, 1964。

[28] 凯尼斯顿在《不结盟国家》(*The Uncommitted*)中谈到这种社会的反常状态时写道："我们的时代激发着匮乏的热情。在工业化的西方，现在日益增多的结盟国家却缺乏热情。人们谈论的是他们与其社会秩序、其工作、其扮演的生活角色，乃至或许是传奇化过去的价值观与英雄所给予他们已有的生活秩序、意义和一致性彼此之间不断拉大的距离。"

[29] James H. Billington, "The Humanistic Heartbeat Has Failed," *Life Magazine*, p. 32.

[30] 同上。

[31] 同上。

[32] "公众的冷漠，"卡尔·门宁格（Karl Menninger）博士说，"本身就是攻击的宣言。"见卡尔·门宁格在医疗修正协会一次会议上有关暴力的陈述，1964 年 4 月 12 日《纽约时报》报道。

[33] 我们社会对接触的大量需求以及对此禁忌的反抗已在从 Esalen 研究所到隔壁房间的群体治疗等各种接触疗法的形式发展中显现出来。这正反映出这种需求。但这在其反理性的偏见与其主张本质上是补救的措施的宏伟目标上是错误的。他们的错误还在于没能看到这是整个社会必须改变的方面，并且涉及整个人的深层次的改变。

[34] Harry Stack Sullivan, *The Psychiatric Interview* (New York, W. W. Norton & Co., 1954), p.184.

[35] Bruno Bettelheim, *The Informed Heart* (Glencoe, Ill., The Free Press, 1960), pp.20-21.

[36] Arthur J. Brodbeck, "Placing Aesthetic Developments in Social Context: A Program of Value Analysis," *Journal of Social Issues*, January, 1964, p.17.

第一部分

爱

第二章

性与爱的悖论

一位患者向我描述了以下梦境："我和妻子躺在床上，而我的会计师却在我们当中要与妻子性交。我对此的感觉很奇怪——不知为什么好像只有那样才对头。"

——约翰·施梅尔（John Schimel）博士的报告

在西方传统中，爱分为四种。第一种为性爱，如我们所称的性欲（lust）或力比多（libido）。第二种是爱欲（eros），即让人有繁殖或创造欲望的爱的驱力，正如古希腊人描述的那样，它是朝向存在与关系这样更高级形式的欲望。第三种是菲里亚（philia），即友谊，朋友之情。第四种为拉丁语中的神爱或博爱，也被称为"同胞爱"（agape），是对他人的幸福的关爱，其原型为上帝对人类之爱。而人类所体验到的真正的爱则是这四种爱以不同的比例混合在一起的爱。

我们以讨论性（sex）开始不仅因为我们的社会开始于此，还因为它也是每个人生物学存在的开始。我们每个人的存在都归结为这样一个事实：在历史的某个时刻，一个男人和一个女人跳过了鸿沟——用 T. S. 艾略特（Eliot）的话说就是"横在欲望与爆发的情感之间的鸿沟"。无论在我们的社会中性可能会多么平庸化，它都保持着生殖的力量。这种驱力使人类生生不息，它既是人类最强烈的快乐，也是人类最普通的焦虑之源泉。它能够以原始生命力形式，将人投入绝望的泥沼，而当它与爱欲结合时，又能帮他摆脱困境，带给他极度的喜悦。

古人将性或性欲看得像死亡那样理所当然。只是到了当代，我们才成功地极大规模地将性专门挑出来加以关注并使其担负起所有这四种爱的重担。我们姑且不论弗洛伊德对性现象的过分扩大——在现代历史的相关的论点与反论点的斗争中，他的声音是唯一的声音——性欲是种族繁衍的基础这一点是确定的，并且若不扩大的话，这一现象也的确像弗洛伊德所说的那么重要。我们按照自己的意愿在小说或戏剧中使性平庸化，或者像我们希望的那样以讥讽的态度或以压抑冷漠的方式去抵御其强大的力量。性的激情仍随时准备打我们个措手不及，以证明它仍是令人战栗的奥秘。

但一看到我们时代性与爱之间的关系，我们马上就会发现自己被卷入矛盾的旋涡中。因此，让我们理清头绪，先简要地从现象学的角度开始阐述一下我们社会中围绕着性的奇怪矛盾。

性之狂野

在维多利亚时代，当对于性冲动、感情及驱力的否认成为风尚时，在上流社会是不能谈论性的。困扰着这个话题的是圣洁的、与性无关的。男女交往时就仿佛他们没有性器官似的。威廉·詹姆斯这位著名的改革者，在其他方面均超越了其同时代的人，但他对性的态度却有着世纪之交那种以高雅自居而对之心存厌恶的特点：在他划时代的著作——两卷本的《心理学原理》（*Principles of Psychology*）中，只有一页涉及性，在其结尾还要加上"这些细节谈论起来有些令人不快……"[1]。但在维多利亚时代的前一个世纪，威廉·布莱克（William Blake）则警告说："那些充满欲望却不能行动的人滋生了瘟疫。"以后的心理治疗师充分证明了这一警告的正确性。弗洛伊德这个维多利亚时代的人确实看到了性，他是从那些因将人体的如此重要的部分与自我分离而导致的神经症症状的困境中看到了性。

接着，在20世纪20年代，几乎是一夜之间发生了剧变。这一信念在自由主义者的圈子中成了富于战斗性的信条。他们坚信反对性压抑——性教育，自由地议论、感受与表达性——会带来健康的结果。在第一次世界大战后令人惊奇的短暂时期，这显然为开明人士构筑了唯一的立足点。

我们的态度从表现得仿佛性根本就不存在一样变为对其痴迷。而现在，我们比自古罗马以来的任何社会都更加强调性，并且有些学者认为我们比整个历史的其他任何时期都更关注于性。今天，我们不再对性讳莫如深，我们就仿佛是火星上的游客跌落到了时代广场，我们在社交中的话题都离不开性。

这并不只是美国人的困扰。在大洋彼岸的英国，"从主教到生物学家，每个人都要插一杠子"，伦敦《时代文学增刊》（*The Times Literary Supplement*）上的一篇颇具洞察力的文章继续指向了"整个的后金赛功利主义与后查特里的道德提高。翻开任何一天（尤其是星期天）的任何一份报纸，你都会看到一些专家向公众宣扬他们有关避孕、流产、通奸、淫秽刊物、两相情愿的成年人间的同性恋或（如果其他一切均不奏效的话）青少年中的当代道德模式"[2]。

我们今天的治疗师很少见到以第一次世界大战前弗洛伊德的歇斯底里症患者的方式展示自己的性压抑，部分原因便是这次根本的转变。事实上，我们发现来寻求帮助的人正好相反：大量地谈论性，大量的性活动，几乎无人抱怨无法如希望的那么频繁或与所希望的那么多性伴侣上床。但我们的患者确实抱怨说对此缺乏感觉和激情。"关于该讨论之纷扰的奇特之处在于，人们是如何地难以感到解放的愉悦。"[3] 其中掺杂了如此之多的性与如此之少的意义甚或乐趣。维多利亚时代的人不想让人知道他或她有性感觉，他或她如果不那样做就会感到羞耻。1910 年以前，如果我们说一位女士"性感"，她会感觉受到了侮辱。如今这位女士却会珍视这一赞美并向你施展魅力以回报这一赞美。我们的患者经常出现的问题是性冷淡和阳痿。但我们所观察到的奇怪和痛苦之处在于他们是如何绝望地挣扎着不让任何人发现他们没有性的感觉。维多利亚时代的男女因体验到了性而有负罪感，而现在我们则因体验不到它而负疚。

然而，有一个矛盾在于启蒙没有解决我们文化中的性问题。固然，这场新的启蒙运动的重要的积极的结果，主要在于提高了个体的自由度。大多数客观的问题缓和了：性知识可在任何书店买到，除了波士顿（在那里，人们还认为性如英国一位女伯爵在其新婚之夜宣称的那样"太使人心醉神迷，对普通人无益"）到处都可买到避孕用具。男女双方可以毫无负罪感，通常也会无拘无束地讨论他们的性关系以及承诺使双方相互满足并使其充满意义。我们不要低估了这个进步。外部的社会焦虑与负疚减轻了，而并未为此充满喜悦的人则会感到乏味。

但内心的焦虑与负罪感却增加了。在某些方面，这些是更加病态的，更难处理，并且带给个体的负担会比外界带来的焦虑与内疚更重。

从前妇女面对来自异性的挑战简单而直接——跟还是不跟他上床？——一个直截了当的问题是她如何面对其文化习俗。而如今人们的问题不再是"她是做还是不做"，而是她"行还是不行"。挑战已转为女性个人能力的问题。也就是说，她个人的能力是否可达到可夸耀的性高潮——那应当与癫痫发作类似。尽管我们同意第二个问题更能将性决定的问题放在其应在的位置上，但我们不能忽视对人们而言第一个问题更易于处理。在我的治疗中，一位妇女因为害怕男性"发现我做爱不在行"而害怕上床；另一位则因为"我不知道如何行事"而害怕，并认为她的爱人会因此和她过不去。还有一位妇人对再婚怕得要死，因为她害怕会像第一次婚姻中那样没有性高潮。女性们的犹豫不定通常可归结为："他不会那么喜欢我，他不会再来找我了。"

过去的十年中，你可以指责社会严苛的道德观，你可以对自己说你的所作所为是社会的错而不是你的错来保持自尊，这就会让你有时间决定你想做什么，或让自己成熟起来能够做决定。但如果问题仅仅是你如何表现，这就立刻成了你的自我肯定与自尊的问题，冲突的重点转向了内心，成了你如何应付这样的测试。

而大学生们在与校方关于允许女生在男生宿舍逗留多长时间的问题的斗争中却无视这样一个事实：条例往往是有益的，条例会使学生有时间发现自己，有余地在做好准备之前仔细考虑，找到一种没有束缚的行动方式，去试试自己的能力，冒险进入一种暂时的关系——这是任何成长所必需的组成部分。没有直接而公开的承诺总比带着压力进入性关系要好，没有心理的投入而只有身体的奉献会对情感造成伤害。这样，他们就可能会赞扬规则条例了，至少他们给了规定一些可供赞扬的东西。无论他们是否遵守规定，我的观点都是正确的，许多当代的学生由于他们新的性自由而感到焦虑，这是可以理解的。压抑这种焦虑（"人应当喜欢自由"）又使他们因压抑而焦虑，因此他们接着就会攻击校方，说校方没有给予他们更多的自由，以此平衡心理。

在我们短视的性自由中，我们没有看到的是将个体投入漫无边际和空虚的自由选择的海洋中本身并不能给予他或她自由，而更可能增加其内心的冲突。我们为之献身的性自由使我们无法成为一个完全的人。

在艺术中，我们也会不断地看到这种相信仅仅依靠自由就可以解决我们问题的幻想。以戏剧为例，在一篇题为"性已无能为力了？"的文章中，《纽约时报》的前戏剧批评家霍华德·陶布曼（Howard Taubman）在看了戏剧后总结了我们都能在戏剧中看到的情形:"发生关系就如同在一个无聊的下午我们出发去商店,但我们对此并无兴致,甚至连好奇都没有。"[4] 再看看小说,在《维多利亚的反叛》("revolt against the Victorians")中,利昂·埃德尔(Leon Edel)写道:"极端主义者鸿运当头,如此他们使小说变得空洞无物而不是使其丰富了。"[5] 埃德尔敏锐地提出了极其重要的观点:在小说纯粹现实的"启蒙"中出现了性的"非人性化"。"左拉(Zola)小说中的人们存在着性冲突,"他坚持道,"这在他们身上比在 D. H. 劳伦斯(D. H. Lawrence)所描述的人那里更真切——并且更人性化。"[6]

反对审查制度、要求言论自由的战斗自然也是一个大胜仗,但这难道不会也变成一件紧身衣吗?那些作家,无论小说家还是戏剧家,"情愿当掉打字机也不愿写出的作品里没有那些必不可少的对性行为的细节描述"[7]。我们的"教条的启蒙"是自我挫败:其初衷是保护性欲,其结果却是损害了它。在纪实的汹涌浪潮中我们忘记了,在舞台上、小说中,甚至是心理治疗中,想象是爱情的命脉。而现实主义既非性亦非爱。实际上,没有什么比一丝不挂更缺乏性感了,在任何一个天体营逛一个小时就能证明这一点。我们需要加入想象将生理学和解剖学转化为人际关系的体验——变为艺术、激情、爱情,变为百万种有着使我们痴迷与震撼的力量的形式。

求助于技巧

第二个矛盾在于新近对于性技巧与做爱失败的强调。这常常使我想起那些使人趋之若鹜的关于如何做爱的书籍，以及社会上大量发行的报纸杂志的数量与当事人的性激情甚或其体验到的性愉悦数量之间的相反关系。诚然，打高尔夫也好，表演也好，做爱也好，技巧本身并没有错，但是对于性爱技巧的强调超过了一定的限度便会导致对于做爱的机械态度，接下来便是疏离、孤独感以及人格解体。疏离的一个方面就在于，爱人及其古老的艺术即将被电脑操作员取代。伴侣间在做爱时非常注重记录与时间安排——这是被金赛确认和标准化了的技巧。如果他们没能按时完成，他们便会焦虑，并且无论有无欲望都强迫自己去做。我的同事约翰·施梅尔写道："我的患者们顽强地坚持着，或者压根就没注意到他们的配偶对待他们的那种显然有害的方式，但他们有过把未能按做爱时间表完成任务视为爱的损失的体验。"[8]男人如果赶不上时间表的进度就不知为何会感到失去阳刚之气，而女人如果太长时间没有男人至少勾搭她一下便会感到自己失去了女性魅力，女性用以讨论其性事的"两人私下里"的说法暗示了一个时间间隔，就像是幕间休息。精心地计算并仔细记录——我们这周做了几次爱？他（或她）那天晚上对我足够专心吗？前戏时间是否充足？——这使人怀疑这种最为自然的行为的自发性怎么可能存在。电脑排列在舞台两侧，人们正以弗洛伊德所说的他们父母所使用的方式上演着做爱的戏剧。

这就不足为怪了。在专注于技巧时，关于性行为的典型问题并非在此过程中是否有激情或意义，而是我表现得有多好。[9]譬如说被西里尔·康纳利（Cyril Connolly）称为"性高潮专制"的情形以及专注于同时获得快感——这也是疏离的另一个方面。我承认当人们谈论"天旋地转的性高潮"时，我感到纳闷：他们为何要如此费尽心机？自我怀疑是怎样的深渊！而孤独的内心又是何等的空虚！难道他们是以对这种虚华的结果的关注来加以掩饰吗？

即使是那些抱有性爱越多越快乐观点的性学家，如今也抬眼关注起因过度强调性快感的获得以及"满足"其伴侣的重要性所带来的焦虑。男人总是问女人她是否"完了"，或她是否"还好"，或用其他的委婉语来询问她的感受，而这种感受显然没有什么委婉语可表达出。西蒙·德·波伏娃（Simone de Beauvoir）和其他女性提醒我们这些男人，她们力图向我们说明，性爱是女人想在那一刻被问及感受的最后一件事，而且对于技巧的关注剥夺的正是女人最想要的东西——身体与情感上的，也就是说，男人在高潮时自发的纵情，这种纵情给了她这种体验所能得到的所有战栗与喜悦。当我们抛弃了角色与表演这样烦琐无聊的举止时，能够剩下的就是在难忘的性生活中，亲密关系这样的纯粹真相何其重要——会面，带着不知结果将会如何的兴奋感变得更加亲近。对自我的肯定、自我的赠予——难道不就是这种亲昵使我们在需要家庭生活来温暖我们时，一遍又一遍地在记忆中重拾这温馨时光而内心倍感温暖吗？

在我们的社会中，用以建立关系的是很奇怪的东西——有共同的品位、幻想、对未来的期望，还有对过去经历的恐惧——这一切都使得人们更退缩和敏感脆弱而不是愿意做爱，在亲密关系中他们戒备的不是身体的裸露，而是随着心理与精神世界的暴露而来的脆弱。

新清教主义

第三个矛盾是过分宣扬的性自由已成为新清教主义（puritanism）的新形式，我这里用小写字母"p"是因为不希望将其与原清教主义混淆。原清教主义如同霍桑（Hawthorne）所写的《红字》（*The Scarlet Letter*）中的海丝特（Hester）与丁梅斯代尔（Dimmesdale）牧师之间产生的激情一样，与我所说的清教主义是两回事。[10]我所指的清教是经由我们维多利亚时代的祖父母传承下来，并与工业主义和情感道德的疏离相结合的产物。

我所定义的清教包括三个因素。首先，它是一种与身体疏离的状态；其次，它与理性的情感相分离；最后，它将身体作为机器来使用。

在我们的新清教中，身体的不健康等同于有罪。[11]罪原本用以指屈从自己的性欲望，现在则是指不能完全地对性进行表达。我们当代的清教认为，不表达你的力比多是不道德的，在大洋西岸这显然都是事实。伦敦《时代文学增刊》（*Times Literary Supplement*）写道："那些进步知识分子出于道德责任感，决心通过做爱来消灭性压抑。但现在，压抑的情形却更多了……世界上没有比你们这些主张通过适当指导的性欲来拯救大众的现代鼓吹者更高尚的清教徒了。"[12]从前，一个女人因与男人发生了性关系而自责。而现在，一个女人会因为几次约会之后自己还是那么拘谨而负疚。她的罪行是："病态的压抑"，拒绝"给予"。而其伴侣总是特别开明（或至少假装如此），毫不掩饰对她的气愤以拒绝减轻她的负罪感（如果她能够在这个问题上与他争论的话，这冲突对她而言就缓和多了）。但他却宽宏大量地伸出援手，准备在每次约会结束时承担起将她从堕落中拯救出来的神圣责任。自然，这使她的"不"更增加了她的罪恶感。

当然，这一切都说明，人们不但要学会做爱，而且不必确保在做爱时他们会不会缺少激情或做出不适宜的承诺——后者还可解释为对其伴侣提出不健康的要求。维多利亚时代的人寻求没有性关系的爱，现代人则寻求没有爱的性关系。

为了消遣，我曾为当代开明人士对待性与爱的态度画了一幅印象画。我很愿意将这幅我称为"新一代世故者"的画像与大家共享：

新一代世故者不是被社会阉割，而是像奥利根（Origen）那样自我阉割。性与身体对他而言并非真实的存在和赖以为生的东西，而是可以像电视播音员的声音一样需要培训的工具。新一代世故者都满腔热情地致力于驱散所有激情的道德准则来表达他的热情，爱每一个人直到爱再也没有力量去吓唬人。除非将自己的激情束缚起来，否则他怕得要死，他的全部理论正是表达了他的束缚。他的解放信条是他的压抑；他的性欲完全健康，充分的性满足原则是他对爱情的否定。从前的清教徒压抑了性却满怀激情；而新清教徒却压抑了激情，只有性，他的目的就是束缚自身，将天性变为奴隶。新清教徒僵化的完全自由的原则不是自由而是新的紧身衣。他所做的一切皆是因为他对自己的身体以及根植于本性中的同情心的惧怕、对于那片沃土及其生殖力的恐惧。他是我们现代的培根主义者，致力于获取战胜自然的力量，全力以赴地获取知识只为了得到更多的力量。而你正是通过充分的表达从性欲中获取力量。（如同拼命地使用奴隶，直到所有反抗的活力被榨取干净。）性成为我们的工具，如同原始人的弓与箭、撬棍或扁斧。性这新的机器，这最终的机器？

新清教主义在当代的精神病学和心理学中蔓延。一些关于已婚夫妇心理咨询的书主张治疗师应该在讨论性交时只用"干"（fuck）这个词，并坚持让患者也使用该词，因为其他的词会被患者用来掩饰真相。在此重要的并非词本身的使用：纯粹的肉欲——兽性的却有自我意识的，并被恰当地叫作"性交"（fucking）的身体放纵由于人类经验的大量参与必定也所剩无几了。但有趣的是曾经禁止使用的词现在却成为"应当"使用的词——成了为着忠诚这一道德的原因而尽的责任。诚然，否认性交的生理方面是虚伪的，但是当我们所寻求的是比释放性紧张更多的人与人之间的亲密关系时，使用"干"这个词来描述性体验也是虚伪的。前者是对于抑制的掩饰；而后者是对自我疏离的掩饰，是一种自我的防御，用以对抗对于亲密关系的焦虑。前者是弗洛伊德时代的特有的问题，后者则是我们特有的问题。

新清教主义同时带给我们的还有我们整个语言的非人性化：我们用"发生性关系"（have sex）来代替做爱（making love）；与性交（intercourse）相对照，我们用"交配"（screw）；为了替代上床（going to bed），我们说"睡"（lay）某人（上帝保佑英语和我们自己！）或我们"被睡"（are laid）。这种疏离已成为惯例，一些心理治疗培训学校教授年轻的治疗师和心理学家在治疗期间只使用四个字母的词是"有益的"；患者可能在做爱时掩盖了一些压抑，所以这是我们正当的责任——这新教清教主义的化身！——得让他明白他只是在干。每个人似乎都一心要将维多利亚时代假正经的残渣余孽彻底铲除，以致我们完全忘记了这些不同的词意味着人类的不同体验。或许大多数人对于不同的词所描述的不同形式的性关系都有过体验，并不难把它们区分开。我并非在对不同的体验进行价值评估——在人们自己的关系中，它们都是适当的。每一位妇女都有时想"被睡"——飘飘欲仙，不能自已。如果一开始她没有激情，就"使"她有激情，就如同《飘》（Gone with the Wind）中的白瑞德（Rhett Butler）与斯嘉丽（Scarlett O'Hara）那段著名的戏。但如果"被睡"是她生活中的一切性体验的话，那么她离对于人格疏离的体验和对性的排斥就为时不远了。如果治疗师觉察不到这形形色色的体验，就会造成患者意识的退缩与减少，并且会使患者身体知觉以及建立关系的能力变得更弱。这是对于新清教的批判：它极大地限制了感觉，阻碍了极其丰富、多姿多彩的表现，并导致了情感的贫乏。

毫不奇怪，新清教主义导致我们社会成员郁积的敌意，而反过来，敌意常常在涉及性行为本身时爆发出来。我们用"去干你自己吧"（go fuck yourself）或"干你"（fuck you）这样表示蔑视的粗口来表明对方毫无价值，一无是处，只配扔掉。生理冲动在此已成为其归谬法。事实上，"干"（fuck）这个词在当代语言中已成为用以表达强烈敌意的最普遍的粗话，我认为这并非偶然。

弗洛伊德与清教主义

　　弗洛伊德时代的精神分析师如何在新性解放主义与清教主义之间纠缠的说法并非事实，鸡尾酒会上的社会批评家更愿意相信弗洛伊德是新的性自由的最初倡导者，或至少是最初的代表。但他们没有看到弗洛伊德和精神分析师以积极与消极两种方式表现了新清教主义。

　　精神分析的清教主义对于绝对的真实与理性的正确判断的强调是积极的。弗洛伊德本人便是这方面的范例。但它提供了一个新的理论体系。它将身体与自我视为（无论对错）通过"性反抗"获得满足的一种机制。精神分析在谈及性时常将其作为一种紧张释放的"需要"，这种说法为清教主义所采用。

　　因此，我们必须探讨该问题，看看新的性价值在被精神分析合理化之后是如何被奇怪地歪曲的："精神分析是穿着百慕大短裤的加尔文主义。"［1936—1937年间任美国精神病协会主席的C.迈克菲·坎贝尔（C. Macfie Campbell）博士在讨论精神分析的哲学观点时尖锐地指出。] 这话说对了一半,但这一半却相当重要。弗洛伊德在其性格意志力的积极意义上是位典型的清教徒:克制其激情,强迫性工作。弗洛伊德很钦佩奥利佛·克伦威尔(Oliver Cromwell)这位清教徒指挥官,并给一个儿子取了他的名字。菲利普·里夫(Philip Rieff)在他的研究成果《弗洛伊德:道德家的心灵》(*Freud: The Mind of the Moralist*)中指出,与好战的清教主义的亲密关系在世俗的犹太知识分子中并不少见,这也表明了一种特定的、首要的性格特质:刻板生硬,独立,有理性判断方法而无特定的宗教信仰或教条。[13] 弗洛伊德严格自律的工作习惯显示出他清教主义的一个重要观点,即他对科学的执着仿佛是僧侣在修道院的苦修。他以强迫性的勤奋一心达到其科学目标,这目标超越了生命中的一切(可能有人会说超越了生命本身)。由此目标,他的心灵得以升华,这一升华并非象征性的。

弗洛伊德个人的性生活很有限。他自己的性表达开始得很晚,大约在 30 岁,而衰退得很早,大约在 40 岁。其传记作者厄内斯特·琼斯(Ernest Jones)这样告诉我们:在 41 岁时,弗洛伊德写信给他的朋友威廉·弗里斯(Wilhelm Fliess),抱怨说他情绪低落,还写道:"连性兴奋对我这等人都没用了。"另一件事也表明,大约在这个年纪,其性生活就差不多结束了。弗洛伊德在《梦的解析》(*The Interpretation of Dreams*)一书中说,有一次,在他 40 岁左右时,他感到一位年轻女性对他有性吸引力并有些主动地伸出手去碰她。他对此的评论是:发现自己"还"有受到性的吸引的能力是多么惊奇![14]

弗洛伊德相信性欲是可以控制和引导的，并确信这对文化的发展与自身的性格都有着特殊的价值。1883 年，在与玛莎·伯内斯（Martha Bernays）订婚相当长时间后，年轻的弗洛伊德在给他未来妻子的信中写道："看到芸芸众生寻欢作乐既非乐事亦无裨益，至少我们对此无甚兴趣……我记起当我看《卡门》（Carmen）时想道：'大众借此宣泄欲望，而我们却丧失了自我。'我们剥夺自我是为了保持我们的完整。我们在健康、快乐的能力及情感上节制自己，我们在为了什么节制却不知道那是什么。而对于自然本能的不断压抑却给予我们高尚的品质……我们这样的人的最极端的例子就是生死相依，压抑自我，相思数年以保持忠贞，很可能无法承受失去至爱的沉重打击。" [15]

弗洛伊德升华的基础就在于他相信力比多存在于个体的某种品质中：你可以在一方面剥夺自己，"节省下"自己的情感，而在另一方面增加自己的快乐。如果你直接以性欲方式消耗掉力比多，你就无法利用它，譬如说，去进行艺术创造。然而，保罗·蒂利希（Paul Tillich）在对弗洛伊德著作的评述中很肯定地说："升华的概念是弗洛伊德最具清教徒特点的信仰。" [16]

我指出精神分析与清教徒之间的关系并不是在简单地对其价值进行贬损。原清教运动，在其最具代表性的时期，在其 19 世纪末普遍退化为维多利亚主义的道德标准之前，是具有令人钦佩的为正直与真理奉献的品质特点的。现代科学的进步大大得益于此。若那些实验室里的清教徒不具备这样的美德，是不可能有我们现代科学的进步的。而且像精神分析这样的文化产物既是果又是因：它反映并表达了文化的新潮流，也形成并影响着这些潮流。如果我们能够意识到正在发生什么，我们就可以以无论多么微小的力量来影响这些潮流的方向。这样，我们也可以满怀希望地发掘出与我们新的文化困境相应的新价值。

但如果我们试图从精神分析中获取我们价值的内容，我们就会陷入混乱的矛盾中，这不但是自我价值本身的矛盾，而且是我们自我形象的矛盾。期望精神分析承担起为我们提供价值的重任是错误的。精神分析通过揭露与展示先前被压抑的动机与欲望、通过扩大意识为患者提供了一种方法，患者借此形成价值而改变自己，但其本身却永远不可能担负决定改变人们生活价值的重担。弗洛伊德的重大贡献在于他将苏格拉底（Socrates）"要有自知"的训诫带入实际上包括了一个新大陆的新的深度，那是一个压抑、无意识动机的大陆。他还发展出关于治疗中咨访关系的技术。该技术基于移情与阻抗，我们可借此将这些压抑和动机带到意识知觉的层面。无论精神分析是被追捧抑或是被冷落，弗洛伊德以及该领域其他人的发现都不但对心理治疗领域，而且对在道德领域扫除虚伪与自我欺骗的残渣有着极其重要的贡献。这仍是千真万确的。

我想澄清的是我们社会中的许多人都渴望他们的性格能自动改变，使他们变得超脱，摆脱烦恼，并期望通过将人的精神交托给一个技术过程来摆脱责任。实际上，在他们"自由表达"与享乐主义的价值观中，只是用精神分析的新瓶偷偷装入了清教主义的旧酒。性态度和性习俗的变化如此之快——事实上是在20世纪20年代的

10年间——以至于有人认为我们在服装与角色上的改变多于在性格上的改变。但我们却并未对快乐与激情以及爱的意义敞开我们的感知与想象，而是把这些都交托给技术过程。在这样的"自由"之爱中，人并未学会去爱，自由并没有成为解放反而成为新的束缚，其结果是我们的性价值观陷入混乱与矛盾，性爱则呈现我们目前所看到的几乎无法解决的矛盾。

我并不想夸大这一状况，也不想无视现代性道德之不稳定性的任何裨益。我们所描述的混乱是与个体自由的真正可能性携手并肩的。伴侣们能够将性当作快乐的源泉，不再为性本能的行为是罪恶的错误观念所困扰。他们能够对二者关系中像彼此操控这样真正有害的行为更加敏锐。他们要达到维多利亚时代的人从未达到的自由的高度。他们能够探索出使他们的关系更加丰富的方法：即使离婚率上升，无论它浮现的问题多么发人深省，也都有积极的心理作用，因为那些婚姻不幸的夫妻无法再以两人"拴"在一起的信条来给自己糟糕的婚姻一个合理的解释。寻找新爱人的可能性使我们如果打算与他或她在一起就必须承担起我们应负的选择的责任。这就有可能发展出一种居于两者之间的勇气，也包括两者——一方面是生理的欲望，另一方面是对于双方之间有意义的关系、对彼此更深的意识，以及其他被我们称为人类之间理解的方方面面。这种勇气可由仅仅反对社会道德转变为对他人负责的精神能力。但其裨益现在既不会十分明显又不会自动发生。只有在我们理解并解决了我们一直在谈论的这个矛盾时，它才可能出现。

问题的动机

在两家精神分析学院做督导与分析师时，我曾督导精神病医师或心理学者每人一件个案，他们都在接受培训以成为分析师。我之所以以这些年轻分析师的六位患者为例，既是因为现在我已对他们十分了解，还因为这些人不是我本人的患者，这使我能够以更客观的视角来看待这些个案。从表面上看，这些患者在性行为中均未感到羞耻或负罪，其行为模式通常也各不相同。六位患者中四位是妇女，她们都说在性行为中没多大感觉。其中两位妇女的性交动机似乎是想紧紧地抓牢男人并且按照性交是在某个阶段"你该做的事"的准则行事。第三位妇女有着特别的慷慨动机：她将上床看成给男人的好处——并且作为回报，她会向他提出很多要求，让他来照顾她。第四位妇女似乎是唯一一位感到有些真正性欲的，其动机却并非如此，其动机是对男人的慷慨与愤怒的结合。两位男性患者原是阳痿患者，现在尽管能够性交，其性能力问题却时断时续地存在，而一个突出的事实是：他们从未说过他们从性交中获得快感。他们性行为的主要动机似乎是为了证明其阳刚之气。事实上，其中一个人似乎是专门来给分析师讲述他前一晚的经历，无论那晚的经历好不好。其目的更像是进行男人间私下的信心交换，而非享受做爱的乐趣。

现在，我们需对此进行更深层次探寻。我们要问这样一些问题：这些行为的潜在动机是什么？是什么驱使当代人强迫性地专注于性而非像从前那样强迫性地否定它呢？

为了证明自己的身份而进行的斗争显然是一个核心动机——它既是男人又是女人的行动目标。贝蒂·弗里丹（Betty Friedan）在其著作《女性的奥秘》（*The Feminine Mystique*）中对此进行过清晰的阐述。这催生了性平等主义与性角色交换思想。平等主义不但是以否定两性的生理差异为代价——退一步讲，这是以区分男女的基础为代价——而且是以否定男女的情感差别为代价，这种差别使双方在性活动中感受到许多愉悦。

这里的自相矛盾之处在于，要证明你与伴侣观点一致的强迫性需求意味着你要压抑自己独特的情感——而这恰恰损害了你自己的身份感。这种矛盾促使我们的社会出现一种连我们在床上都变成了机器的趋势。

另一个动机是个体克服孤独感的愿望，与此并存的还有为逃避空虚感与冷漠感的徒劳的努力：伴侣们喘息着，颤抖着，希望在别人身上找到回应的颤抖，只为了证明他们自己还没死；他们寻找一种回应、一种来自他人的渴望，以证明他们自己的感觉还存在。他们以为那就叫爱，这是一个古老的幻想。

人们经常会注意到，男性在炫耀其性技能的过程中，正在被训练成性运动员。但这比赛的最高奖励是什么呢？不仅是男人，连女人也努力证明其性能力——她们必须赶得上时间表的进度，必须表现出激情，还要有可供夸耀的性高潮。现在，心理治疗圈中普遍认同：从动力学角度看，对于效力的过度关注通常是对无效力的补偿。

用性来证明自己在各方面的效力导致不断强调性技巧。在这里，我们还观察到另一种奇特的自我挫败的模式。这就是，性活动中过分关注技巧的表现与性感的降低实际上是相关的。为达目的而使用的方法几近荒唐，其中一种方法是在性交中在阴茎上涂抹一种麻醉软膏，这样可降低敏感度，使男性延迟性高潮的时间。我听一位同事说开这种麻醉"药"来避免早泄的也不少见。施梅尔博士在记录中写道："我的一位男患者对其'早泄'深感绝望，尽管射精是发生在插入后的十分钟或更长的时间。他的邻居，一位泌尿科医生向他推荐了一种在性交前使用的麻醉剂。这位患者对这种方法十分满意并对这位泌尿科医生充满感激。"[17] 他心甘情愿地放弃自己的所有快乐，只图证明自己是个合格的男人。

我的一位患者报告说他因早泄问题就医，内科医生就给他开了这种麻醉药膏。我同施梅尔博士同样感到奇怪的是：患者居然会毫无疑义地接受这种方法，也没有什么心理冲突。这种治疗方法合适吗？难道会让他的性生活更好吗？这个年轻人来找我时，对所有的事情都感到无力，甚至无法应付妻子在开车时脱下鞋子打他的头这样的野蛮行为。这个男人对婚姻中这种可恶的讽刺情形感到无能为力。而他的阴茎在因使用药剂失去感觉之前，似乎只是有足够的"感觉"达到适度的紧张，也就是说一下子就射精了。

为了表现得更好，就要使人的自我感觉更少！这是一种恶性循环的象征，既鲜明生动又恐怖！我们的文化就陷入这种恶性循环之中。一个人越是要证明自己的力量，他就越要将性交——这种所有行为中最亲密的、最个人的行为——当作迎合外界评判标准的表演。他越将自己看成可开动、调整和操作的机器，他对自己或其伴侣的感觉就越少。而越没有感觉，他的真正的性欲望和性能力失去得也就越多。这种自我挫败的结果是最有性能力的爱人最终也成了性无能。

当我们提醒自己，无论如何反常，过度关注"满足"伴侣都是性行为中一种合理与基本需求的表达，即在给予伴侣中得到的自我肯定能带来快乐时，我们的讨论就要触及一个令人痛心的问题：男人常常对被他满足的女人万分感激——让他带给她性高潮，使用一些词来表达这感觉。这是介于性欲与柔情之间、介于性爱与博爱之间的关系——它兼具两者的特点。在我们的文化中，一个男人如果无法满足女人，就无法确定自己作为男人或者作为人的身份。人类相互之间关系的结构是如此看重性的满足，以至于如果男女感到无法满足对方，性行为就无法得到完全的愉悦与意义。这使人无法在满足对方时感到愉悦，因为这种满足常常着重于强奸式的剥削性性行为以及唐璜（Don Juan）诱奸式的强迫性性行为。唐璜必须不断地性交，因为他永远都不满足，尽管事实上他已有较强的性能力，并在技术意义上达到了完满的性高潮。

我们现在的问题不在于如何满足这种性伴侣的欲望与需求，而在于性行为的当事人仅仅从技术意义角度来理解这种需求，那就是给予其肉体的感觉。甚至从我们的词汇中删除的（依此之见，我在这里说的词听起来都"老土"了）便是那些对给予其情感，共同想象，给予对方内心的、精神的丰富内涵的体验，这些一般只需花一点时间，它们能够使感觉升华为情感，情感则上升为柔情，有时则升华为爱。

当代性的机械化趋势与性无能关系如此密切并不令人惊奇。机器突出的特点就是机械地运动，但从无感觉。一位知识丰富的医学院学生——他来找我治疗的原因之一是阳痿——给我讲了他的梦。在梦中，他让我在他的脑袋上插入一根管子，这根管子通过他的身体从另一端钻出来当他的阴茎。在梦中，他确信这根管子会强有力地勃起。这是个不自然的时代的产物——这个"聪明人"根本就不明白他所认为的解决问题的方法恰恰是其问题的根源，也就是说他不过是将自己当成"性爱机器"。他的形象非常鲜明：有头脑、有知识。但他是我们这个疏离时代的代表；他的敏锐的系统完全绕过了情感、丘脑、心脏和肺之所在，甚至绕过了胃，直接从头通到了阴茎——丢掉的却是心！[18]

我手头并没有目前阳痿发生率与过去相对照的统计数据，我也没看到其他人有相关的统计，但我认为尽管（或说是由于）方方面面都有无限的自由，阳痿的发生率却上升了。似乎所有的治疗师都认为因为这个问题寻求帮助的人数上升了——尽管还不能确定这是因为性无能真的增加了，成为一种普遍状况，抑或不过是因为人们对此有了更强的意识并能够将它讲出来。显然，这也是几乎不可能获得有意义的统计数据的那一类问题。《人类的性反应》(*Human Sexual Response*)这本关于阳痿与性冷淡的书尽管内容夸张、价格昂贵，却连续数月销量几近榜首，这也足以说明人们多么渴望在性无能问题上获得帮助。无论问题的原因何在，年轻人和老年人都难以获得满意的答案。

想看看新清教主义表现自己的奇特方式，你只需翻开一本《花花公子》（*Playboy*）杂志。该著名的杂志据说主要读者为大学生和神职人员。你会看到有着硅胶乳房的裸体女孩的照片与著名作者的文章登在一起。乍一看，你会以为这杂志自然是赞成新启蒙运动的；但你再仔细看看，就会看到这些照片上的女孩有一种奇怪的表情：冷漠、机械的，毫无吸引力，茫然空洞——这正是精神分裂人格一词的消极意义的典型特征。你会发现她们根本就不"性感"，《花花公子》杂志只不过是把掩蔽下体的无花果叶蒙在了她们的脸上。再读读那些写给编辑的信。首先是题为"花花公子牧师"的信，主人公是一个"给年轻听众和无数神职人员做赫夫纳（Hefner）哲学讲座"的牧师。"真正的基督教的伦理道德与赫夫纳哲学是不冲突的，"他热烈地赞许道，"大多数新潮的神职人员生活得更像花花公子而不是苦行僧。"[19] 你还可以看到另一封题为"基督是花花公子"的信，这样说是因为他喜欢抹大拉的玛利亚（Mary Magdalene），喜欢美食，好打扮，严厉地批评法利赛人（Pharisees）。你会奇怪如果所有这些宗教的论证和这些人要被"解放"，他们为何就不能享受他们的"解放"呢？

　　无论你轻蔑地认为这些写给编辑的信是他们自己"设计的"，还是大度地认为这些信是从几百封信中挑出来的，其实都是一回事。美国男性的形象已经呈现出来——温和的、漠然的、自保的单身汉。他们把女孩当成《花花公子》的附件，就像他们时髦服装上的装饰物。你还会注意到《花花公子》杂志从不刊登疝气带、秃顶或任何有损此种形象的广告。你会发现好的文章（坦率地说，就是能让一个想雇一位有品位的助手并付其必需的薪酬的编辑买下的文章）赋予男性形象权威感。[20] 哈威·考克斯（Harvey Cox）得出了这样的结论：《花花公子》杂志本质上起到了抑制性欲的作用，它是"男性不断地拒绝成为人的过程中最新的、最华而不实的一个插曲"。他确信，"《花花公子》只是这整个现象中的一部分，它是这新暴政的一个生动例证"[21]。诗人、社会学家卡尔文·霍顿（Calvin Herton）在讨论《花花公子》与时尚和娱乐界的关系时，称之为新的性法西斯。[22]

《花花公子》确实理解了美国社会某些重要的东西：考克斯认为那就是"被压抑的对与女性关系的恐惧"[23]。我更进一步地认为，作为新清教主义的范例，它从美国男性压抑的焦虑中获得一种动力，这种焦虑的基础是对于与女性关系的恐惧，这是被压抑的对于性无能的恐惧。杂志的每一细节都是精心策划的，用以支持对性效力的良好感觉而不是去测试或质疑它。置身关系之外（譬如冷漠）已提升为《花花公子》的理想形象，可能由于这种性效力错觉是隐秘的，就像男人因性效力恐惧且利用这种焦虑得到救助一样。《花花公子》在30岁以上人群中的读者数量大大降低，这也进一步说明了其形象的特点，因为这个年龄段的男人无法再逃避与女性之间的关系。之所以会塑造出这样一种错觉，也是因为赫夫纳——这个主日学的教师、这个虔诚的卫理公会派教徒。他自己实际上从未走出其北芝加哥的大公司——他安安稳稳地待在那儿，在兔女郎的包围中、在纵情于百事可乐的人们当中处理着他的工作。

性的反叛

由于我们以上提到的性动机的混乱——在性行为中除了做爱的欲望，呈现其他几乎每一种动机——这就无怪乎性的欲望与感觉下降到了几乎消失的地步。这种感觉的降低常常以麻木的形式（现在用不着麻醉剂了）出现在能够很好地完成机械意义上的性行为的人身上。我们已习惯于躺在沙发椅上的患者说："我们做爱了，但我没有任何感觉。" T. S. 艾略特在《荒原》（*The Waste Land*）中再次描述了我们患者所说的那种情形。他写道，在"美丽的女人堕落"后，满脸粉刺的房产代理公司职员诱奸了她，

> 她回头在镜子里照了一下自己，
> 没有意识到她那已离去的情人；
> 她的头脑让一个半成形的思想经过——
> "总算完了事，完了就好。"
> 美丽的女人堕落的时候，
> 在她的房里来回走，独自，
> 她机械地用手抚平了头发，又随手
> 在留声机上放了一张唱片。

性是"最后的边疆"，大卫·里斯曼（David Riesman）在《孤

独的人群》（*The Lonely Crowd*）中意味深长地使用了这样的措辞。杰若德·赛克斯（Gerald Sykes）以同样的口气说："在充斥着市场报告、时间研究、税收条例和路径实验室分析而变为灰色的世界中，反叛者发现性成了唯一的绿色之物。"[24]

　　热情，冒险，试验自己的力量，对于一片广阔的、激动人心的新天地的发现——那是对于自我，对于与他人关系的感知与体验，以及随之而来的对于自我的确认——的确是一种"开疆拓土"的体验。他们自然会将性能力的展现作为每个人社会心理发展的一个部分。事实上，在20世纪20年代后的几十年间，当几乎其他每一种活动都"受人支配"，人们感到厌倦，对一切都感到毫无热情和冒险的欲望时，性，在我们的社会中便有了这样的力量，但出于种种原因——其中之一是性本身不得不承担起人格确认的重任，这实际上本该是与所有其他领域共同承担的责任——边疆生机勃勃的新奇以及挑战变得越来越迷失了。

　　我们生活在后里斯曼时代，正经历着里斯曼所谓"受人支配"行为这种雷达反射式的生活方式的长期暗示，最后的边疆在拉斯维加斯大量涌现（现在则根本就没有什么边疆了）。年轻人无法再通过性反抗来得到身份的确认所带来的偷吃禁果的兴奋感，因为那里再也没有什么可反抗的了。对于年轻人吸毒成瘾的调查显示，他们反抗父母、反抗社会使"他们自命不凡，兴高采烈"——这种感觉从前来源于性，而现在却不得不从毒品中获得。一份这样的研究表明学生们表现出一种"对性的厌倦。而毒品可以让他们感到兴奋、好奇，获得偷吃禁果的冒险刺激以及社会给予的极大宽容"[25]。

如果我们发现对于许多年轻人来说从前被称为做爱的行为现在不过像阿道司·赫胥黎（Aldous Huxley）所预言的是"手掌对着手掌喘息"这样徒劳无益的事，如果他们对我们说他们很难理解诗人在说什么，如果听他们失望地说"我们上了床但毫无意义"，这都不是什么新鲜事。

没什么可反抗的，我说了吗？哦，显然还剩下一件可以反抗的东西，那就是性本身。对某些人而言，身份的建立、自我的确认也可以，并且也确实常常成为他们对性欲的彻底反抗。我当然不是在鼓吹这个，我想说明的是对性的反抗——这穿着机器人外衣的现代吕希斯特拉忒（Lysistrata）正隆隆地逼近我们城市的大门，即使不是隆隆地逼近，至少也是在我们城市的上空盘旋。性革命的最终到来不是带着巨响而是带着低语。

因此毫不奇怪，由于性越来越像机器，与激情毫不相干，接着便连快感也降低了，这个问题绕了一圈又回到了原地。说来也怪，我们发现，这是从麻木的态度发展成了封闭的状态。性接触本身也要束之高阁，即避免接触。这是清教主义另外一个并且是最无建设性的方面。最后，又回到了新禁欲主义。这可以用似乎是来源于某些老道的大学校园的打油诗说明：

咱们校长有话要讲，

有了教学机器帮忙，

即使俄狄浦斯国王，

也能学会不与王后上床，

照样能把做爱完成。

马歇尔·麦克卢汉（Marshall McLuhan）以及其他人欢迎对于性的这种反抗。"我们现在所认为的性很快就将死去。"麦克卢汉和雷奥纳多（Leonard）写道："性概念、性理想和实践已经变得面目全非了……《花花公子》杂志折页上的玩伴——有着特大号乳房和屁股，细节全部展露无遗的女孩——是即将逝去的时代死亡之痛苦的标志。"[26]麦克卢汉和雷奥纳多接着预言道："爱欲在新的无性时代并不会消失而会散播，所有的生命却会比现在更有情欲。"

这最后的保证如果可信确实可以令人宽慰，但如往常一样，麦克卢汉对于目前现象的敏锐洞察力却不幸地置于历史的框架之中——"前部落文化"，带有其所谓减少男女间差别的观点——根本就没有事实的基础。[27]他并未给我们任何证据来证实其关于新的爱欲而非冷漠会在两性差别消失后到来的乐观预言。实际上，该文中麦克卢汉和雷奥纳多对于新电子时代的顶礼膜拜存在极大的混乱。在将"小树枝"比作 X 光片时就如同将索菲娅·罗兰（Sophia Loren）与鲁本斯（Rubens）相对照，他们问道："一个妇女的 X 光片能看出什么？那不是一张真实的照片，而是一个深介入的映像。不是某一特定的女性，而是人类。"[28]是啊！X 光片实际上根本就显示不出那是人类，而是一些毫无个性的骨头或组织的影像，那是拍给具有高度专业知识的医生看的，我们永远都不会从那上面看出一个人——任何一个我们认识的男女的形象，更别说是我们所爱的人了。这样一种对未来"重建信心"的观点极其令人沮丧和恐惧。

难道我们就不可以在慵懒的性幻想中更爱索菲娅而不是"小树枝"，且不被新社会排斥吗？

我们可以参加圣巴巴拉的民主制度研究中心有关话题的讨论来更认真地对待我们的未来。他们的报告叫《单性别的社会》（The A-Sexual Society），在此我们坦率地面对，"我们正在进入一个不是两性或多性，而是单性的社会！男孩留长发，女孩穿短裤……浪漫将消失；实际上，现在它差不多已经消失……只有年收入保障与避孕药，女人还会选择结婚吗？她们干吗要结婚呢？"[29]艾利诺·戛斯夫人（Eleanor Garth），一位与会者、该文的作者，接着指出这种剧变也会发生在养育孩子的问题上。"当成熟的卵子可被植入唯利是图者的子宫，而一个人的后代可以从精子库中挑选时，会是怎样呢？如果有那样的条件，女人会选择重新制造其丈夫吗？没有问题，没有嫉妒，没有爱的传递……那些玻璃器皿里培养出的孩子又会怎样？这种我们认为出现在现在孩子培养中的公共之爱会不会成为人的品质呢？女性在这种状况下会不会失去生存的驱力而变得像这一代美国男人这样趋向死亡呢？我提出问题并非为了辩护，我一想到这些可能发生就感到不寒而栗。"[30]

戛斯夫人及其同事认为性革命的潜在问题不在于人们怎样对待性器官和性革命本身，而在于其对人性产生了怎样的影响。"让我担忧的是随着生命科学的快速发展，我们的人性和赋予人生命的那些品质确有可能消失，而似乎没有人对这些发展中利弊的选择进行探讨。"[31]

我们在这本书中进行讨论的目的就是提出这样的问题：我们如

何对其利弊进行选择——也就是说，是破坏还是加强构成人的"人性和赋予人生命的那些品质"。

注释

[1] William James, *Principles of Psychology*（New York, Dover Publications, 1950; 最初由 Henry Holt 出版, 1890）, Ⅱ, p. 439。

[2] *Atlas*, November, 1965, p. 302. 转载自 *The Times Literary Supplement*, London。

[3] 同上。

[4] Howard Taubman, "Is Sex Kaput？" *The New York Times*, sect. 2, January 17, 1965.

[5] Leon Edel, "Sex and the Novel," *The New York Times*, sect. 7, pt. 1, November 1, 1964.

[6] 同上。

[7] 参见 Taubman。

[8] John L. Schimel, "Ideology and Sexual Practices," *Sexual Behavior and the Law*, ed. Ralph Slovenko（Springfield, Ill., Charles C.Thomas, 1965）, pp. 195, 197.

[9] 有时，女患者在描述男人是如何试图诱奸她时会告诉我，他为达目的会表明他是一个如何称职的情人，保证做爱会使她非常满意[想象一下莫扎特（Mozart）的《唐璜》（*Don Giovanni*）也会如此]。在基本人性的公平中，我必须加一句：据我所能记起的，女性说"预开账单"并不能增加诱奸成功的机会。

[10] 16、17 世纪真正的清教徒与 20 世纪那些代表着恶化了的形式的人完全不同，许多资料可表明这一点。罗兰·H. 本顿（Roland H. Bainton）在

其《基督教有关性、爱与婚姻之说》（New York, Reflection Books, Association Press, 1957）的"清教主义与现代"一章中写道："清教理想的夫妻关系是以'一个温柔的个体'来概括的"，他引用了托马斯·胡克（Thomas Hooker）的话："把心放在他所钟爱的女人身上的男人会在梦中梦见她，满眼都是她，而醒着时会担忧，坐在桌前时会总想着她，旅行时乘车与她同行到他所到之处。"罗纳德·梅沙特·弗雷（Ronald Mushat Frye）在《文艺复兴的研究Ⅱ》（1955年）中有一篇富有思想的文章《古典清教主义夫妻之爱说》，给出了确凿的证据。古典清教主义将婚姻中的性生活是"幸福的巅峰"、是"建立在理性、忠诚、正义与纯洁基础上的"观点灌输给人们。弗雷认为，"事实是16世纪与17世纪早期，英国教育中有关婚姻之爱更为开明的观点在很大程度上是英国清教主义中被称为清教徒的那群人的功劳"。清教徒反对婚外的肉体欲望与行为，但却坚信婚姻中性的方面并认为所有人都有义务一生保持其活力。后来，人们弄混了，将它们与婚姻中禁欲的苦行联系在一起。弗雷说："在广泛阅读清教徒以及16世纪及17世纪早期其他新教徒作者的文章的过程中，我发现满篇皆是对这种禁欲之'完美'的反对。"

只需仔细看看清教徒修建的新英格兰的教堂和清教徒的其他遗迹，我们就可看到其形式的高雅与尊贵，那无疑蕴涵着对生命的热爱。他们有着掌控激情的尊严，与我们当今表达和散播所有激情的模式相比，那更有可能拥有真正的激情。将清教主义退化成我们现代的世俗看法是三种趋势共同作用的结果：工业主义、维多利亚经济区隔化，以及所有宗教观点的世纪化。第一种引入特殊的机械模式，第二种采用的是弗洛伊德分析得如此透彻的感情欺骗，第三种趋势则是将宗教的深层维度去除而将人们关心的如何"表现"的问题变成关注像吸烟、酗酒，以及表面形式的性这样我们抨击的事情。[若想看看这一时期夫妻之间令人愉悦的情书，可以阅读培基·史密斯（Page Smith）所著的约翰·亚当斯（John Adams）的两册传记，也可以阅读派瑞·米勒（Perry Miller）的有关清教徒的著作。]

[11] 这一系统说明最初是由路德维希·里法布尔（Ludwig Lefebre）向我提议的。

[12] *Atlas*, November, 1965, p. 302.

[13] Philip Rieff, *Freud: The Mind of the Moralist* (New York, Viking Press, 1959), 引自 James A. Knight's "Calvinism and Psychoanalysis: A Comparative Study," *Pastoral Psychology*, December, 1963, p. 10。

[14] Knight, p. 11.

[15] 参见 Marcus, *The Other Victorians*, pp. 146-147。弗洛伊德在信中继续写道："我们整个生命的行为都是预先假定我们不会赤贫，我们有可能使自己不断摆脱社会恶习。穷人、大众如果没有厚脸皮和随和的态度就无法生存。他们干吗要鄙视那无人期待他们时的快乐呢？穷人太无助，太暴露了，行为举止无法像我们那样。当看到人们纵情享乐，毫无节制，我总认为那是他们对自己成为所有的税收、流行病、疾病以及社会制度弊端的无助的靶子的补偿。"

[16] Paul Tillich, "Psychoanalysis and Existentialism," 该演讲内容发表于 the Conference of the American Association of Existential Psychology and Psychiatry, February, 1962。

[17] Schimel, p. 198.

[18] Leopold Caligor and Rollo May, in *Dreams and Symbols* (New York, Basic Books, 1968), p. 108*n*, 同样坚持认为今天的患者，作为一个整体，看上去在梦中专注于头脑和生殖器而抛开心。

[19] *Playboy*, April, 1957.

[20] 这些名人的文章可能存有偏见，就像被《花花公子》在其广告中广泛使用的对蒂莫希·莱瑞（Timothy Leary）的著名采访，认为迷幻药使女性"成百次的性高潮成为可能""不包含最终合成的迷幻药的讨论不是真正完美的"。实际上，迷幻药表面上看暂时"产生了"性的功能。这种采访招致了既是迷幻药专家又是性权威作家的 R. E. L. 马斯特斯（R. E. L. Masters）博士的

反驳，他写道："这种说法不仅是错误的，也是危险的……偶发的例子可能会支持其说法，我并不怀疑，但他暗示他是在说明常规而非例外，这是完全错误的。"（私下传播的油印文字）

[21] "*Playboy's* Doctrine of the Male," in *Christianity and Crisis*, XXI/6, April 17, 1961, 未注明页码。

[22] 性座谈会上的讨论。密歇根大学，1967 年 2 月。

[23] 同上。

[24] Gerald Sykes, *The Cool Millennium*（New York, 1967）.

[25] 由艾赛斯郡议会药物成瘾小组主席希尔维亚·赫兹（Sylvia Hertz）主持的对于纽约 / 新泽西地区三所学院学生的调查，发表于《纽约时报》，1967 年 11 月 26 日。它认为"药物的使用变得如此突出，以致性已退居其次"。

由于性已成为借反抗来证明个性的竞技场并与药物的使用联合成为新边疆，而二者都与对暴力行为的专注相关，这使得性失去其力量。时代错误地使我们遍地使用性作为反社会的工具。我在加利福尼亚大学演讲时，开车送我去学校的学生告诉我，学校有个"不受限制性"团体，就像其名字表示的，是致力于不受限制的性的。我说我没看到加利福尼亚有什么人要限制性啊，那这个团体都干些什么呢？他回答说，上周全体成员（其实就是六七个学生）大中午脱了衣服，裸体跳进了校园中央的金鱼池。警察局派人将他们拉出来关起来了。我回答他说，如果有人想被抓起来，这倒不失为好办法，可我看不出这种经历与性有哪怕一点关系。

[26] Marshall McLuhan and George G. Leonard, "The Future of Sex," *Look Magazine*, July 25, 1967, p. 58。该文谈到了关于性的民意调查，发表了新观点："当接受调查者通过表明性交频率并未大幅增加以'证明'在我们年轻人中并没有什么性革命时，他们完全误解了重点到底是什么。事实上，由于对性的看法、感觉与使用，尤其是关于男女角色的一场真正革命，性交频率在未来可能会下降。"

[27] 我不是作为人类学家与阿什利·蒙塔古（Ashley Montague）讨论这一观点的。这个看法是口头传达给我的。

[28] McLuhan and Leonard, p. 58. 这些字，麦克卢汉和雷奥纳多用了斜体字。

[29] Eleanor Garth, "The A-Sexual Society," *Center Diary*, 发表于 the Center for the Study of Democratic Institutions, 15, November-December, 1966, p. 43。

[30] 同上。

[31] 同上。

第三章

爱欲与性欲的冲突

伊洛斯（Eros），这爱神的出现创造了世界。在此之前，大地一片沉寂、荒芜、静止。现在，一切充满了生机、欢乐和动感。

——早期希腊神话

阿芙洛狄忒（Aphrodite）与阿瑞斯（Ares）生了几个漂亮的孩子……他们将儿子伊洛斯指定为爱神。尽管呵护备至、精心养育，这个儿子却并未像其他孩子那样长大，还是那个身形小小，粉嘟嘟、胖乎乎的小孩，长着一对薄纱般的翅膀和带有顽皮表情的、长着酒窝的脸蛋。阿芙洛狄忒对儿子的健康非常担心，于是她去询问忒弥斯（Themis），忒弥斯给了一个谜一样的回答："没有激情，爱是不能成长的。"

——晚期希腊神话

在上一章，我们看到了当代性与爱的矛盾有一个共同点，即将性与爱平庸化了。为了表现得更好而麻痹其感觉，将性当作证明其力量与身份的工具加以利用，放纵情色以掩饰其感觉，我们使性失去了活力，变得枯燥、空虚，而大众传播工具又极大地唆使和助长了这种平庸化。现在市场上泛滥的关于性与爱的书有一个共同点——对性与爱过于简单化，对待这个问题的方式就像是将学打网球与购买人寿保险结合起来。在此过程中，我们避开了爱情从而剥夺了爱的力量，并以使二者失去人性告终。

我在这一章的论题是：性无力的背后是性与爱的分离。事实上，我们将性置于爱之上，恰恰是用性来逃避由爱带来的焦虑。在貌似开明的性讨论中，尤其是在那些要将性从潜意识压抑中解放出来的讨论中，经常听到的是，我们的社会需要自由地表达关于爱欲的争论。但在我们的社会的外表之下所反映出的，就像我们不但在治疗的患者身上看到的，而且从我们的文学、戏剧甚至是我们的科学研究的性质中看到的，正好与此相反。我们在逃避爱欲，而性就是我们用以逃避的工具。

性是我们掩盖爱所带来的焦虑的最方便得到的药剂。为达此目的，我们不得不将性限定在更狭小的范围内。我们越专注于性，人类对性的内涵的体验就越狭小。我们为了逃避爱的激情而直接跳到了性感觉上。

被压抑的爱欲回归

我的论题基于我在患者身上以及社会中观察到的几个奇怪的现象——心理问题的爆发带有迅速扩张的奇怪特性，这些现象发生在从常识角度讲无论怎样都不应该发生的领域。大多数人满怀信心，认为我们的科技发展已将我们从意外怀孕和性病中大大解放出来，因此，人们从前对性与爱的焦虑现在可以永远收进博物馆了。前几个世纪的小说中所描述的坎坷沧桑——当一个女人将自己交给了男人，就意味着非法怀孕和被社会抛弃，就如同《红字》中所描述的那样，或如《安娜·卡列尼娜》（*Anna Karenina*）中所描写的家庭破裂和自杀的悲剧后果，或如现实社会中的性病——这一切都已成为过去。现在，感谢上帝与科学，我们总算摆脱了这一切！这意味着性获得了自由，爱也变得容易，并且像学生们所说的"快餐禅宗"那样，唾手可得。任何关于内心冲突的谈话——曾经与悲剧和原始生命力元素相关联——都是时代错误，是荒谬的。

但我想问一句：在这一切之下难道不是巨大而强烈的压抑吗？一种不是对性的压抑，而是对于体内化学物质下的一些东西，一些比性更重要的、更深层的、更广泛的东西的压抑，自然它是一种被社会支持和鼓励的压抑——就是由于这个原因，其结果更难觉察，而又更快地产生其后果。显然，我并非在质疑当代的医疗及心理学发展，头脑正常的人都不会不感谢避孕药具、雌激素以及性病治疗方法的发展。而我也很庆幸生于这个充满了可能性的自由时代，而不愿生活在道德严苛的维多利亚时代。但那个问题是误导，是转移话题。我们的问题更深刻并且十分真切。

我们早晨打开报纸会读到美国每年有 100 万非法堕胎，到处都是不断增加的婚前怀孕。根据目前的统计数字，现在的 13 岁女孩中有 1/6 在其 20 岁之前会非法怀孕——这是 10 年前的两倍半。[1] 这一增长主要是在工人阶层的女孩中。但中产阶级和上流社会的女孩中这一数字的增加也足以证明这并不仅仅是贫困阶层的问题。实际上，这一数字的激增并不仅限于波多黎各人和黑人，也存在于白人女孩之中——私生子在所有存活新生儿中的百分比已从10年前的1.7%猛增到上一年的5.3%。我们面对着这样一种奇怪的状况：越是节育，非法怀孕的越多。当读者大声疾呼必须修改对于流产不加任何限制的法律并加强性教育时，我却不敢苟同，但我却能够并且也应当提出告诫。对于加强性教育的一致建议可使我们放心，借此我们可以不必问自己更可怕的问题。真正的问题难道不会是不在意识层面，根本就不是理性的意图吗？难道它不会是存在于我此后称之为故意的更深处吗？

例如，在谈及低阶层的黑人女孩时，凯尼思·克拉克（Kenneth Clark）指出："生活在社会边缘的黑人女孩以性来获得个人的确认，她还有性吸引力，这就够了……生孩子标志着她是个女人，她可以从自己拥有的东西中得到确认。"[2] 为了证明自己的身份和价值而进行的斗争在低阶层的女孩中是更坦率的。但在那些中产阶级女孩身上也有表现，只是她们可以以得体的社交行为将其掩饰得更好。

以我的一位中产阶级上层女患者为例。她父亲是一个小城市的银行家。母亲是位循规蹈矩的淑女，她总要求大家要有"高尚的"行为。但从治疗中提供的信息来看，这位母亲似乎对女儿异常严厉，并且实际上在女儿出生时，她就怨恨生了这孩子。我的患者接受过很好的教育，30岁出头就已经成为一家大出版社成功的编辑，显然也不缺乏性及避孕知识。然而，在她到我这里治疗之前的几年里，她在二十五六岁时却有过两次婚外孕。这两次怀孕都使她饱受自责与心理冲突的痛苦。而她却执迷不悟，第一次怀孕之后又迎来了第二次怀孕。她20岁出头时曾与一位像她一样的知识分子有过两年的婚姻，两个人没什么感情。两个人都试图以各种各样攻击性的、喋喋不休的责骂来给这空壳婚姻注入一些意义和活力。离婚后独居期间，她自愿在晚间给盲人读书。她跟听她读书的那个青年盲人发生了关系并因此怀孕，虽然这次怀孕及随后的流产使她极其烦恼，但在第一次流产之后不久她又怀孕了。

如果我们还认为我们可以基于"性需求"来理解这种行为，就太荒谬了。事实上，她没有性欲的事实在导致她进入致其怀孕的性关系中起了更大的作用。如果我们希望发现其怀孕的动力，就必须看看她的自我形象及她试图在其世界中为自己找到一个有意义的位置的方式。

按诊断来说，她可被称为拥有典型的间歇性精神分裂人格：有知识，善于表达，能干，事业成功，但在个人交往中却是隔离的，害怕亲密的关系。她总认为自己是一具空壳，她一向对自己没有多少感觉，对任何事情也没有持久的感觉，甚至在服用LSD（一种迷幻药）时也是如此。她是那种向世界呐喊要求给予她一些激情、一些活力的人。她很有吸引力，有许多男性朋友，但与他们的关系也具有"枯竭"的特质，缺少她十分渴望的那种激情。她在回忆与当时关系最亲密的男人睡觉时，认为仿佛他们是两只抱在一起取暖的动物。她的感觉是一种全面的绝望，她在治疗早期的一个梦以不同的形式再现了这种绝望：她梦见自己在一个房间里，她父母在隔壁房间，中间的墙壁没有顶到天花板，但无论她怎样使劲地敲打墙壁和向他们呼喊，她都没法让他们听到。

一天，她刚看完一个艺术展览，按预约时间来治疗。她告诉我，她发现了一个最能描述她对自己的感觉的标志：爱德华·霍珀（Edward Hopper）的《孤独的人们》（*The lonely figures*）。在画中只有一个人——在一个灯火通明的、豪华但却空无一人的剧场里的孤独的女领座员；独自坐在海边的维多利亚式房屋楼上窗边的妇女，此时正值旅游淡季，海边空无一人；坐在屋前门廊摇椅上的孤独的人，那门廊就像我的患者所成长的小城市家里的门廊。霍珀的画事实上赋予这寂静的绝望、这由老一套的"疏离"导致的人类的空虚感与渴望以深刻的含义。

她的第一次怀孕是和一个盲人，这是很打动人心的。她想给予他什么，也想向自己证明什么的那种自然的慷慨让人难以忘怀。但使我们感受最强烈的是那种围绕着整个怀孕事件的"盲目"的气氛。她是那些在我们这个富足的、有着强大的科技力量的世界中艰难行进的人中的一员。在这个世界里，谁也看不见谁，我们什么也看不见，只能在黑暗中摸索；我们的手指在对方的身体上滑动，努力想认可他或她，但在我们自己那自我封闭的黑暗世界中却无法认出对方。

我们可以得出结论：她用怀孕（1）证明还有人想要她——因为她丈夫并不想要她——以此建立她自己的自尊；（2）以此来补偿她情感贫乏的感觉——怀孕是很直白的表示，如果我们将子宫作为情感空白的象征的话，怀孕便是通过充实子宫来填补情感的空白；（3）表达她对于父母及其令人窒息的、虚伪的中产阶级背景的反抗。这一切都是不言而喻的。

但较深层的反抗需求、真正建立在她与我们这个使理性与善意目的失望的社会间的矛盾是什么？如果认为这个女孩或其他任何一个女孩怀孕只是因为无知，就太荒谬了。这个女孩生活的年代，对于像她这样的上流社会和中产阶级的女孩来说避孕与性知识比谁都多，而她的社会在各方面都宣称对于性的焦虑已过时了并鼓励她摆脱关于爱的一切冲突与矛盾。而恰恰由这新自由产生的焦虑又是怎样的呢？将负担加在个体意识与个人选择的能力之上所导致的焦虑即使不是不能解决的，负担也是相当大的。我们这个久经世故与被启蒙时代的焦虑已经不再会像维多利亚时代的女患者症状那样以歇斯底里的形式表现出来（因为现今人人都是自由的、毫无禁忌的），而是转向内心从而导致感觉的压抑、激情的压抑而非 19 世纪妇女的行为压抑。

简而言之，我认为处于困境中的女孩和妇女们更有可能成为其自身与我们社会的巨大压抑的受害者。这是一种对爱欲与激情的压抑，而将性当作一种技术过度地加以利用导致了这种压抑。其必然的结果是我们"教条的开明"包含着剥夺我们应付这新的内心焦虑的方式之成分。我们正经历着"压抑的回归"——一种爱欲的回归。无论性怎样用糖衣炮弹对其狂轰滥炸，我们都无法否认爱欲的存在——一种以原始的方式出现、用以嘲弄我们情感冷漠的压抑的回归。

我们在治疗男患者时也遇到了相同的情况。有一位年轻心理治疗师，从他的培训分析中可发现他非常害怕自己是同性恋。现在他二十五六岁，却从未与女性有过性关系，而且尽管实际上他不是同性恋，他却与许多男性关系密切，这足以让他认为自己身上已散发出了那种"味儿"。在他的治疗中，他结识了一位妇女，不久后开始有性关系。至少有一半的时间他们是不避孕的，有几次我提醒他注意这女人很可能会怀孕。他从其医学培训中了解一切的相关知识，他同意我的说法并感谢我的提醒。但当他仍然在发生关系时不采取避孕措施，并一度因这女人未按时来月经而非常焦虑时，我也隐隐地感到焦虑，并且为他如此愚蠢而非常恼怒。接着，我马上意识到我太幼稚了，我没搞清楚事情的关键点。所以，我打断他说："你似乎是想使这女人怀孕。"起初他断然否认，但随后他沉默了片刻来认真考虑我的话是不是事实。

所有关于避孕方法及他们该怎样做的讨论当然都与该问题无关，这个男人从未感到自己是个男人，一种生命力的需求推动他不仅要证明他是个男人——使一个女人怀孕比仅仅具有性交能力对此的证明要有力得多——而且要抓住自然本性，体验一种基本的生殖过程，将自己交付某种原始的、强有力的生物过程，加入某种子宫内的更深的搏动。只有当我们看到我们的患者恰恰是被剥夺了人类体验的更深层的源泉时，我们才能理解这些问题。[3]

我们在许多这样的非法怀孕或与此相等同的事例中发现了对于这个剥夺了情感的社会秩序体系的反抗，在这个体系中，人们感到科技取代了情感。这个社会使人感到自我的存在了无生趣、毫无意义，并且带给他们——尤其是年轻一代——一种比非法堕胎还痛苦的人格解体的体验。在对患者进行的长期的治疗过程中，没有人会意识到人格解体的心理与精神的巨大痛苦比身体的痛苦更难以忍受。而且事实上他们常常想要抓住肉体的痛苦（或社会的排斥、暴力或犯法）以使自己摆脱痛苦。我们难道已如此"文明"而忘记了女孩可能渴望生育？这样做不仅出于精神生理学原因，还可驱走存在感丧失的贫瘠冷漠，即使不能打破所有为了摆脱绝望所致的空虚感而性交的重复模式，也可以破坏一次该模式（"明天我们干吗？"就如同 T. S. 艾略特让他笔下的交际花呼喊的那样，"我们究竟该干什么？"）。或者她可以渴望怀孕，因为心永远不会完全毫无感情，她会被驱动来表达在我们这个"冷漠的太平盛世"否定了她并被她有意识地否认的东西。至少怀孕是真实的，这对于女人或男人来说可以证明他们是真实的。

疏离是感到丧失了与人亲近的能力。在我倾听他们的诉说时，他们是在呐喊。我们渴望交谈，但我们"干巴巴的声音"是碎玻璃上"老鼠的爪子"[4]。我们上床是因为我们听不到彼此的声音，我们上床是因为太羞怯而无法看着对方的眼睛——在床上我们可以转过头去。[5]

人们反抗他们认为导致疏离的道德，这是不足为怪的。这是对社会准则的蔑视，这一准则是没有尝试就接受的美德、没有冒险就得到的性、没有奋斗就得到的智慧、没有努力就得到的优裕生活——假如他们满足于没有激情的爱，很快他们连对性也会没有感觉。对于原始生命力的否认意味着大地精灵会以新的面目回来缠绕我们，大地女神盖亚（Gaea）的呼声会被我们听到。当黑暗回来时，如果光明之母不出现，黑暗之母便到来。

我们的错误显然不在于我们科学的进步与思想的开明本身，而是一律用它们来减轻性与爱的所有焦虑。马尔库塞（Marcuse）认为，在一个没有压抑的社会，性显露出来时会与爱欲融合。显然我们的社会正好相反，我们将性从爱欲中分离出来，然后努力压抑爱欲。激情，这被否定的爱欲的一个元素，就会从被压抑的状态中跳出来扰乱人的整个存在。

什么是爱欲

爱欲在当今被当作性"兴奋"或性的愉悦的同义词。爱欲是关于性奥秘的杂志的名称。这类杂志包含"春药方子"和提出像这样的重要问答的文章——问："豪猪是怎样交配的？"答："小心地。"这让人感到疑惑，是否所有的人都忘了，根据圣奥古斯丁（St. Augustine）的权威观点，爱欲是驱使人们朝向上帝的力量。这种明显的误解会使爱欲无可避免地死亡。在我们这个过度刺激的时代，我们不需要不再兴奋的愉悦。因而，我们阐明这个极其重要的术语是最基本的。

伊洛斯创造了生命，希腊早期的文化如是说。当世界是荒芜的、毫无生机的时候，是伊洛斯"抓起他那赋予生命之箭，将其射入大地的胸膛"，而"棕色的地表立刻被郁郁葱葱的草木覆盖"。这是一幅引人入胜的象征性的画面："伊洛斯将性——那些射入大地的阴茎状的箭——作为他创造生命的工具，接着他向男女泥人的鼻孔吹气以赋予他们'生命的力量'"。自此之后，爱欲便因有赋予生命力量的功能而有别于具有释放紧张的功能的性。伊洛斯便成为四位原神之一〔其他几位是卡奥斯（Chaos）、盖亚（大地之母）、塔耳塔洛司（Tartarus，地下黑暗冥府深渊之神）〕。约瑟夫·坎贝尔（Joseph Campbell）说，伊洛斯从不伪装，他是人类的祖先，他是生命的最初创造者。[6]

性完全可以用生理学术语来定义，其包括身体紧张的增加与释放；爱欲则相反，它是性行为中个人的紧张以及性活动的意义的体验。性是刺激与反应的一种节律，爱欲则是一种存在的状态。性的愉悦被弗洛伊德及其他人描述为紧张的降低，爱欲则相反。我们并非希望从兴奋中摆脱出来，而是更希望紧握住它，享受其中的乐趣，甚至还要加强它。性最终指向满足与放松；爱欲则是一种渴望，永远向外伸展，追求的是一种拓展。

所有这些都是词典给出的意义。韦氏词典给性下的定义（来源于拉丁文 sexus，意为"裂开"）是生理差别……具有雄性或雌性特征，或……雄性或雌性的特殊功能。[7]与此相反，爱欲则是这样定义的："强烈的欲望""渴望""带有感官享受特质的热切的自我实现之爱"[8]。拉丁人与希腊人都是用两个不同的词来表示性与爱的，就像我们一样。但我们却很少听到拉丁人提到性（sexus），这很令我们奇怪。性并不是他们特别关注的，恋爱

〔amor，也即爱神丘比特（Cupid）〕才是他们所关心的。同样，人人都知道希腊词 ero（爱欲），但实际上却没人听到过他们用以表达"性"的词。这个词是 φῦλον，它源自动物学名词"种族"、"族"或"种"。它与希腊语 philia（意为友谊之爱）这个词的来源是完全不同的。

因而性是动物学名词，既可用于所有动物又可用于人。金赛是位动物学家，他从动物学角度对人类性行为进行研究正与其专业相符。马斯特斯是位妇科医生，他对性的研究是从性器官的角度进行的，告诉你怎样对其进行操作。于是，性就成了一种神经生理学作用模式，而性问题就包括你如何对待你的器官。

而另一方面，伊洛斯插上了人类想象的翅膀，并永远超越了所有的技术。他欢快地在我们机械规则的上空盘旋，教人如何做爱而非如何操作器官，讥笑所有关于"如何做爱"的书。

爱欲是吸引我们的力量，爱欲的本质是在前面拉着我们——性则是从后面推着我们，这在我们的语言中就可以表现出来。当我们说一个人"吸引"或"诱惑"我，或有可能一份新工作"吸引"我时，我们的内心会对另外一个人或工作有反应，并将我们拉向他或它。我们参与其形式、其可能性、其意义的较高层次，不但是在神经生理学方面，而且是在美学与伦理道德方面。如希腊人所认为的那样，知识及道德女神都参与了这拖曳。爱欲是一种朝向与我们所属之物相结合的驱力——与我们自己的可能性的结合，与我们世界中其他人的重要性的结合（与这些人之间的关系使我们发现了我们自己的自我满足）。爱欲是人的一种渴望，它引导他致力于追求阿瑞忒（arête）^①——这高尚美好的生命。

简而言之，性是一种与器官肿胀（以此我们寻求令人愉悦的紧张的释放）和满足性腺（以此我们寻求令人满足的释放）之特点相关联的形式。爱欲则是这样一种关联形式，我们在其中并非寻求释放，而是试图生殖并构成一个世界。在爱欲中，我们寻求的是兴奋的增加。性是一种需求，而爱欲是一种欲望，正是这种欲望的混合物使爱变得错综复杂。关于在美国有关性的讨论中我们所关注的性高潮，我们同意性行为就其动物学及生理学的意义而言，其目的的确是性高潮。但爱欲的目的却并非如此：爱欲所寻求的是与另一人在快乐与激情中的结合并创造出新的体验空间，以使两人的存在更广更深，这是一种我们都熟悉的体验。民间传说和弗洛伊德及其他人的证据都支持这一点。性释放之后我们会睡觉——或者像笑话里说的那样，穿好衣服，回家，然后再睡觉。但在爱欲中，我们的希望相反：要醒着想我们所爱的人，回想、品味和发现被中国人称为"神奇美妙"体验的那个不断变幻的多棱镜面。

正是与伴侣结合的渴望使人们柔情似水，因为爱欲——而非性本身——就是温柔的源泉。爱欲是对于建立一种结合、一种完全的关系的渴望。可能它最初是一种与抽象形式的结合。哲学家查尔斯·S.皮尔斯（Charles S. Peirce）独自坐在康涅狄格州米尔福镇的家中，正在推敲他的数理逻辑，而这并不能阻止他体验爱欲；这位思想家一定"为真正的爱欲所激励"，他写道，"对于科学调查工作

---

① 阿瑞忒（Aretê）是希腊神话中的美德女神，arête 相当于英文中的 virtue。——译者注

的爱"。或者这爱欲是与美学或哲学形式的结合，或是与新的伦理道德形式的结合。但很明显，它是使两个个体性结合的一种牵引力。这两个个体，如同所有个体一样，渴望战胜我们所有的人作为个体所承继的分离与孤立，能够参与到一种关系中。该关系目前并非由两个孤立的个体体验构成，而是由一种真正的结合构成，它产生了一种共享，这是一种新的格式塔[①]、一种新的存在、一种磁力的新领域。

我们的经济及生物模式认为爱的行为目的是性高潮，我们被引入歧途。法国人有一句有关爱欲的谚语，道出了其真谛："欲望的目标并非其满足，而是其延伸。"安德烈·莫洛亚（André Maurois）说他所偏爱的做爱，达到高潮并非目标而只是附带的结果，他引用另一句法国谚语说："每一个开端都是可爱的。"

做爱最重要的时刻并非高潮来临的时刻，而是取决于人们在此体验中记得的是什么、我们的患者梦见的是什么，它更可能是进入的时刻，令人惊叹，非常奇妙或可能令人颤抖——或令人失望和绝望，这是一回事，不过是从相反的观点来说罢了。在这一时刻，而不是在性高潮，人对于做爱的反应是最原始、最个人的反应，是最真实的自己，这才是彼此结合并意识到彼此拥有的时刻。

古人将伊洛斯定为"神"，或者更明确地说，一种原始生命力。这是传达人类体验的基本真相的象征性方式，爱欲总是驱使我们超越自我。当歌德写"女人使我们提升"时，他的话可以更精确地解

---

① 心理学意义：完形。——译者注

读为："爱欲在与女人的关系中使我们提升。"这一方面是指人内心的、个人的、主观的世界，另一方面也发生在外界的、社会的和客观的世界中——它是我们在客观世界的关系中获得的真相。古人将性看得理所当然，因为他们只将其看作身体的一种自然功能，也没有看到有什么必要将它变成神。安东尼（Anthony）的性欲可能都是靠罗马军队中的妓女们来满足的，只有当他遇到了克莉奥帕特拉（Cleopatra）时，爱欲才出现，将其带入一个全新的世界，既令人心醉神迷又具破坏力。

艺术家总是本能地知道性与爱欲之间的区别。在莎士比亚（Shakespeare）的戏剧中，罗密欧（Romeo）的朋友茂丘西奥（Mercutio）拿罗密欧从前的情人打趣他时，以相当现代的、解剖式的手法来描绘她：

凭着罗瑟琳（Rosaline）明亮的眼睛，

凭着她的高额角、她的红嘴唇，

凭着她玲珑的脚、挺直的小腿、颤抖的大腿，

以及大腿附近的那一部分。

这读上去就像当代的现实主义小说，对于女主人公身体的描写以所期待的"颤抖的大腿"及其"附近的那一部分"的暗示结束。茂丘西奥并未坠入爱河，从他外在的视角来看，这现象表现为性，它会像任何维罗纳（Veronese）精力充沛的年轻人对待女性之美那样被使用。

但罗密欧是否也用了那样的语言呢？真是个荒唐的问题！他与朱丽叶（Juliet）之间是一种爱欲：

> 啊！火炬远不及她的明亮，
> 她的皎然悬在暮天的颊上，
> 像黑奴耳边璀璨的珠环，
> 她是天上明珠降落人间！

想到罗密欧与朱丽叶两家是世仇真是有趣，爱欲越过了敌人间的障碍；实际上，我常常怀疑我们身上的爱欲是否不兴奋而专门要由"敌人"来激发。爱欲奇怪地由"外来者"引发——来自禁止通婚的阶层、禁止交往的种族。莎士比亚在让罗密欧与朱丽叶相爱时（尽管那是个悲剧），将敌对的蒙塔格（Montagues）和卡普莱特（Capulets）家族结合在一起，使整个维罗纳城团结一致，他赋予爱欲的意义是准确的。

柏拉图的爱欲

在古人的智慧中有一个良好的基础，那就是我们在爱欲中感到与所爱之人结合的欲望，渴望我们的快乐更持久，赋予爱更深刻的含义并珍视它，这不仅影响着我们的人际关系，还影响着我们与物体，例如与我们在制造的机器和建造的房屋或我们从事的职业的关系。

为了找到我们对爱欲的理解的根源，我们要看看《会饮篇》（*The Symposium*），它对爱的看法使当代读者惊讶和欣喜。[9]柏拉图（Plato）描述了盛宴——恰当地说，应称之为历史上最著名的酒会对话——被完全交托给对于爱欲的讨论，地点是阿加松（Agathon）家，苏格拉底、阿里斯托芬（Aristophanes）、阿尔奇比亚德（Alcibiades）及其他人均被邀请来庆祝阿加松前一天获得了悲剧戏剧奖，这晚每个人轮流发言，谈他对于爱欲的看法与体验。

"什么是爱呢？"苏格拉底在那极其重要而又简明扼要的段落中，引用了狄俄提玛（Diotima）——著名的爱之教师的话来回答，"他既是人亦非人，而是居于二者之间……他是一个伟大的精灵（原魔），像所有精灵一样，他处于神与人之间……他是跨在将人与神分开的鸿沟之间的中间人，因此，他身上所有的一切必然是不可分割的。"[10]

爱欲超越人的意义并非神，而是将所有事与人结合在一起的一种力量，赋予所有事物以形式（informing）的力量，我没有将 in 和 form 分开——它意味着赋予内心以形式，通过奉献爱来找出至爱之人或物的独特形式并将其自我与这种形式结合起来。柏拉图接着说道，爱欲是神或造物主，它构成人类具有创造力的精神。爱欲是一种驱力，它不仅驱使人以性或其他爱的形式与另一人结合，还驱使人产生求知欲并促使他满怀激情地寻求与真理的结合。由于爱欲，我们不仅成为诗人和发明家，还得到了美德。以爱欲形式表现的爱是一种创造的力量，而其产物是"一种永恒与不朽"——这种创造力可使人永恒。狄俄提玛说，在生物学范畴内，爱欲是一种结合与生殖的驱力，甚至在禽类或其他动物身上，我们也可以看到"生殖欲"。它们"为爱所困时也会感到十分痛苦，而其起源便是结合的欲望……"[11] 而人类时刻都在变化——

> 头发、肉、骨头、血液以及整个身体都在不断地变化，不但身体如此，灵魂也一样。习惯、脾气、看法、欲望、快乐、痛苦、恐惧，在我们任何一个人身上都不会一成不变，而是不断地变化。知识也是如此。更为令人惊奇的是，不但科学常会兴起与衰落，我们也在不断变化……[12]

在这变化中，什么能把这种不同结合在一起呢？是爱欲，我们身上这种渴望成为一个整体的力量，这种驱力赋予我们的千差万别以意义与模式，赋予我们一种形式——没有这种形式我们便会贫乏无形——使我们成为一个整体而免于分崩离析。在这里，我们的体验维度不仅是心理与情感的，也是生理的，这就是爱欲。

正是爱欲促使人们在心理治疗中达到健康。与我们当代的顺应、体内平衡或紧张释放的信条形成鲜明对比，在爱欲中存在着一种持久的延伸、一种自我的延伸、一种不断填充的欲望，迫使个体不断地致力于追求真、善、美的更高形式。希腊人认为这种自我的不断重生是爱欲固有的特质。

希腊人确信爱欲常常会被削减为性欲——用他们的话说就是性冲动。但他们坚信这种生理需求并未被否定而是融入爱欲并被超越了。

那些怀孕的人只是使自己变成了女人并生了孩子——这是她们的爱的特点；其后代如其所愿，会保留其记忆并在将来给予其渴望的幸福与永生。而怀孕的灵魂——当然会有灵魂比身体更具有创造力的人——所怀的是适于灵魂包含的东西。它所蕴含的是什么呢？——一般来说是智慧与美德。这样的创造者就是诗人及所有艺术家这些应当称为发明家的人。[13]

我们不但在体验生理的、性欲的活力时处于爱欲之中，而且当我们能够凭借想象力以及情感与精神的感受性，在人际关系的世界以及我们周围的自然界中开放自我并参与超越自我的形式和意义时，我们也是在爱欲之中。

爱欲是一种与美德等同的密不可分的要素。它是存在与变化的桥梁，它将事实与美德相联结。简言之，爱欲是赫西奥德（Hesiod）所说的原始创造力，而现在变为一个人"内在"与"外在"都具有的力量。我们看到爱欲与本书所提出的意向性的概念有许多共同之处：二者的前提都是人被驱动不但与其所爱之人而且与知识结合。正是这一过程意味着人已在某种程度上与其所爱之人产生关系并参与到他追求的知识中。

后来，在圣奥古斯丁身上，我们看到爱欲是作为驱使人朝向上帝的力量出现的。爱欲成为一种对于神秘结合的渴望，在与上帝结合的宗教体验中产生，或在弗洛伊德所说的"不能"的体验中产生。[14] 在人们对其命运之爱——尼采（Nietzsche）所谓的"爱命运"——中也存在爱欲的成分。我说的命运并非指降临在我们身上的特别的或意外的灾祸，而是指对于人类的有限状态——我们智力与力量的有限性，永远地面对虚弱与死亡——的接受与肯定。关于科林斯国王西西弗斯（Sisyphus）的神话故事是对于人类命运的极端的阐述；而加缪（Camus）发现，对于有勇气接受其意识的人来说——那种意识唤起了他的爱欲，促使其去爱——便是这样一种命运。

> 我让西西弗斯留在山下！……这没有主宰的宇宙，在他看来既非有益的，亦非徒劳的。这石头的每一个原子，在这笼罩着夜色的山上的每一片矿石，它本身就形成一个世界。挣扎着上山的努力已足以充实人的心灵。人们必定想象着西西弗斯的快乐。[15]

爱欲驱策人朝向自我满足，但这绝不是将人主观的幻想与意愿强加于被动世界的自我中心的主张。"主宰"自然或现实的想法会吓坏希腊人，并会立刻被其冠以"狂妄自大"或者说是一种亵渎神灵必将招致人类厄运的狂妄之名。希腊人总是对既定的客观世界表示尊敬。他们喜欢生活在这样的世界里——它的美丽，它的形式，它不断地激起他们的好奇心，它还有等待探索的奥秘；而他们不断地为这个世界所吸引。他们一点都没有现代那多愁善感的信条，觉得生活本身是美好的或糟糕的，认为这完全取决于人赋予自己什么。他们的悲剧性观点本身使得他们能够享受生活。你不可能以"进步"或积累财富骗过死亡，所以干吗不接受你的命运，选择那些真正有价值的东西，享受和相信你的存在或你是其中一部分的存在呢？

"难道我们不该永远爱可爱？"欧里庇得斯（Euripides）唱道。这是一个反问句，无须回答。但答案却并非如此。我们爱可爱并非因为它是婴儿的需求，或其代表了乳房，或因为它是目标被抵制的性，或因为它帮助我们顺应，或因为它使我们快乐——而仅仅是因为它可爱。可爱向我们施加了一种拉力，我们被爱拉向生命。

这一切和心理治疗有什么关系呢？我相信其间有许多相关性。当苏格拉底貌似简明地说"人类的本性很难找到比爱欲更好的帮手"时，我们可将此言运用到心理治疗当中，同时也可作为推动人朝向心理健康的驱力。如我们在对话中看到或听到的那样，苏格拉底本人可能就是历史上心理治疗师的最伟大典范。他在《斐多篇》（*Phaedo*）的结尾的祷告，应当挂在每个咨询室的墙上：

> 敬爱的潘（Pan），还有尔等其他萦绕此处的神明，赋予我内心灵魂以美；但愿我内外合一。但愿我将智慧视为财富，但愿我有如此之多的宝藏，如此之多唯有懂得节制之人方可拥有。

弗洛伊德与爱欲

但如同每个社会和几乎每一个体所知，古希腊人也知道，作为一个完全的人对于生活的反应需要一种强度与意识的适度开放，而其程度却不易把握，因而就可能使爱欲枯萎，将其降格为纯粹的性满足或性欲。在我们的时代，我们可见到几个企图否认爱欲的群体。有些像丹尼斯·德·鲁日满（Denis de Rougement）这样的理想主义者，对爱欲持怀疑与否认的态度，而将爱欲与性欲看作一回事。因此，爱欲对于任何纯洁的心灵或宗教都常常无可避免地成了难堪的事。

也有一些自然主义者，如早年的弗洛伊德。他英勇斗争，将爱降为力比多，这是一个量的概念，正与其所专注的 19 世纪物理学中赫尔姆霍茨（Helmholtzian）模式相契合。他非常需要否认爱欲，以至于在他的《精神分析引论》（*General Introduction to Psychoanalysis*）的索引中都没有出现爱欲一词。厄内斯特·琼斯所著的《弗洛伊德的生活与工作》（*Life and Work of Freud*）前两卷中，索引中亦未提到该词，而只在第二卷中有 30 次关于力比多的粗略讨论。在第三卷中，琼斯写道："在早期［在其 1920 年所著的《享乐原则的背后》（*Beyond the Pleasure Principle*）之前］的著作中只有一些有关爱欲的隐晦提法。"琼斯只举了两个例子，并且只是以"erotic"（性爱的）作为"sexual"（性欲）的同义词附带提及。只是在最后一卷，弗氏才发现爱欲自身的存在。他发现，爱欲作为人类体验的方面不仅有别于力比多，还是一种反对力比多的重要方式。以下是对所发生的一个非同寻常的事件的描述：弗洛伊德认识到，完全力比多借死亡本能之手，导致自我的毁灭。而爱欲——这生命之精神——被引入来挽救力比多，使其免于在自相矛盾中死亡。

但下面我们要说的是：

我们谈到弗洛伊德有关该话题的讨论必须分为三个层次。首先，他的广泛影响毫无疑问是巨大的。无论我们与作者的真实意图是多么相反，只要我们以惯常的意义从字面上去理解其"驱力"与"力比多"的概念，普遍意义上的弗洛伊德主义便使性与爱平庸化了。[16]

弗氏试图将性的概念丰富与扩展，将从爱抚到养育再到创造力与宗教一切都包含进去。我们所用"性欲"一词与德语中所使用的"爱"一词的意义一样丰富。[17] 这个词的广阔延伸特指维也纳的维多利亚式的文化，因为任何人类的官能像当时压抑性那样被压抑的话，它都会渗透出来影响到人类的其他行为。

其次是弗洛伊德自己对于性本能、驱力及力比多这些词的使用。就如其他头脑丰富的思想家一样，弗氏在使用这些词时也相当地不确定。他很乐于在其思想发展的不同阶段进行变换。就如我们下面将要说明的，其力比多与性驱力的概念包含超越心理学性的定义的原始生命力成分。在其事业早期，他的朋友劝他使用"爱欲"一词，因为它更文雅并可避免因使用"性"一词而招致的非难。但他坚决地——并且，从他的观点来看也是不当地——拒绝这样的妥协。这一时期，他似乎认为爱欲与性欲是一回事。他此时坚持一种性爱（力比多）的形式，它在每个人体内保持固定的量，使除性结合以外的任何一种爱仅仅成了"目标抑制"的性欲表达。

弗洛伊德确信我们只拥有固定量的爱，这种观点使他坚持认为当一个人爱另一个人时便要损耗他所具有的对于自身的爱。

我们看到……自我性力与对象欲力恰成反比，对方投注的欲力越多，另一方则越少。当主体似乎放弃了其自身的人格而支持对象性力投注时，才会达到发展的最高阶段，我们才会在恋爱状态中看到对象欲力。[18]

　　这与我们称为在恋爱中对丧失自身存在的恐惧相似。但根据我的临床经验，我认为以这种性的水力模型（hydrawlic model of sex）① 对此进行表达危如累卵，破坏了至关重要的价值。对于恋爱中自身存在丧失的威胁来自被抛入一块体验的新大陆的晕头转向与震撼。这世界突然间被极大地扩展，使我们面对我们从未意识到的新领域。我们能够在给予我们所爱之人的同时，仍保留我们所拥有的自主的中心之物吗？可以理解，这种体验会令我们害怕；但对于这块新大陆的广阔与危险的焦虑——喜悦与焦虑同时相伴——则不应与自尊的表达相混淆。

　　事实上，每个人平日里所见的正常现象恰好与弗洛伊德的观点相反。当我们坠入爱河时，我们会感到更有价值并更加善待自己。我们常常看到犹豫不定、对自己没有把握的青少年，当他坠入爱河时，他却突然间昂首阔步，充满自信，那神情举止仿佛在说："你们看到的可是个大人物呢！"我们不能将这一现象归于来自恋爱者的"回报的力比多投注"，因为这种内心的价值感是因爱而生的，其本质似乎并不取决于爱是否能够得到回报。而斯塔克·沙利文确定了目前对于该问题的最好的解答模式。他以大量证据证明我们对

---

　　① hydrawlic model of action-specific energy 在心理学上指"行为特异能的水力模型"，因此 hydrawlic model of sex 译为"性的水力模型"。——译者注

别人的爱会使我们能够爱自己；如果我们不能尊重或爱自己，我们也不能尊重或爱他人。

现在，弗洛伊德在其前三分之二的生活工作中没有提及爱欲并不意味着他认可我们当代"自由表达"的信条。他会对我们社会中的只要"顺其自然"的说法嗤之以鼻。这是卢梭对快乐原始人的构想，1912 年他写道：

> 显而易见，当爱欲（性欲）的满足易于获得时，其精神价值便会降低。为增加力比多，就必须设置障碍，以便能享受爱之欢娱。无论个人与国家皆如此。在性满足没有阻碍的时期，譬如可能在古文明衰落时期，爱变得毫无价值，生命变得空虚。这就需要一种强大的反向作用来恢复不可或缺的情感价值……基督教中的禁欲主张创造了爱的精神价值，这是异教遗物从未能赋予的。[19]

以上是弗洛伊德在第一次世界大战两年前写下的。到了战后，他很快意识到这一问题隐藏在个人身上。他看到深受战争带来的神经症折磨的患者的行为并未遵循享乐原则，这迫使他彻底反思。也就是说，这些人并未试图摆脱痛苦的心理创伤——事实上，他们的行为恰恰相反。他们一遍遍地在梦中、在现实生活中重新体验这令人痛苦的创伤。他们似乎挣扎着与记忆中的创痛做着什么斗争，重新体验焦虑以安抚什么，或以这样一种方式来重建自己与其世界之间的关系，以使这些创伤能够有意义。无论怎样描述这一情形，这些人身上所反映出的东西都远比紧张的减少与快乐的增加更复杂。这尤其促使弗氏关注性受虐狂与强迫性重复这样的临床问题。他看到，爱比他先前的理论所包含的更复杂，它常常是与恨对立而存在的。从这一点出发，他形成了生常常与死对立存在的理论。

现在，我们看看弗洛伊德性与爱欲观点的第三个层面，这出现在他中晚期的著作中，在我们看来也是最重要、最有趣的观点。他开始看到了性与驱力自身的满足——紧张的减少所带来的力比多的完全满足——具有最终自我挫败的特征和朝向死亡的倾向。

在第一次世界大战刚结束，弗氏64岁时，他写了《享乐原则的背后》这本书，曾经并且仍然不断地引发争议，甚至在精神分析流派内部也是如此。该书开头对其先前的理论做了总结："精神活动过程自动遵循享乐原则……这一过程被令人不快的紧张引发，其行动方向所获得的最终结果与紧张的降低相一致。"[20] 性本能（他匪夷所思地评论道，是难以"培养"的）是借紧张的减少来达到快乐的目标之重要证据。弗洛伊德强调说，本能的目标是恢复到早期的状态，他在此借用了热力学的第二条定律——宇宙能量是不断流动的，因为"……*本能是原始生命所固有的恢复事物早期状态的冲动*……"和"*早于生命之前存在的非生命之物*"[21]。因此，我们的本能将我们推回无生命。本能朝向超然的平静境界，这里完全没有兴奋。"*所有生命的目标都是死亡*。"[22] 这里，我们面对弗洛伊德最具争议的被称为死亡本能的理论，或称为死亡愿望（Thanatos）。我们的本能，这似乎是驱动我们向前的力量，现在只是让我们在注定回归死亡的大圈子里移动。人类，这"才能卓越"的生物，却一步步地走在这注定只是将他们重新带回石头般的无生命状态的朝圣之路上。我们生于尘土，最终又回归尘土。[23]

接着发生了一个引人注目的事件，我认为其重要性并非弗洛伊德的弟子们注意到的。在弗洛伊德著作的第一阶段，爱欲本身是作为必要的概念出现的。这或许也不足为奇。作为一个维也纳古典中学的学生，弗氏曾是用希腊文写日记的。现在，在其进退维谷的巨大困难中，他从古人的智慧中发现了应对其混乱局面的出路。爱欲被用以挽救性与力比多免于毁灭。

爱欲总是与死亡愿望或死亡本能相反的。爱欲与死亡趋势抗争而求生存，爱欲是"结合与相互联结，是构造与融合，是我们体内紧张的增力"[24]，爱欲引入"生机勃勃的紧张"[25]，弗洛伊德写道。爱欲不但赋予人类比力比多更伟大的特性，而且是一种不同于力比多的重要形式。爱欲被奥登称为"城市的建造者"，反对紧张减少的快乐原则，它使人类能够创造文化。爱欲从生命之初便起着作用，并且作为与"死亡本能"相对的求生本能出现；而人类的存在由一种两个巨人作战的新形式构成，它们是爱欲与死亡愿望。

该理论诞生的过程中，弗氏的思想经历了怎样的矛盾，可以从其描述中看出："……死亡本能的本质是缄默的；而……生命产生的喧嚣大多源于爱欲以及爱欲的斗争！"[26]这是一个天才的突出矛盾。而其中最突出的一个矛盾是弗氏仍然坚持爱欲就是性本能。他会说到"爱欲力比多"和"我力比多"以及"自我力比多"，还会谈到"阉割力比多"和"非阉割力比多"——直到读者感到弗氏为迫使其洞察力，甚至像爱欲这样的重大发现与其旧有的能量理论体系相吻合而殚精竭虑。

如果我们牢记弗氏的动力学观点——直到他面对作用于享乐原则的性本能是自我挫败的事实时，他才将爱欲引入其理论——我们就能穿透这些混乱。因而爱欲并非真正的新东西。弗洛伊德在一篇论文的结尾满怀深情地喊道："爱欲，这捣蛋鬼！"我们感到爱欲不会轻易让死亡本能在"被享乐原则唤起的"本我中带来以冷漠为代价的平静。"当满足凯旋时，"弗氏写道，"爱欲便被消灭了，而死亡本能便可畅通无阻地达到目的。"[27]

我们社会所面临的两难困境与弗洛伊德的相类似——认为存在的终极目标便是欲望的满足的想法将性引入平庸与乏味的死胡同。爱欲在前面拉着我们，将我们带入未来可能性的领域。那是人类的想象与意向性的世界。有些权威人士[28]从字面意义上驳斥死亡本能时指出，从热力学第二定律得出的推理是错误的。因为动植物是从环境中补充能量的，所以爱欲是我们参与我们周围环境的持续对话的能力，这环境既是自然的又是人的世界。

弗洛伊德以能够将爱欲概念与古希腊人的爱欲概念联系起来为傲，他写道："……任何从高高在上的优越地位蔑视精神分析的人都应当记住精神分析中扩展了的性欲与神圣的柏拉图的爱欲是如何的一致。"[29] 当弗氏的追随者撰文说明其爱欲与柏拉图的爱欲之间有多么紧密的关系时，他们的老师怀着极大的热情肯定了其观点："从其起源、作用及与性爱的关系看，哲学家柏拉图爱的本能与精神分析的爱力——力比多完全吻合。纳赫曼佐恩（Nachmansohn，1915）与普菲斯特尔（Pfister，1921）都已十分详细地指出了这一点。"[30] 但如道格拉斯·摩根（Douglas Morgan）教授所说的那样，在经过对柏拉图与弗洛伊德二者所说的爱进行了长期研究之后，他认为不但弗氏的爱欲概念与柏拉图的完全不同，

> 而且事实是弗洛伊德所说的爱与柏拉图的几乎正好相反。从哲学基础以及动力学方向上看，它们不但是不同的，而且事实上是相互矛盾的。迄今为止，从说明（像弗氏认为的那样）其一致性的两项解释来看，即使某一项解释是有意义的，它们也都不是真实的。[31]

菲利普·里夫同意此看法："……精神分析中的爱欲根本不同于柏拉图的。"[32]

弗洛伊德与柏拉图的共同之处在于二者都认为爱在人类体验中是基本的，爱遍布所有的行为中，并且是一种深刻的、广泛的动力。"两者的'爱欲'所包含的意义都包含着性爱、友爱与同胞之爱，对科学、艺术及美的热爱。"[33] 但当问及爱是什么时，我们会得到完全不同的答案。即使引入爱欲，弗氏也只是将其作为一种在身后推动人的力量加以否认。"那是走在通向成熟的生命的可预知的、既定的道路上之混乱的、未分化的、本能的能量源，只是部分的、令人痛苦的高尚的爱所产生的力量。"[34] 而对于柏拉图而言，爱欲完全是一种拉力，它与未来的可能性不可分割。那是一种对于结合的渴望，是一种与人体验的新形式相结合的能力。它是"完全有目的性的、目标明确的，它的目标不仅仅是本能"[35]。在弗洛伊

德研究的文化中，人都是作为一个疏离的人来思考和工作的，这种疏离已显露在他对爱与性的定义上——它在半个世纪之后我们所处的时代显露得更多，这或许可部分地说明为何他会将他所说的爱欲与柏拉图的混淆。[36]

但就我而言，我这样评价弗氏的直觉或者可以说是"希望"：他的爱欲中包含一些柏拉图之爱欲的成分。

这是我们在弗洛伊德那里如此经常地发现的另一个例子——这在其对于神话如此经常与重要的使用中表现出来——说明其概念的精神物质与意义超越了他的方法论，也超越了对于概念的严格运用的逻辑性。我对于摩根教授以上的论述——弗洛伊德与柏拉图的爱是相对立的——并不认同。我在临床实践中总结出这二者不但不对立，而且是各阐述了事物的一半。而二者在人类心理发展过程中都是必需的。

爱欲的结合：个案分析

我以我在撰写此章节时进行的一项精神分析治疗的个案为例说明：弗洛伊德与柏拉图关于爱欲的观点之间不但形成对比，而且是相互关联的。

一位年近 30 岁的妇女因为毫无感觉、自发性阻碍——这两种问题使性关系成为其丈夫与其自身的难题——以及间或使其麻痹的自我意识来求助。她生长在一个地位相当高的美国上流社会家庭中，她的受虐狂母亲和有威望的父亲以及三个哥哥构成刻板的家庭结构。在治疗中，她学会了——以其理性气质——问自己"为什么"在这样或那样的情况下会感情麻痹，当她毫无性感觉时发生了什么。她变得能够相当自由地体验和表达其愤怒、性欲及其他情感了。这得益于对其童年及其在组织过度严密的家庭中所承受的创伤的有益探讨，在她的现实生活中也有了肯定的效果。

但在某个阶段，我们也陷入了僵局。她不停地问"原因何在"，但却无任何变化；她的情感似乎对于其存在而言本身就是原因。我现在要讲到的会话就是在讨论她与丈夫真爱的可能性期间出现的。

她告诉我前一晚她想要挑逗其丈夫，在这种情绪下她要求丈夫伸手到她背后的衣服里将小虫子或其他什么东西取出来。当晚晚些时候，当她在桌前写我留给她的自检作业时，他出其不意地搂住了她，而她因为受了打扰而大光其火，用笔在他脸上画了一道。在告诉我这件事时，她随口说出了已准备好的解释，说这么生气是因为小时候无论她在干什么她的兄弟们都要使唤她。当我用在该事件中她怎样应对其感觉这样的方式提问时，她大发雷霆，说我剥夺了她的"自发性"。难道我没看到她必须"信任其本能"？难道我没有花大量时间帮她学会感觉吗？因此，当我问她是怎样处理她的感觉时，我究竟是什么意思呢？并且这问题听上去就像其家人告诉她要负责任一样。她以劝告我"感觉就是感觉"结束了这个攻击性行为。

我们随时可以看到她身陷其中的矛盾。她成功地毁掉了她与丈夫的那个夜晚。表面上是在寻求两人之间真爱的可能性，其所作所为却恰恰相反。她一只手将丈夫拉近她，很快又用另一只手将他推开。她用当今普遍的观点来判断这种矛盾行为，也就是说感觉是来自内心的一种直观推力，情感（该词来自 e-movere，即移出去）则是行动的力量，无论以怎样夸张的方式来表达你当时感觉的过火行为都同样是这样力量的驱使。这大约就是我们社会关于情感的不加分析的看法。这种看法的形成来自一种腺液——我们有一种肾上腺素的分泌液需要我们将愤怒或性腺兴奋宣泄掉，我们必须找到一个性对象。（无论弗洛伊德实际上意味着什么，他的名字都用以标榜这样的观点。）这种观点迎合了被普遍接受的身体是机械形式的观点，也迎合了更为圆滑的决定论观点——认为我们大多数人在我们的心理和生活的最初过程中就是毫无遮蔽的。

　　而我们未被告知的是——因为实际上无人看到这一点——这完全是一种唯我论的、精神分裂的体系。它使我们像单孢体那样彼此分离，没有与我们周围的任何人相联系的桥梁，我们可以"感情奔放"，将性关系从现在维系到世界末日而从不体验与他人的真正关系，这才是真正的世界末日。当你意识到即使不是我们社会中的大多数人，也是相当多的人就是以这种孤独的方式来体验其情感时，我们对彼此状况的恐惧不会减少。去感觉，然后，使其孤独感更痛苦而不是去减轻它，这样他们就没感觉了。

　　我的患者的观点中忽略了的（同时也就是社会的观点）是，情感不仅仅是背后推动你的力量，而且是指向某物的力量，是形成某种东西的推动力，是一种构成某种处境的感召。感觉不但是某一时刻的偶然状态，而且是指向未来的、一种我想得到某种存在之物的方式。除了症状特别严重的病态的个体，感觉发生在个人的领域，作为个人的自我体验以及想象——即使实际上没有其他人在场。感觉是正当的，是一种与我们世界中的重要的人交流的方式，是走出去与他们建立关系；它是我们用以构建人际关系的语言，也就是说，感觉是有意识的。

情感的第一方面是做出"推动"的力量，必然与过去相联系并与过去的经历（生命初期与婴幼儿期的经历）中的因果关系和宿命论相互关联。这是情感的退行的方面，关于其永恒的重要性弗洛伊德已谈了很多。就这方面而言，对于患者的童年期的探究，让患者重新体验它，在长期的心理治疗中是合理的和必不可少的。

第二方面正好与此相反，是从现在开始指向未来。它是情感中进步的方面。我们的感觉如同艺术家的颜料与画笔，是我们与世界交流和分享我们身上有意义的东西的方式。我们不仅考虑到另外那个人，还会有一种真正的感觉，它的形成部分是由于感觉到其他人的存在。我们在一个磁场中感觉，敏感的人常常不用有意为之便能感觉到他周围人的感觉，就如同小提琴的琴弦与房间里其他乐器的琴弦的振动产生共鸣，尽管这振动小得连耳朵都察觉不到。每一位成功的爱人都凭"本能"知道这一条，这即使不是好的心理治疗师应具备的最基本的素质，也是他应具备的基本素质之一。

在处理情感的第一方面时，我们问"原因何在"是合理的也是准确的。但第二方面则需问"目的是什么"了。而弗洛伊德的方法只是大略与前者有关。无疑他会否认我们在此所使用的"目的"。柏拉图和希腊人关于爱欲的概念与第二方面相关。情感是吸引力，是"拉力";我的感觉因目标、理想,以及掌握着我的未来的可能性而激发。在现代逻辑学中也做出了这种区分:原因是考虑过去的,它可解释你为什么这样或那样做;目的则相反,是你这样做想得到什么。第一个概念与决定论相关联。第二个概念则是指我们对于要经历新的可能性的开放。我们有能力想象未来可能发生的事,对其做出回应,并将其从想象中抽出付诸实践,以此参与到对于我们未来的构建当中。这是主动的爱的过程。它是我们身上用以回应其他人及自然界的爱欲的爱欲。

再回到我的患者身上:在以上所述的治疗阶段,她经历着绝望,这是因为她模模糊糊地意识到她被困住了。两个阶段之后,她说:"我总是在找我对乔治(George)这样那样感觉的原因,我相信那是很重要的——那个过程会让我得到安宁。现在,我没有什么原因可找了,或许根本就没有什么原因。"有趣的是,她都没有意识到这话有多睿智。的确,在治疗中与生活中,当我们达到基本需求大多被满足而无需求欲望阶段时,"没有任何原因"意味着原因已失去关联性[37],冲突就在一方面或另一方面变为僵持或无聊,成为需要开放自我、面对新的可能性,变为对意识的深化,变为自我对于新的生活方式的选择与交托。

"原因"与"目的"的区别使我的患者恍然大悟,并在其几个重要的顿悟中呈现出来。使她大感惊奇的是,其中一个就是她赋予责任的意义的彻底变化。现在,她意识到那晚她对丈夫施加的影响时,她懂得了责任不仅是来自外界的、被动接受的期许,也是对自己主动的责任。现在,她明白了责任包括她想从与他的生活中和其他地方得到什么样的选择。

　　现在，我们可以成竹在胸地说——还是那句话，除了严重病态的个体——所有的情感，无论表面上看它们多么自相矛盾，都在格式塔中有着某种统一。临床问题——就像病例中焦虑的孩子，被迫讨父母喜欢而实际上却对他们充满敌意和伤害欲——是因为此人不能或不想让自己意识到自己的感觉或与其感觉相关的东西。当我的患者能够对她那晚对其丈夫所采取的两种相互矛盾的行为进行分析时，其结果便是这两种行为都是对他以及对人的普遍愤怒导致的。她制造这样一种情况以证明这个人是坏人。两种行为都是预先假定这个人是权威人物（在治疗期间，在她"寻求解脱的过程中"，她就是以这种方式看待我的），而同时她还是一个冲动的、任性的孩子。她可能会以儿童期的模式为基础来处理人际关系，但——如同在随后的治疗阶段中，在其明显的焦虑中所出现的——她能像成年人那样处理和他之间的关系吗？

　　我或者可以这样说，我们乘着爱欲的翅膀飞抵因果关系的新概念。我们不必非要以台球术语中的因果关系（cause-and-effect）来理解人类，这只是基于"原因源"的解释并易于受到教条预言的影响。事实上，亚里士多德（Aristotle）认为爱欲的动机与以往的决定论如此不同，以至于他甚至不将其称为因果关系。"在亚里士多德的理论中，我们找到了广义爱欲的信条。"蒂利希写道，"它驱使一切事物朝向最高形式，它是一种纯粹的现实性，不但作为原因，而且作为爱的对象来影响世界。而他所描述的运动是从潜在的可能性到实际的一种运动，从动力学到实现。"[38]

我将人类描述成由未来的可能性、目标与理想构成的既定动机，这些可能性、目标与动机吸引着他们并将他们拉向未来。这并不是要忽略我们全都是部分地被从后面推动并被过去决定，而是将这种力量与另一半力量结合起来。爱欲赋予我们一种将"原因"与"目的"相结合的因果关系。前者是人类体验的一部分，因为我们都参与到有限的、自然的世界中；在这一方面，我们每个人在做出重要决定时都需要尽可能多地找出关于这种情况的客观事实。这一领域尤其与这样的神经症问题相关：过去的事件确实给其行为带来了强迫性的、反复的、连续的、可预知的影响。关于严格的、决定论的因果关系的确对神经症和一些疾病起作用这一方面，弗洛伊德是对的。

但其错误之处在于将其应用于人类所有体验。目的则进入个体能够意识到他在做什么，将自己向未来新的和不同的可能性开放并引入个人责任与自由元素的过程。

病态的爱神

我们一直在讨论的爱神伊洛斯是古代所说的那个爱神，那时他还是创造力和人与神之间的桥梁。但这"健康的"爱神已退化了。柏拉图对于爱神的理解是这个概念的中间形式，它介于赫西奥德视伊洛斯为充满力量的和原初的创造者的观点与后来伊洛斯变成一个生病的孩子的退化了的形象之间。伊洛斯的这三个方面也是人类体验的心理原型的准确反映：我们每个人在不同的时间都会有作为创造者、作为中间人和作为当代平庸的花花公子的爱神的体验。我们这个时代绝不是第一个体验到爱的平庸化，并被发现没有激情、令人厌倦的时代。

在本章开始所引用的令人陶醉的故事中，我们看到古希腊人将神话中的精粹话语用于人类心灵的原型而迸发出深刻的领悟。伊洛斯，这个阿瑞斯与阿芙洛狄忒的孩子没有"像其他孩子那样长大，还是那个身形小小、粉嘟嘟、胖乎乎的孩子，长着一对薄纱般的翅膀和带有顽皮表情的、长着酒窝的脸蛋"。在这惊慌的母亲被告知"没有激情，爱是不能成长的"之后，神话接着说：

> 女神徒劳地努力想理解这答案隐含的意义。直到生出热情之神安特洛斯，她才理解其意义。和弟弟在一起，伊洛斯成长了起来，直到长成一位相貌英俊、身材修长的青年；但一与弟弟分开，他总是又变回孩子模样，调皮捣蛋。[39]

希腊人惯于将其深邃的智慧包含在质朴率真的句子中。在以上这些句子中，包含着对于我们的问题至关重要的几点。一点是，伊洛斯既是阿瑞斯又是阿芙洛狄忒的孩子，这就是说爱与攻击是不可分割的。

另一点是，赫西奥德时代的爱神是充满力量的创造者，他使荒芜的大地变得郁郁葱葱，并将生命的精神吸入人体中，现在却退化成一个孩子，一个粉嘟嘟、胖乎乎、顽皮的小家伙，有时就只是玩弄他的弓箭的胖孩子。我们看到他在17、18世纪和古代的许多绘画中被描绘成柔弱的丘比特。在更古老的艺术中，伊洛斯被描绘成一个长着翅膀的美少年，接着便越变越小，到了古希腊时期就变成了"婴儿"。在亚历山大的诗中，他变得更加糟糕，成了调皮捣蛋的孩子。[40]一定是伊洛斯的本质的什么东西导致了这一恶化，因为该情形也出现在赫西奥德版本之后，从神话中可追溯到希腊文明衰落之前很久的时期。

这将我们带到我们时代出了什么问题的核心：爱欲失去了激情，变得乏味、幼稚、平庸。

神话往往提示人类体验的根源上的激烈冲突，这对希腊人和对我们都是真实的。我们从爱欲——它曾充满力量，曾是存在之初源——飞到了性这调皮捣蛋的玩物上。伊洛斯干起了酒吧招待的活计——端茶倒水，作为调情的兴奋剂，他的任务是在一大堆软绵绵的云彩上保持生命永无休止的享乐。他不是代表对于性、生殖以及其他力量的创造性的使用，而是代表即时的满足。

说来也怪，我们发现神话精确地说明了我们所看到的在我们自己这个时代发生的事：伊洛斯甚至对性失去了兴趣。在神话的一种版本中，阿芙洛狄忒要找到他，让他用利箭到处传播爱。他变成了一个浪荡少年，跑去与盖尼米德赌博并在纸牌上作弊。

这支带来生命之箭的精神消失了。将精神注入男人和女人的那个形象消失了，那个充满力量的酒神节不见了，比我们这个机器时代所吹嘘的药物更能打动初涉爱河的人们的狂热舞蹈与奥秘消失了，甚至连田园牧歌式的陶醉也消失了。伊洛斯现在真的成了花花公子，是喝着可口可乐的狂欢者。

这就是文明常做的事吗——驯服伊洛斯，使他满足社会需求以令文明永恒？使他不再拥有带来新的生命、想法和激情的力量，削弱他直至他不再是那种打破旧形式、形成新形式的创造性力量？驯服他直至他代表了这永恒的轻松、调情、富足和最终变为冷漠的目标？[41]

在这一方面，我们面对西方社会的一个特有的问题——爱欲与技术之间的战争。性与科技之间没有战争：就像避孕药和教你性技巧的那些书籍所表明的那样，技术发明使性更安全、可行、高效。性与技术联合起来以达到调整的目的。在周末紧张完全释放之后，你就可以在周一这毫无创造性的世界里工作得更好。感官的需求和满足与技术是不冲突的，至少在即时性的意义上如此（是否能长久则另当别论）。

但技术与爱欲是否可并存，甚或可没有永久的战争地共处，我们完全不清楚。如诗中所说，爱人就是流水线的威胁。爱欲打破了现有的形式并创造了新的形式，这自然对科技构成了威胁。科技要求规律性、可预测性，是由钟表来控制的；桀骜不驯的爱欲则反抗，反抗所有的时间概念与限制。

爱欲是构建文明的推动力。但文明却转而攻击其创造者并约束爱欲冲动。这使得意识增加和扩大了。性冲动能够并且应当有一些约束：自由表达每一种冲动的信条分散了体验，就如同无堤的河水。河水在四处流淌时便散失和浪费了。对于爱欲的约束为我们提供了一种形式，我们可在其中发展并保护自己以避免那难以忍受的焦虑。弗洛伊德认为对爱欲的约束对于文化而言是必要的。这创造了文明的力量正是来自对性冲动的压抑与升华。这是鲁日满难得同意的弗洛伊德的几个观点之一：

> 没有被称为自欧洲最初存在以来就强加于我们的所谓清教趋势带来的性约束，我们的文明就不会有比那些落后的民族更多的东西。毫无疑问就不会有工作，不会有有组织的成果，也不会有创造了今天这个世界的科技。这也不是性冲动的问题！当性爱权威们致力于其诗意的或道德化的激情时——这常常导致他们与"性知识"的真实本质及其与经济、社会和文化之间的复杂联系的疏离——他们十分天真地忘记了这一事实。[42]

但当对技艺的膜拜破坏了感觉，损毁了激情，抹去了个体的身份时，就出现了一个问题（这是现代技术化的西方人面临的挑战）。那些惯用技术的爱人，在没有爱欲的性交的矛盾中失败了，最终成了性无能。他们已经失去了神魂颠倒的感觉能力，他们只是十分清楚自己在干什么。在这点上，技术缩小了意识并铲除了爱欲。工具不再是意识的扩大而成为其替代品，实际上是趋向于压抑和删减它。

文明常常必须驯服爱欲以免再次分裂吗？赫西奥德生活在正发生激烈变革的古老的 6 世纪，那是接近文化的源头并且是它孕育与产生的时期，那时生殖力还起着作用，人们不得不生活在混乱中并从中形成新的东西。但那时，随着不断增长的对于稳定的需求，原始生命力与悲剧元素日趋消亡。对于文明的衰落的洞悉已在此显露出来。我们看到衰弱的雅典败于更原始的马其顿人之手，接着，马其顿人被罗马人征服，罗马人又被匈人打败。我们会被黄种人与黑人取代吗？

爱欲是文化活力的中心——是其心脏与灵魂。当紧张的释放取代创造性的爱欲时，必然会带来文明的衰落。

注释

[1] U. S. Department of Health Statistics, *Medical World News*, March, 1967, pp. 64-68.

这些报告向我们表明，在青少年中性病也以每年 4% 的速度递增，这一增加或许与非法怀孕的原因不同，但它却证实了我们的一般论点。第二个数据——这是从 10 年前的 1/15 开始增加的——来自 Teamsters Joint Council 16 的一篇报道，完整报道见 *The New York Times*, July 1, 1968。

[2] Kenneth Clark, *Dark Ghetto：A Study in the Effect of Powerlessness*（New York, Harper and Row, 1965）. 该书节选自 *Psychology Today*, I/5, September, 1967, p. 38。

[3] 在南美印第安人中亦如此，在那里能够成为孩子的父亲的象征意义是如此重要，以至于它挫败了开明的医生、护士控制生育的所有努力。妇女痛快地承认她们不想再要孩子，但"丈夫"感到他若不一年生一个孩子的话就是对其阳刚之气的否定，正如不证明他对她的性能力她就会看上别人。

[4] T. S. Eliot, "The Hollow Men," *Collected Poems*（New York, Harcourt, Brace & Company, 1934）, p. 101.

[5] 影片《甜蜜的生活》中引人注目的不是性，而是每个人到处感到性吸引和表达激情时，就没人能听到别的人说什么了，从开始直升机的嘈杂湮没了男人对女人的喊声到最后男主角在海峡另一边尽力听女孩说什么却听不到，因为波涛声太大，谁也听不到谁。只有在城堡时，当男人和女人就要凭着回声互诉衷肠时，她却听不见他在别的房间说话的声音，马上用滥交麻木自己而错过了机会，这非人性化的东西便是没有任何关联性的所谓感性，性则成为唾手可得的药品，用以掩藏人在这非人性化中的恐惧。

[6] Joseph Campbell, *Occidental Mythology*, vol. III from *The Masks of God* (New York, Viking Press, 1964), p. 235.

[7] *Webster's Collegiate Dictionary*, 3rd ed. (Springfield, Mass., G. & C. Merriam Company).

[8] *Webster's Third New International Dictionary* (Springfield, Mass., G. & C. Merriam Company, 1961).

[9] 对于柏拉图实际上说的是鸡奸，是男人对男孩的爱以及希腊将同性恋看得比异性恋更有价值的观点，我的回答是，无论你谈到爱是怎样的形式，伊洛斯的特性都是相同的。我以为这是对柏拉图对爱的洞见的轻视，"而且有证据表明苏格拉底未行鸡奸，"摩根教授写道，"也无令人信服的证据证明柏拉图有过此事。"这个问题在我看来只能引起雅典文化史学者的兴趣，柏拉图有关爱的哲学诠释完全是置身于同性恋与异性恋问题之外的。倘使柏拉图生活在今天，其语言大约能反映出与我们不同的社会习俗，但却不会要求对这种说法进行根本的修正。在任何一种文化环境中，只以世俗方式一心痴迷于世俗的欲望与满足的人一律被指责为野蛮的、愚蠢的、幼稚的、比人类低级的，柏拉图有关爱的陈述在今天与从前一样强有力。Douglas N. Morgan, *Love: Plato, the Bible and Freud* (Englewood Cliffs, N. J., Prentice-Hall, 1964), pp. 44-45.

[10] W. H. Auden, ed., *The Portable Greek Reader* (New York, Viking Press, 1948), p. 487.

[11] 同上，p. 493。

[12] 同上，pp. 493-494。

[13] 同上，p. 495。

[14] 这适合于爱欲受限的功能，宗教（religio）一词的原意是捆绑在一起。

[15] Albert Camus, *The Myth of Sisyphus*（New York, Alfred A.Knopf, 1955），p. 123.

[16] 当然，弗洛伊德本人无意使性与爱平庸化，如果看到我们的社会以复仇来追捧其对于性是生命之基础的强调，这实际上是被带入归谬法。他会被金赛与马斯特斯吓坏的，他们界定性的方式恰好将弗氏最希望保留的东西——性爱的意向性及人类心理体验构象广泛的重要性——忽略了。无论弗氏怎样以物理措辞大谈特谈"填满与倒空贮精囊"，在其性观点中都总是有一种令人战栗的奥秘感、一种叔本华所说的"性冲动是生存的意志之核"的感觉。

[17] Morgan, p. 136.

[18] 同上，p. 139。

[19] Sigmund Freud, "On the Universal Tendency to Debasement in the Sphere of Love"（1912），*Standard Edition* of *The Complete Psychological Works of Sigmund Freud*, trans. and ed. James Strachey（London, Hogarth Press, 1961），XI, pp. 187-188.

[20] Sigmund Freud, *Beyond the Pleasure Principle*（1920），Standard Edition（London, Hogarth Press, 1955），XVIII, p.7.

[21] 同上，p. 35。弗洛伊德自己将这些句子标示为斜体。

[22] 同上，p. 38。

[23] 我们在此的目的并不包括讨论死亡本能——这个被弗洛伊德的信徒霍妮及其他文化流派攻击与否认的理论价值。我只能重申我在其他地方说过的话，虽然该理论可能在生物学意义上或从"本能"的字面定义上说不通，但其

作为表达人生之悲剧本性的神话却有着非常重要的意义。在此，弗氏的声音源自《传道书》、尼采、叔本华以及所有那些为他们对本性中阿南刻（Ananke）或必然性的特性的深深敬意所驱动的思想家们的伟大传统。

[24] Morgan, p. 144.

[25] Sigmund Freud, *The Ego and the Id*（1923）, Standard Edition（London, Hogarth Press, 1961）, XIX, p. 47（New York, W. W. Norton & Co., Norton Library, 1962, p. 37）.

[26] 同上, p. 46（Norton Library, p. 36）。

[27] 同上, p. 47（Norton Library, p. 37）。

[28] 例如 Ernest Jones, *The Life and Work of Sigmund Freud*（New York, Basic Books, 1957）, III, p. 276："目标是在弗希纳的'稳定性原则'——弗洛伊德以其'涅槃原则'最终以'死亡本能'定义它——与热力学第二定律之间建立一种关系。这不祥的定律，这所有乐观主义者的幽灵，严格地讲，可以说只能以数学语言表达，比如热能除以温度所得的商——熵之定律说明，在自含式系统中，这一数目随时间增加。然而，就像著名物理学家薛丁格（Schrödinger）所坚持认为的那样，这只有在假设的封闭系统中才成立。实际上，绝不会遇到这种情况，尤其在被吸收了能量的生物身上，除非它们真的获得了负熵。"

[29] Morgan, p. 173.

[30] 同上。

[31] 同上, p. 165。

[32] 同上。

[33] 同上, p. 164。

[34] 同上, p. 165。

[35] 同上。

[36] 摩根教授表示惊愕。弗洛伊德与他一样了解这些经典著作，却犯了这样一个反常的错误。人们只能说出其中最明显的错误，在任何社会，透过我

们自己偏好的眼镜来看现实压力都太大了，以至于我们趋向于以我们的偏好来重新理解我们的过去，这在弗洛伊德所处的 19 世纪的文化中，就是赫尔姆霍茨（Helmholtz）的物理学。"在其《性学三论》中，弗洛伊德还承认了其他明显的错误，表明对于雅典人之爱的几乎是不可思议的误解，即毫无疑问，古代的情色生活与我们之间的明显区别在于这样一个事实：古人的重点放在了本能本身，我们则强调了其客体。古人歌颂本能甚至准备为它尊重那些不良的客体，而我们却鄙视本能行为本身，并且只能在客体的价值中为其找到理由 [Standard Edition, Ⅶ, p. 149, n. 1]。如果我们经由古典作家们来阅读柏拉图的著作，我们很难以如此难以置信的误解来怀疑弗洛伊德。对柏拉图而言，爱之动力的价值源于其最终（基本）客体。尊重'低级客体'不是因为爱，而是因为它们以有限的方式显现了最终与最恰当的所爱之物。而弗氏在此表现出的对于精神分析的错误就如同其对柏拉图的误解。"

[37] 亚伯拉罕·马斯洛（Abraham Maslow）在其不同的著作中都清晰地表达了此观点。

[38] Paul Tillich, *Love*, *Power and Justice* (New York, Oxford University Press, 1954), p. 22.

[39] Helene A. Guerber, *Myths of Greece and Rome* (London, British Book Centre, 1907), p. 86.

[40] "Eros," *Encyclopaedia Britannica*, vol. Ⅷ (1947), p. 695.

[41] 罗洛·梅在 1968 年 10 月 13 日《纽约时代书评》对文斯·帕克德（Vance Packard）的《性之狂野：当代男女关系巨变》的评论中写道："别忘了，帕克德在此列举了 J. D. 昂温（J. D. Unwin）那有力的《性与文化》（1934年），这是一项对于 80 个未开化群体，还有历史上许多先进文化的研究。"昂温力图将不同群体中的性容许程度与其置于文化进步中的能量联系起来。他断定，"原始社会文化提升量与对于非婚性概率的限制量密切相关"。实际上，所有昂温研究过的文明社会——巴比伦人、雅典人、罗马人、盎格鲁-撒克逊

人和英国人的社会——都是在"绝对一夫一妻制的状态下"开始其历史的。其中一个例外是摩尔人，其特殊的宗教法令支持一夫多妻制。昂温写道："任何人类社会能自由选择展示强大的能量或享受性自由，其证据是只有一代人可以兼选二者。"帕克德指出这是被其他历史学家及人类学家，比如卡尔·C.齐默曼（Carl C. Zimmerman）、阿诺德·J.托尼毕（Arnold J. Toynbee）、查尔斯·威尼克（Charles Winick）以及皮提瑞姆·A.索罗金（Pitirim A. Sorokin）等人以不同方式支持的观点。

[42] 摘自 Denis de Rougement's *The Myths of Love*（New York, Pantheon Books, 1963），见 *Atlas*, November, 1965, p. 306。

第四章

爱与死亡

面对死亡——以及逃脱死亡——使一切看起来如此珍贵、如此神圣、如此美丽，以至于我产生比从前更强烈地爱它、拥抱它、被它吞没的冲动。我的河流从未如此美丽……死亡，以及它曾呈现的可能性，使充满激情的爱更可能出现。我不知道我们是否能够激情满怀地去爱，是否能心醉神迷，是否知道我们永不会死去。

——摘自亚伯拉罕·马斯洛在心脏病康复期所写的信

我们现在面对着一个爱的最深刻、最有意义的矛盾之处，就是意识到死亡使我们对爱更加开放，而同时，爱增加了我们的死亡感。

我们回想起，即使是伊洛斯用以创造的箭——这些他射入大地冰冷的胸，使荒芜的地表郁郁葱葱的创造生命的箭——也被涂上了毒药。伊洛斯弓上的箭刺穿了野蛮又温柔的心脏，使它们死亡或使它们在喜悦中愈合。[1] "死亡与喜悦，痛苦与快乐，对于出生的焦虑与惊愕——这些都是用以编织人类之爱的经线与纬线。"

是伊洛斯"使人四肢无力"，是他"在众神和全体人类中，挫败了他们胸中的智慧和他们所有精明的计划"[2]。赫西奥德在其所著的《希腊神话》（*Theogony*）中写道。它写作于那极具创造力的古老年代（公元前 750 年），当时希腊正处于十分动荡的时期，那是一个标志着城邦与新的自我意识和尊严的希腊个体诞生的时代。理性功能所致的"制服"因此直接与伊洛斯的创造力联系在一起。什么比这更能说明在混乱中创造生命与形式，并将活力带给人类的行为需要超越智慧和"精确计划"的激情？伊洛斯"使人四肢无力"……在众神与全体人类中，"伊洛斯在创造的同时也在破坏！"[3]

作为道德宣言的爱

爱意味着将自我向消极与积极开放——我们会悲伤、痛苦、失望，也会快乐，向从前我们可能不知道的满足与强烈的意识开放。我首先要从现象学角度，以作为范例的理想形式对其加以描述。

当我们"坠"入爱河时，就如描述性动词所描述的，这个世界就在我们周围晃动和改变了，不仅看上去如此，我们对在这个世界上正在做的事情的整个体验也是如此。一般来说，当爱带着奇迹与奥秘突然创造出一个美丽的新世界时，我们可以感觉到这种震动的积极方面。爱就是回答，我们唱道。除了这样的海誓山盟陈词滥调以外，西方文化似乎总是充满浪漫——尽管让人感到绝望——这是一个阴谋，它迫使人们相信这就是爱欲所包含的一切。正是这种使人们努力支持那幻想的力量显示出压抑的、与之相反的情况。

这相反的元素就是死亡的意识。死亡总是在爱之欢娱的阴影中、在模糊的预兆中，提出可怕的、挥之不去的问题：这种新关系会摧毁我们吗？当我们相爱时，我们放弃了自我的中心，我们被从先前存在的状态抛入空虚中；虽然我们希望得到一个新世界、一个新的存在，但我们永远都没有把握。这个世界已经覆灭了，我们怎么知道它是否还能够重建？我们给予和放弃我们自己的中心，我们怎么能够知道我们还能重新获得它？我们醒来发现整个世界都在摇晃：它在哪里，在什么时候能够停下来呢？

这极其痛苦的快乐伴随着死亡迫近的意识——感觉同样强烈，似乎彼此无法分离。

这种湮没的体验是内心的体验，正如神话所说，这是爱欲带给我们的基本东西，它并不仅仅是那个人带给我们的，完全投入爱就伴随着一切都湮灭的危险。这种意识的强烈程度与神秘主义者和上帝结合的狂喜有着共同之处：就如同他永远无法确定上帝的存在，爱也将我们带入那种强烈的、不再有任何安全保证的意识中。

这刀锋的边缘、这焦虑与喜悦的令人头晕目眩的平衡，与爱的兴奋的特质密切相关。令人害怕的快乐并不仅仅是爱是否会得到回报的问题。矛盾的是，当爱得到回报时比当爱得不到回报时更令人焦虑。如果一个人的爱没有回报，这在一些描写爱情的作品中甚至是一个目标，或是个安全距离，就像在意大利文学作品中的但丁（Dante）和整个文体运动，他至少能从事日常工作，写他的《神曲》（*Divine Comedy*）或十四行诗和小说。只有当意识到爱时，爱欲才能真正"使人四肢无力"，就像发生在安东尼和克莉奥帕特拉，或帕瑞斯（Paris）和海伦（Helen），或爱洛绮丝（Héloïse）和阿伯拉（Abelard）身上的那样。因此，人类害怕爱，并且所有与之相关的缠绵悱恻的书也使我们有理由害怕。

在一般的人类体验中，死亡与爱这种关系在人有孩子之后会最清楚。一个人或许很少想到死亡——而且以其"勇敢"为傲——直到他当了父亲。他会在对孩子的爱中发现对于死亡的脆弱情感体验：冷酷的冒名顶替者随时可能夺走孩子——他那爱的对象。在这个意义上，爱是对于非常脆弱的情感的体验。

爱也使我们意识到自己的道德。当我们的朋友或家人去世时，我们真切地感到生命的易逝与不可挽回，但也更深刻地感到了其充满意义的可能性并产生冒险一跃的动力。有些人，或许是大多数人只有从某人的死亡中体验到友谊、奉献与忠诚的珍贵，才能知道深切的爱。当亚伯拉罕·马斯洛说他不知道如果我们知道我们永远不死，我们是否还会满怀激情地去爱时，这是十分正确的。

从神话角度讲，这就是那些生活在奥林匹斯山上长生不死的诸神的恋爱如此平淡乏味的原因之一。宙斯（Zeus）和朱诺（Juno）的爱情毫无趣味，直到凡人介入其中——宙斯下凡遇到了勒达（Leda）或艾奥（Io）并与这凡间的妇人相爱，她渴望生育子女，因为她不能永生。爱不但因为感知死亡而丰富，而且也由此构成。爱是死亡与永生之间的异花受精。这也就是将原魔伊洛斯塑造成介于人神之间，具有二者的本性的原因。

从某种程度上讲，我说的都是理想化的。我充分意识到这种情况会被我的许多同事称为神经症。当前是关系"冷漠"的年代——人们永远不该在任何时候行动受到阻碍。但我认为只有这种情形被"固定"或"固着"下来，或者说只有当伴侣们要求总是生活在这一层面时，才是神经性的。因为我们没有人会长期生活在这一层面，所以它不过是一个背景，是一种理想状态，它应当存在于会带给单调乏味的日子以意义的关系中。[4]

　　死亡与爱之间的关系在文学史上也有着引人注目的历史。在意大利的作品中，常常会用到 amore（恋爱）和 morte（死亡）这两个词。二者之间的联系也有着生物学上的本质的相似之处。雄蜂使蜂王受精之后便死亡了。更为生动的例子是螳螂：雌螳螂会在交配时咬下雄螳螂的脑袋，雄螳螂死亡的挣扎与交配的痉挛结合在一起以使插入更为有力。受精后，雌螳螂会吃掉雄螳螂以贮存营养养育后代。

　　弗洛伊德将这种死亡的威胁与伊洛斯的枯竭联系在一起。

　　　这就解释了接下来完全的性满足与濒死相似的状况，也解释了在低等动物身上死亡与交配行为相一致的状况。这些生物在交配行为中死亡，是因为伊洛斯在性满足的过程中被消灭了，死亡本能便可畅行无阻地达到它的目的了。[5]

　　我的观点是，在人类身上，这不仅仅导致对于死亡的恐惧或如我以上称为死亡的体验的爱欲枯竭——而且在人类发展的各个阶段，爱与死亡是相互交织的。

爱与死亡之间的关系在性行为中是十分清楚的。每个神话都会将性行为本身与死亡联系在一起，每位治疗师都能通过其患者更清楚地看到这种关系。一个有性冷淡问题、从未在性交中体验过性高潮的患者，告诉了我一个梦，这个梦戏剧性地说明了这个性与死亡的主题。在梦中，她对于自己作为女人的身份有了第一次体验。接着，还是在梦中，她很奇怪地确信自己不得不跳到河里淹死。她的梦在极大的焦虑中结束了。那天晚上，在性生活中，她第一次有了性高潮。如果有性高潮所需的自发性的话，放弃的能力，放弃自我的能力，一定是存在于做爱中的。

在这位妇女的梦中发生了一些非常基本的事情——面对死亡的能力，这种能力是成长的先决条件，是自我意识的前提。我认为，这里性高潮是放弃自我的能力的心理象征，放弃目前的安全以便跌入更深刻的体验。性高潮常常作为死亡与重生的象征出现并非偶然。在不同的宗教和文化中，沉入水中被淹死和再生的神话都被作为洗礼的神话流传下来，人为了再生而浸没河中，溺水，死亡。这是带着获得新生的存在而跌入不存在的大胆举动。

因此，这是每一真爱都会体验到的纯洁的品质，似乎每一次都是新的。我们确信以前没人体验过它，尽管我们自以为是地认为我们肯定会永远记得它。当我在一个大学做这个主题的讲座时，两个年轻人都私下告诉我他们理解我说的意思，因为他们在恋爱，但他们都真诚地表达了他们的担忧，认为别的学生不会理解。这种假定——除了我没人恋爱过，我从前也没爱过——恐怕是人之常情。

神话，这揭示了长期以来人类对其内心体验及其世界的自我阐释的宝库，清楚地、无可辩驳地说明了爱与焦虑及死亡之间的关系。我们不用借《特里斯坦和伊索尔德》（*Tristan and Iseult*）加以说明了。尽管这是说明得最清楚的神话。以爱琴海史前神话为基础，约瑟夫·坎贝尔指出，女神阿芙洛狄忒及其子伊洛斯"恰是这伟大的宇宙之母与她的儿子——这永死与永生的神"。许多关于伊洛斯身世的神话都提到了这个背景，坎贝尔说：

> 他是由黑夜之蛋孵化出的。现在是盖亚和乌拉诺斯（Uranus）的儿子，阿尔忒弥斯（Artemis）与赫尔墨斯（Hermes）的儿子，也是艾丽丝（Iris）与西风泽费罗斯（Iephyrus）的儿子：这都是相同的神话背景的不同变形，无一例外地指向一连串我们熟悉的永恒主题——都是以不同的形式来描述那自愿的牺牲者，我们的生蕴含在死亡之中，其肉为我们所食，其血为我们所饮，这牺牲者体现在相拥的年轻伴侣身上，他们代表了爱与死亡的原始仪式，这牺牲者在狂喜的时刻被杀死，被神圣地烘烤与吞吃。它体现在阿提斯（Attis）或被野猪咬死的阿多尼斯（Adonis）身上，体现在被塞思（Seth）所杀的欧西里斯（Osiris）身上，体现在被巨人泰坦（Titans）撕碎、烤食的狄俄尼索斯（Dionysus）身上，后来体现在迷人的伊洛斯（丘比特）的寓言和他的牺牲品——神扮演着黑暗敌人的角色，即奔跑的野猪——冥府之兄塞思以及巨人泰坦一族身上，爱人则是死神的化身。[6]

在埃及神话中，坎贝尔说道，爱与被爱者是凶手和受害者，尽管在表面上他们是冲突的，但背地里，"在生命的消耗、拯救、创造与证明爱的黑暗秘密是合理的时候都是一条心"[7]。与我们关于爱的艺术、爱是我们所有需求的答案、爱是快速的自我实现、爱是满足或爱是可邮购的技术的肤浅论调相比，这是关于人类问题的多么不同的观点啊！无怪乎我们会努力将爱欲降为纯粹的性欲或试图以漠然处之的态度回避这个两难困境，通过使用性来麻醉和预防我们爱欲所致的会产生焦虑的情感。

无须特别焦虑而性交是可能的，但这样随意的性行为必定会使我们将爱欲排除在外——也就是说，仅仅为了感官的满足而放弃了激情。我们抛弃了性行为中的想象力和个人的重要性。如果我们可无爱性交，我们会以为我们逃脱了这个时代我们已知的作为人类之爱不可分割的一部分的原始生命力所带来的焦虑。或者，如果更进一步，我们基于将性活动本身当成了逃避爱欲要求我们承担的义务的方式的话，我们会希望因此而建立起防范焦虑的森严堡垒。而性的动机就不再是感官享受或激情了，被替换为用人造的性来提供身份和获得安全。性已沦为减轻焦虑的策略。因此，我们为随后发展为性无能与冷酷无情创造了条件。

死亡与性痴迷

死亡与爱之间还存在着另一方面的关系。对性的痴迷掩盖了当代人对死亡的恐惧，我们在 20 世纪对这普遍的恐惧很少有诸如用以武装我们祖先的道德信仰之类的防御武器，而且我们对生活目的也缺少共识。因而，对于死亡的意识在今天被广泛压抑了。但在一门心思地投入性时，我们又没人能忽视其存在！它存在于我们的幽默、戏剧和经济生活中，甚至是在电视的商业广告中。这种对性的痴迷从其他方面宣泄了焦虑并使人不必面对那些使人不悦的东西。如果我们穿透我们对性的痴迷，我们不得不看到的又是什么呢？我们会看到我们一定会死。我们周围性的喧嚣湮没了一直等待出场的死亡。

我们为了掩盖内心对于无力的恐惧以及使之保持缄默而努力证明自己的能力，我们这一模式的历史与人类本身一样古老。死亡是最终无力和有限性的象征。由这种无法逃避的体验引起的焦虑使得我们奋力挣扎，以图通过性的方式使我们变得无限。性活动是唾手可得的用以封住内心对于死亡的恐惧之口的方式，我们通过这种生殖的象征来战胜这种恐惧。

值得注意的是，我们用以压抑死亡的方式及其象征意义与维多利亚时代对于性的压抑方式惊人地相似。[8] 死亡是污秽的、忌讳的、色情的。如果性是令人厌恶的，那么死亡便是个令人不快的错误。死亡是不可在孩子面前提及的，能不谈它我们也尽可能地不谈它。我们用色彩怪异的棺材将死亡装起来，就如同维多利亚时代的妇女将自己的身体掩藏在宽大的裙服之下。我们朝棺材上撒鲜花以使其味道好闻些。借助那些装模作样的丧葬仪式和精美的坟墓，我们假装那些死者在某种程度上还未死亡。我们宣读一些宗教心理的福音，它们说悲伤越少越好。[9] 甚至我们的经济也加入让逝者身体舒适、布置得一切仿佛死者还在世一样的承诺中。[10] 保护儿童，起掩盖作用的气味和衣服，假模假式的仪式，以内心的自欺而结束——所有这些都与维多利亚时代的性压抑惊人地相似。

但人类不发展出等量的内心焦虑就不可避免地要在任何重要的生物学或情感的方面体验性沉溺，我们就可以想到会有等量的性压抑。这种对死亡的压抑造成的焦虑及其象征会导向何方呢？在我们对于性的强迫性的专注中，对死亡的压抑便等于对性的痴迷，性是用以证明我们生命力的最便当的方式。我们以之证明我们还"年轻"、有吸引力、精力充沛，证明我们还没死。它担负着以最基本的方式来表明我们战胜自然的力量的重担。这种希望有着可理解的生物学基础，因为性与生殖是保证我们的姓氏和基因在我们死后仍在活着的孩子身上继续传承的唯一方式。

而当代对性的专注已超越了这一生物学基础，性欲、生殖能使人专注于性以麻痹个体而使其无须承认其会死，并且事实上无须承认死亡——这无情的体验——随时可能发生，我们与自然更大的距离——疏离的最终极的象征是原子弹和辐射——使我们离死亡更近。原子分裂对于自然的破坏因此与我们的死亡恐惧、我们的自责（常增加了恐惧），以及我们因而产生的对压抑死亡意识的加倍需求相关联。[11] 在此，母亲的象征出现了；我们在说自然的力量，这与我们将原子分裂作为获得战胜"永恒的自然之母"的力量所带来的成就感没有太大区别。原子弹将我们置于与象征性的母亲的冲突之中。这便是制造原子弹对于几乎每个人来说都带有这样一种个人象征性力量的原因。因此，西方人表现出对此承受着——在内心深处——巨大的罪恶感也就不足为怪。

由于西方人对"力量的神话"的依赖，促使其压抑死亡的动力显得格外沉重。（我在此使用"神话"一词不是常被理解为"谬误"的贬义用法，而是取其心理学原义，意为给体验以意义与方向。）自文艺复兴时期以来，力量的神话就在西方人身份确认的斗争中起着极其重要的作用，对其心理与精神特征的形成尤为重要。西方人一心想操纵自然，这在物理学及工业制度方面取得令人惊叹的成功！这种专注在19世纪末20世纪已延伸到研究人类的领域。那样的话，我就可以通过探索自己来获得力量。但若真能达到这个程度，我便失去了真正的力量，陷入无法摆脱的困境。我本人就是这么一个软弱无力的生物，自控与操控他人一样是无法获得力量的，相反却在削减它。我常常假定我们身后有个强有力的人或标准——一名操控者；当体系扩展了，"幕后"人的身份地位却在无限的回归中迷失了。对于控制者的掌控才是真正的问题，因为这可能会令人困惑。这种掌控常会倒退至使其成为否定意义的原始生命力。

那些生长在西部边疆的美国人尤为强调个人力量的神话，无论它是有关经济的、社会方面的，还是有关地理方面的。在西部边疆，人能够依靠自身的力量来保护自己，练就一副结实灵活的好身板，并且不让温柔和感伤的情感妨碍其拔枪的速度，这对他们都是至关重要的。实际上，枪最初被弗洛伊德看成阴茎的象征，当它变硬勃起时是有用的，在美国这两者之间的关联性要比在维也纳大。

这是少数几个似乎未因社会变迁而缺乏说服力的独特的文化象征之一，传奇人物厄内斯特·海明威（Ernest Hemingway）的生活为我们提供了从边疆遗留下来的、崇尚代表力量的阳刚之气的生动画面——身体力量、狩猎、性能力（部分是其对性无能的恐惧之抗争的补偿），以及其作品中积极的主题与风格。但在他60多岁性能力丧失时，死亡，以及面对无人察觉的死亡的来临这迫近的威胁所带来的难以忍受的焦虑，致使他采取了一个人能够保持其力量的最终行动，也就是说他自杀了。只要能够紧握个人力量，你就可笑对死亡。一旦你失去这优势，你就只能选择接受死亡及其逐步的并且常常是令人丢脸的胜利，或像海明威那样一头扎向死亡。

性与死亡有着共同点，它们是令人"战栗的奥秘"的两个方面，神秘——这里将其定义为一种状态，在这种状态下信息影响着问题——在这两种人类体验中有其最根本的意义，两者都与创造和破坏相关。因此，在人类体验中，两者以这样复杂的方式相互交织就不足为奇了。在两者中，我们面对一种结果：我们既躲不开爱又避不开死亡——而且，如果我们试图这样做，我们就会毁掉体验所能具有的任何价值。

爱的悲剧意义

我回想起与一位非常受人尊敬的心理治疗师同事之间关于罗密欧与朱丽叶悲剧之重要性的讨论。我朋友说罗密欧与朱丽叶的问题是没人给他们合适的忠告，如果有了这些忠告，他们就不会自杀了。这使我大吃一惊，我反驳说我以为莎士比亚的观点并非如此；莎士比亚，还有那些向我们传递文学的一代代古典文学家，就是在这部戏剧中描述了性爱是如何地能够抓住一个男人和一个女人并将他们抛向高空与低谷——这快乐的巅峰与痛苦的深渊的同时存在便被我们称为悲剧。

但我朋友坚持认为悲剧是一种消极状态，而我们以我们开明的态度已取代了它（或至少是到了有可能这样做的时候）。就像现在我做的那样，我同他争辩说，只看到悲剧的消极方面是一个对它很深的误解，它远非对生命与爱的否定，悲剧只是我们对于性与爱的体验中的崇高与深刻的那一面。对于悲剧的欣赏不仅能帮助我们避免对于生命的过分简单化，还能使我们避免将性与爱在心理治疗中都平庸化的危险。

当然，我这里使用的悲剧一词并非通常的"灾难"意义上的，而是指自我意识——个人对于爱既可带来快乐又可带来破坏的意识。我指的是，在这种上下文关系中，整个人类历史中显露无遗的一个事实，在我们自己的时代却找到了忘记它的方法。这个事实即性爱的力量可将人推向一种不但毁灭自己，同时也毁灭他人的状态。我们又不能不想起海伦和帕瑞斯，或特里斯坦和伊索尔德，这些虚构人物无论基于历史人物与否，都会让我们看到性爱的力量将男人和女人抓住并将他们举起，抛入违反与破坏理性控制的旋涡中。西方古典文学中一遍遍地呈现这些神话并将其代代相传并非偶然，因为这些故事都来自人类性爱体验的神秘深处，只有以我们对于性和爱的谈论与写作的贫乏为代价才可将其忽视。

悲剧是赋予人类生命以丰富性、价值以及尊严的意识维度的表达。因而悲剧不但可能促使人类产生最具人情味的情感——像古希腊意义的同情，就是对同胞的同情与理解——而且如果没有它，爱也就会变得多愁善感和平淡乏味，并且在无法长大的孩子身上的爱欲使人厌倦。

但读者可能会提出反对意见。无论悲剧的标准含义是什么，难道它不是今天的艺术中、舞台上或小说中所谓的悲剧的呈现，是一种无意义的描述吗？难道它不是我们在奥尼尔（O'Neill）的《送冰的人来了》（*Iceman Cometh*）中看到的人们所缺少的伟大与尊严吗？难道它不是《等待戈多》（*Waiting for Godot*）中对于虚无的描述吗？

对此，我有双重回答。首先，在对于人及其行为表面上缺乏伟大或缺少意义的呈现上，这些作品做得不能更好了。它们正好面临我们今天的悲剧，也就是说完全的困惑、平庸、模棱两可，道德标准的真空以及由此引发的无行动，或者像《谁害怕弗吉尼亚·伍尔夫？》（*Who's Afraid of Virginia Woolf?*）中的人那样，对自己的温情怕得要死。的确，我们在《送冰的人来了》中所看到的高尚伟大从人的身上消失了，但这已经以高尚、尊严和意义为先决条件了，没人想过要提醒希腊观众当奥瑞斯忒亚弑母时意味着什么。但威利·朗曼（Willy Loman）的《推销员之死》（*Death of a Salesman*）中的妻子却恳求道："一定要注意。"而她完全正确。即使是位旅行推销员，如果被毁了也有其意义。[今天，我们可能会向观众解释为什么奥瑞斯忒亚弑母充满意义，因为我们这一代人已明白这样的弑杀根本不是与复仇女神（the Furies）的战争问题，以及此后的审判所涉及的罪行、责任与宽恕的问题，而是心理上的反俄狄浦斯机制暂时作用下的冲动行为！] 依我之见，我们时代最好的小说、戏剧和绘画是那些在无意义的事实中向我们呈现大量事实的作品。最终，最可悲的是最后"无所谓"的态度。最后的悲剧状态的消极意义就是冷漠，无动于衷，极其"冷静"，拒绝承认真正的悲剧。

但我也会反过来说，我们引用的这些作品不是深刻地揭示了我们今天爱与意志出现的问题吗？我们以《等待戈多》中如此生动地刻画的矛盾为例。迪狄（Didi）说："走吧。"而这戏后的舞台说明写道："他们并没动。"没有比这更能说明现代人的意志问题的了，他们没有能力采取重要的行动，他们等待戈多！但在这等待中有期待：等待本身暗含着希望与信念。他们一起等待。或者像在《谁害怕弗吉尼亚·伍尔夫？》中，已婚夫妇在激烈的混战中强烈地否定爱？对于他们无力接受其身上确实拥有爱与温柔的描述比那些对于现代人的爱之问题的大量调查更生动和令人信服。

悲剧与分离

现在要谈谈爱的悲剧一面的根源。我们被创造为男性与女性。这使我们永远会彼此渴望——一种注定是暂时的追求完整的渴望。这也是快乐与失望、狂喜与绝望的另一个根源。

这里需要引入一个难理解的概念——存在论：这一词真实的含义是"存在的科学"，但这含义对我们理解它没有多大帮助，尤其是我们19世纪后的美国人不习惯于存在论的观点。我永远不会忘记保罗·蒂利希给一个班级描述当他是哲学专业的学生时面对"为什么此物存在而非不存在"这个问题受到的震撼。这个问题将人推向了存在论的层面。为什么存在性这个东西？为什么不是没有性？为什么我们不像草履虫或蚯蚓那样繁殖，把自己的一部分断掉生成一个新的生命？我们不能简单地回答说这是因为"进化"——它就是那样发展的。我们也不能用"神圣意志"——我们被造成这样是有目的论的"原因的"——这同样简单的回答。这两种答案——尽管完全相反——都回避了问题。不，我们必须直接问存在论的问题，检查手边东西的存在——在本例中就是性——来发现令人信服的答案。如果"性是人类宇宙过程的翻版"，我们显然不能以这10年间男孩女孩留怎样的发型为基础来得出结论。存在论力图发现存在的基本结构——一种能够时时刻刻赋予每个人的结构。

　　这种男性与女性的存在，以存在论观点看，是所有现实的一种基本极性的表现。最小的分子——粒子也是因为它由正负电荷组成才能够运动。正负电荷间有了电压才有了运动。用这种分子物质与能量来做类比，阿尔弗雷德·诺斯·怀特海（Alfred North Whitehead）与保罗·蒂利希相信现实有着正负极性的存在学特征。怀特海和当代许多思想家（他的工作对他们来说十分重要）不是把现实看成由物质以固定的状态构成，而是看成两极之间的动力运动的过程。这就是怀特海能够发展出历程哲学①的原因之所在。事实上，可以说所有现实都具有雌雄特征——确实，我们可以在这个观点中发现黑格尔（Hegel）"正""反""合"的论点。保罗·蒂利希指出：黑格尔的学生十分了解，他在早期形成零碎、不完全的观点时是一位研究爱的哲学家。可以毫不夸张地说，黑格尔的辩论体系是从对爱的分离与团聚的本质的敏锐直觉中提取出来的。[12]

在性交过程中，我们直接亲密地体验着这种两极的节奏是性活动对相互关系影响的能够想象的最有力的展现。它是一部戏，演绎了靠近、进入、完全结合，然后部分分离（仿佛爱人们不相信那是真的而渴望打量一下对方），然后重新结合。在性活动中，亲近和退缩，结合与分离，放弃自我和将自己给予再次完全地结合，我们这样安排这种圣礼并非天性的偶然。这不断重复的彼此的参与、接触与退避，甚至体现在初识的犹疑中，是鸟类与动物，同时也是男人与女人求爱过程中最基本的行为。在两人参与结合的节奏和个体独立的最终分离中包含着人类自我存在的两个必要的极，它们在性交中完全展现出来。

很可能这些区别增强了性是与自己的另一半结合的神话。它们在不同的文化中自发地出现。其中最著名的是阿里斯托芬在柏拉图的《会饮篇》中所讲的关于两性人的神话。但最重要的观点则是在与这一神话相似的奥义书（Upanishad）中形成的，它叙述了男人与其创造物的关系，"但他并不快乐。因此，孤独的人不会感到快

---

① 也称"过程哲学"，奠基者怀特海特别强调此概念，并认为这是他的哲学与中国和印度思想最为接近的地方。——译者注

乐"。于是，"创造出妻子以填补这空虚"[13]。

但我们无须用神话来支持这种两极性的价值。我曾在阿托斯山待过两周，那是希腊北部的一个小县，离爱琴海大约12英里①，只有僧侣居住，有15～20座隐修院。自12世纪以来，妇女都被禁止入内。但僧侣们的姿态、说话腔调、步态等都模仿女人。看到僧侣从身边经过走到村子街道，我会以为那是个妇人。同样的情形发生在另一个完全不同的男性团体——法国雇佣军中，其士兵会在地中海的法国轮船甲板上相拥跳舞。在此，同性恋行为的出现并非主要问题，无论如何，那无法解释这种现象。我更想说的是，当没有女性时，扮演男性角色便不重要了，反之亦然。当周围有女性时，我们就变得更有男人味，她们则更有阴柔之美。两性都有加强对方性别特点的作用。

我们都有一种共同的体验：当把一群男人放在一起时——比如在军队、兄弟会或修道院——你就可能会使他们专心致志地做手边的工作，但同时也很奇怪，他们缺少了一种活力。我们看到死气沉沉，缺少有变化的回应。他们会毫不反抗地接受各种反抗的程序。而一旦有女性出现，就像在伊甸园中，意识便变得敏锐了，道德感也发展起来了，甚至反叛也开始萌芽。在真正的意义上，两性似乎能够使彼此燃烧，提供一种活力与力量——甚至还有更佳的想法。

两性结合、繁殖可以产生千变万化的结果。雌雄两极基因的混合与结合，无限增加了其结果的多样性；独创性与新的可能性的结

---

① 1英里 ≈1.6千米。——译者注

合出现了。只有最低等的生物，如草履虫，通过从同一有机体分支来繁殖 [尽管乔治·伯纳德·肖（George Bernard Shaw）在一个对人类的尖刻的警告中预言，如果我们继续把效率看得高于一切，这就可能是人类的命运]。一项研究表明，美国人比其他地区的人高，我们认为其中的一个原因是当地人与迁居该地区的移民族群交往通婚。同时，众所周知，即使血亲通婚未造成生理损害，在几乎每一社会中，兄弟姐妹间或同一家庭其他成员间的通婚也是禁止的，因为区别的消失和枯竭会阻碍种族的发展。

我们与男性和女性不同的肌肉组织呈现的有节奏的表现相适应，荷兰哲学家布廷迪亚克（Butendijk）这样总结道。他指出，男性的骨头与肌肉本来就生成直线条，近乎直角——更适合于刺戳，通过刺、捶以及其他，男性用刚性方式进行攻击；而女性生来就是弯曲圆润的线条——更适合于开放自己，孕育抚养下一代，给予和接受特别的女性的愉悦。阴茎的刺插机制在小男孩身上也有所体现，他们做出希望让阴茎插入东西的动作。而小女孩相应地就会希望和谐、内敛，不会用过分的压制、正面的进攻，而是通过更婉转的方式来表达意图。我们的社会将男性的美德与行动联系在一起，而将女性行为与被动相联系——在这显而易见的层面之下，它易被误解，也是错误的。这就是说，妇女生来就像保护和平的，而男人就是为战争而生的。事实上，男女两性都以其自身主动与被动的方式存在着。

这些特性在我们的社会被夸大了，有失公允。但这并不是我们忘记两性之间真正差别的理由。的确，所谓男性品德在 19 世纪被如此重视，以至于男人为证明其力量，不仅要征服自然，还要征服自己和所有他遇到的女人。给女性制定的标准是：温柔的，面带甜美微笑，无法照顾自己，听了亵渎神明的语言就受不了，遇到一点小事就会晕倒。对此的反应是出现了一场扫除性别差异的运动；人们呼喊的口号不再是"性别差异"，而是"大家都一样"了。两性对同样事情的反应也相同。让我们害怕的是，我们发现，我们将这给予我们快乐的性别差异与不公平的压制一同抛弃了。

在我们平等主义的运动中，我们忽视了海伦娜·多伊驰（Helena Deutsch）所指出的这样一个事实：女性阴道"吸入"（drawing in）的反应实际上可能比使她昏天黑地的性高潮更能给她带来快乐。语言也反映了这些区别：英语中有"入鞘"（invaginate）一词来形容此反应，却没有相应的词描述男性。最与之接近的是"阴茎的"（phallic）一词的各种形式，其基本意义都指插入、进入等证明性的行为的词，这可能含有也可能不含有敌意；男性体验的不仅有这种攻击性的或过分自信的反应，还有对这种被吸入的反应。女性的性高潮是复杂的、扩散的；男性则有一种固有的神经与生理机制，它可以避开性高潮，当兴奋超越了某一点时就忍不住了。

我们在性中观察到的最后一个事实既简单又基本，这就是：性行为是为了生殖，它可以创造一个新的生命——一个孩子。这个事实使得女性的身体和生命至少在9个月中会发生深刻变化，无论男性在与不在。除了在病态情况下，这还会使女性在更长的时间内与从前完全不同。阿比西尼亚一位贵妇以朴素的语言精当地描述了这

一情形:

> 女人从享受初恋的那一天就一分为二了……而男人初恋
> 之后还和从前一样。女人从恋爱的第一天开始就变了个人,这
> 情形贯穿一生。男人和女人过了夜就走了,他的生命与身体总
> 是同样的。而女人怀孕了。作为母亲,她与没有孩子的女人不
> 同。她的身体要带着那夜的果实9个月。有东西在生长。有个
> 东西在她的生命中成长,再也无法与她分离。她是位母亲,即
> 使她的孩子死了,即使她所有的孩子都死去了,她还是位母
> 亲。因为在某一时刻她已将这孩子装入心中,从此再也不可能
> 分离,即使是孩子死了也不能。所有这一切男人都不知道……
> 他不知道爱之前与之后有何不同,也不知道做母亲之前与之后
> 有何不同。只有女人才能知道,才说得出……她必须永远是处
> 女,永远是母亲,在每一次恋爱前她都是处女,每一次恋爱后
> 她都是母亲……[14]

也有对此存异议的,譬如卡伦·霍妮(Karen Horney),她认
为女人能生孩子而男人不能,这激起男人的嫉妒,使得他们努力奋
斗,尽力在文化运作和构建文明的活动中证明他们的创造力。在精
神分析中,这种妒忌在男人身上导致了个人的羞耻与绝望。一位南
美患者一遍遍地在躺椅上喊着他永远不能原谅母亲生了他而他不得
不吸吮她的乳头——他坚信每个男人都肯定和他有着一样的嫉妒
心。这冲突的原型根源比我们现在的社会或"西方"问题要深得

多。它扎根于人类历史与存在本身。

但这一事物的反面便是压抑。当我在前面的章节中说"新时代的世故者害怕他的生殖力"时，我指的就是字面含义：他因为对其创造另一生命之能力的深刻的矛盾心理而产生焦虑。我的一位患者患有周期性阳痿，每月到了其妻排卵期他就会阳痿。虽然他声称和妻子一直想要个孩子，但后来证明，在他的幻想中，他并不想当孩子的父亲，他害怕孩子会和他争夺爱，而他希望自己既是她的孩子又是她的丈夫。

这种矛盾心理也在弗洛伊德的"阉割"（castration）一词中体现出来。他认为所有的焦虑都可追溯到这一原始的恐惧上。弗氏与大多数人所说的"阉割"——给男子行割礼——含义与此不同。那含义应使用"切断"（mutilation）一词。阉割更应指割去睾丸，变成太监。它包含着失去生殖能力的意义。苏丹宫廷中的太监是有勃起与性交的能力的，却不能生育。尽管后宫的妃嫔可以与之偷情，王室血统却可以保持纯正。我认为弗洛伊德在此处没有意识到自己有多聪明，因为对于生殖力的焦虑——尽管人们避孕——确实是最根本的。

避孕品与悲剧

我以一位几年前在我这里做过短期咨询的 30 岁妇女为例来加以说明。她是新英格兰一所最好的女子学校的毕业生，生长在富裕的市郊，聪明且有魅力，从各方面看似乎都是位好姑娘。在大学时，她接受的都是那时的教育。在20世纪40年代中期，人们普遍接受的是归属感与家庭观念，她的目标就是毕业后结婚，很快就会建立一个大家庭。在毕业典礼那天，她令人羡慕地与其邻近学院的男友结了婚，接着生了5个孩子，按计划两年生1个。

但到她30岁来找我咨询时，她说她"恋爱了"，与一个机修工发生了恋情，在他身上她一生中头一次体验到了激情。她说她现在知道了她从未爱过丈夫而是蔑视他。到她考虑做心理治疗时（在朋友的敦促下），她已带着孩子回到了郊区娘家生活——这是当时那些大胆计划的奇怪而可悲的结局。

我没能对她进行有效治疗，因为她觉得与机修工之间的爱情是"神圣的"，她并不打算与他结婚。我几年之后碰巧遇见她时，她看上去成了一个色衰的中年妇女，恪尽职守地工作、抚养孩子。这位郊区中产阶级上层家庭的女儿使自己陷入与旧时代的生了私生子的失足女子一样难以处理的状况。其原因当然不是缺乏信息或缺乏计划和责任。作为一位现代的有头脑的女性，我的患者和她的5个孩子似乎在许多方面都陷入妇女解放和避孕工具发明前她的维多利亚时代祖先的困境。

我举这个例子是要说明仅有设计家庭计划的能力是避免不了悲剧的。节育的心理意义是扩大个人责任与义务的范围。但这绝非易事，这种个人关系可能必须担负得更多，因此可能更困难。

避孕减轻了性交时担心怀孕的焦虑，在我们的文化中似乎是将它当成一种象征来使用——象征了曾被我们甩在身后的性爱的所有悲剧的方面。我当然赞成避孕品和计划生育——这一点显而易见，无须赘述。但节育这一几乎被公认的原则不应当使我们无视这一事实：避孕，虽然在性活动中被大量采用，却丝毫不能改变我们所谈的基本问题。虽然它使个体很快摆脱怀孕的生理束缚，但它很可能增加心理矛盾。即使有了避孕措施，性与爱的悲剧性在当今也与从前一样普遍存在，只是不由自主地从生理领域进入心理领域，这当是悲剧之所在。它已不是性的生理知识本身的问题，诸如死亡与生殖带来的悲剧因素，而是作为人的我们如何与这些人类命运不可避免的必然性相连。这种悲剧性已经是心理和精神的问题。

这里又遇到了一个责任的两难选择，这是由可以自由选择生还是不生孩子引发的。过去 40 年，人们都是有计划地生育，尽管我们依照那种力量在行动，我们却从未接受对它所负有的心理的与个人的责任。由于我们整个社会对孩子的负疚感，我们为这个问题找到了一个愉快的遁词。我们为孩子做一切，我们让他们自由发展，对他们百依百顺，我们将对他们在一切道德问题（甚至包括使用大麻问题）上做出让步视为宽宏大量与美德。这样一来，这些可怜的孩子就不可能在这些总是让步的父母身上找到可以反抗的东西。当他们离开时，我们会说："玩得开心。"如果他们玩得不开心，我们会担心；如果他们玩得开心，我们也会担心。我们一直在暗暗地妒羡他们的青春，并且想到他们生活得如此快乐、我们过去何其艰难，两相对比，便生怨恨。而通过这一切我们将他们当成皇帝一样的做法，这些像是进了天堂的孩子所知道的是，我们是恭候的仆人、司机、厨子、保姆、取之不竭的钱袋子、家庭教师、营地领队……无怪乎我们的孩子最后会站起来大叫："看在上帝的份上，别管我！"而那是对我们的最大威胁——因为我们对孩子充满无名的、普遍的负罪感，并且无法释怀。但我们要赎的罪并非我们在抚养他们的过程中做了什么或没做什么特别的事，而首先是我们生孩子这一基本事实——因为不再是"上帝"决定我们生孩子，而是我们自己来决定。而谁已经开始理解那惊人事实的意义呢？

或者让我们想象一下那些只打算生一个孩子的夫妇（必然有许多夫妇有着控制家庭人口的需要）：想想这个可怜的孩子不得不承受的巨大的心理负担。就像在我们的治疗中所看到的只生了一个孩子的专职家长，不由自主地会过度保护孩子。孩子一叫，他们就赶紧跑过去；孩子一哭，他们就感到不安；孩子生病时，他们感到有愧；孩子不睡觉时，他们似乎紧张得要崩溃了。由于孩子在那样一种情况下出生，他就成了小独裁者，想怎样就怎样。自然，这通常会出现复杂和矛盾的情况：这些关心实际上等于剥夺了孩子的自由，而他必须像出身王室的王子一样，担负孩子无法承担的重担。

避孕，就像所有设备和机器一样，能够扩大我们的自由与选择的范围，但它给我们的新的自由与力量也增添了我们的矛盾心理与焦虑，这种矛盾心理已在性与爱的平庸化中体现出来。对于生活在避孕药时代的女孩，根据威斯康星大学学生健康部的精神指导西摩·哈勒克（Seymour Halleck）博士的说法，如果只能滥交，"想拒绝就很难做到"[15]。使其变得平庸，削弱其重要性，说它"无关紧要"，这是避免焦虑的最佳方法。难道不就是这种滥用避孕的情况才使我们对于性欲产生了一种分离的、放纵的、今朝有酒今朝醉的态度吗？当然，对于带有像性行为这么大能量的行为以及在将一个人的姓和基因传下去的重要领域，除非对我们的天性（如果不是对"天性"本身）施以暴力，否则我们就不能将其视为平庸化和无关紧要的。

有了避孕，性就至少可以在某些情况下变为纯粹的个人关系，而这带给我们的挑战就是要找到这种个人关系的意义。

注释

[1] Campbell，Ⅲ，p. 67.

[2] Hesiod，*Theogony*，lines 120-122，Richmond Lattimore 译（Ann Arbor，University of Michigan Press，1961），引自 Joseph Campbell，Ⅲ，p. 234。

[3] 同上。

[4] 爱的效果堪与迷幻药相比，两者都能使世俗世界的墙坍塌，使我们的防御崩溃，使我们赤裸裸而脆弱。在迷幻药的作用下，我们可能会有敬畏与发现的感觉，或偏执、崩溃而根本不愉悦。爱也一样。当爱产生时，我们有可能更多感受到的是妒忌、怀疑、情绪激动，甚至是恨。许多夫妻表面上是因恨而非爱在一起的，就像爱德华·阿尔比（Edward Albee）在《谁害怕弗吉尼亚·伍尔夫？》中表现的，有时很难说是恨掩盖了爱还是相反。

[5] Sigmund Freud，"The Two Classes of Instincts，" in *The Ego and the Id.*（Hogarth，p. 47，Norton Library，p. 37）.

[6] Campbell，Ⅲ，P. 235. 也见 Tristan and Iseult in Denis de Rougement，*Love in the Western World*，Montgomery Belgion 译（New York，Pantheon Books，1956）。

[7] 同上。

[8] 另见 Robert Lifton，"On Death and Death Symbolism，" *Psychiatry*，The

William Allison White Foundation 出版, Washington, D. C., 27, 1964, pp. 191-210。也见 Geoffrey Gorer, "The Pornography of Death," in *The Berkley Book of Modern Writings*, eds. W. Phillips and P. Rauh, 3rd ed. (New York, Berkley Publishing Corp., 1956), pp. 56-62。

[9] 埃里克·弗洛姆（Erich Fromm）后来的著作就是回避死亡这个现实的明证。"悲痛是罪。"他写道。这给了死亡之压抑一个心理依据，他竭力劝导人们都别去想死亡。我看不出这种逃避怎么能够避免对人格造成破坏。另见 *The Heart of Man*(New York, Harper & Row, 1964)。

[10] 对此的讽刺作品，参见阿道司·赫胥黎的《夏去夏来天鹅死》(*After Many a Summer*)。

[11] 压抑死亡的倾向也有其历史。在 18 世纪和 19 世纪，人们的道德信念丧失之后，依靠对进步的信仰来压抑死亡。如果我们能够征服自然、战胜疾病，为何不能推断在遥远的将来我们也可以战胜死亡？

[12] Tillich, p. 23.

[13] 参见 Freud, *Beyond the Pleasure Principle*, p. 58。

[14] *Frobenius in* Der Kopf als Schicksal(*Munich*, 1924), 引自 *Jung-Kerenyi*, Introduction to a Science of Mythology。

[15] Seymour L. Halleck, "The Roots of Student Despair," *THINK*, IBM 出版, XXXIII/2, March-April, 1967, p. 22。

第五章

爱与原始生命力

如果我的魔鬼离开我，恐怕我的天使也会逃走。

——里尔克（Rilke）。当了解到心理治疗所追求的目标后便从中抽身。第74封信，写于1907—1914年间

"伊洛斯是魔鬼。"柏拉图在其《会饮篇》中直接告诉与他宴饮的朋友和我们关于爱的深度。伊洛斯的这种魔鬼身份对于希腊人而言是很自然的，但它实际上是许多现代的关于爱的理论的绊脚石。所以，当代人努力绕开它便不足为奇了。但这样做便意味着"阉割"伊洛斯——使我们失去爱的创造力的源泉。与原始生命力相反的那一极不是理性的安全与平静的快乐，而是"返回无生命状态"——用弗洛伊德的话说，便是死亡本能。反对魔鬼便是冷漠。

原始生命力的定义

原始生命力是具有控制整个人的力量的任何一种自然功能。例如性与爱欲，愤怒和狂暴，对力量的渴望等。原始生命力既可以是

创造性的，也可以是破坏性的，常常是兼而有之。当这种力量出了差错，其中一种元素完全控制了整个人格，我们就魔鬼附体了（历史上这是对精神病的传统称呼）。原始生命力不是一个实体，而是指人类体验的一种基本的、原型的功能——一种在现代人身上，据我们所知，也是在所有人身上存在的一种现实。

原始生命力是每个人身上所具有的对于确定自我、主张自我、使自我永恒和增加自我的渴望。当原始生命力篡夺了整个自我而没有注意到与那个自我的整合，或是注意到其他方面的欲望的独特形式或它们对于整合的需求，它就变为邪恶了。于是，它便表现为过度的攻击性、敌意、残忍这些使我们大多数人感到战栗的我们人类的行为。这些我们竭力压抑但更可能投射到别人身上的行为，却赋予我们创造力那同一个东西的反面。所有生命都是在原始生命力的这两个方面之间的起伏涨落。我们可以压抑原始生命力，却不可避免付出冷漠的代价，并且不可避免随着压抑觉醒后而来的爆发的趋势。

希腊"原始生命力"的概念——也就是我们现代有关概念的原型——包括诗人与艺术家以及道德与宗教领袖的创造力，它是爱所拥有的富有感染力的力量。柏拉图认为，狂喜——一种"神圣的癫狂"——会控制具有创造力的人。这也是天才与疯子之间的密切关系，这一问题令人困惑又永远无法解决，而这便是其早期形式。①

---

① 这个词可被拼成"demonic"（最常见的形式），或"daemonic"（现在常被诗人——例如叶芝——使用的中世纪的形式），或"daimonic"（来源于希腊文"daimon"）。因为后者是这一概念的来源，还因为该形式明确包含消极与积极的两方面，即神圣的与邪恶的两方面，所以我选用了这种希腊文形式［在本章中，译者把"daimonic"译为"原始生命力"（我国台湾译为"原魔"），把"daimon"译为"魔鬼"。——译者注］。

在《申辩篇》(*Apologia*)中，当柏拉图因为给年轻人教授错误的"神灵"——柏拉图描述了他自己的"魔鬼"："这种迹象，是一种声音，第一次出现时，我还是个孩子"——而被判有罪时，法庭宣布休庭，这样他可以决定选择流放还是死亡。回到法庭，他告诉法官他选择死亡。他用以下的话解释了他做出的选择。

哦，我的法官——我衷心地称您为法官——我要告诉您这美妙的情形。如果我在什么事情上犯了错的话，那是因为迄今为止源于我内心的圣言的非凡才能惯于不断与我作对，在小事上也不放过。但无论我早上出门还是说话时，这圣言都没有作对的意思……它告诉我，我遇到的是好事，那些认为死亡是不幸的人是错的。如果我向恶而非向善的话，我的征兆必定会反对我。[1]

因此，他认为这个每个人身上都存在的"魔鬼"，就像某种守护者。

原始生命力不是意识，因为意识很大程度上是社会的产物，是与文化习俗、精神分析术语、超我的力量相联系的。原始生命力指的是自然本性的力量而非超我，是超越了善恶的；它也并非如黑格尔及其后的弗洛姆所说的，是人的"自我的召唤"，因为它的根源在那些自我根植于自然之力的领域，这些自然之力超越了自我，而像是对我们命运的把握。原始生命力产生于存在的领域而非自我本身，它尤其会展现于创造力中。我们也不能把超我之心用于叶芝对于原始生命力的定义——"另外的意志","那耀眼的、无法预料的、速度飞快的漫游者……是我们自身的存在，却如同水火相伴"[2]；也不能将超我意识用于歌德所描述的原始生命力。谈及从带有原始生命力的人身上迸发出的"巨大力量"时，他说道："所有道德的力量合起来也不能战胜它们……除了它们挑战的宇宙本身外，它们总是不可战胜的。"[3]

亚里士多德在其"幸福论"概念中差不多能"驯服"恶魔了。快乐——或称幸福感——在希腊语中是"受到拯救人的神保佑"的结果。[4]幸福就是与人身上的恶魔和睦相处。今天，我们要将"幸福论"与潜能和人的存在的其他方面同行为的统一状态联合起来。

在特别的情况下，魔鬼会给个体以指导。原始生命力在拉丁文中被译为genii（或jinni），这是罗马宗教的概念。我们"天才"（genius）一词便来源于此，其原意为守护神，是掌握人的命运的神，后来成为天才的特有天赋。由于"天才"（来源于拉丁文genere）意为产生、引起，所以原始生命力是在个体生成过程中的声音。原始生命力是感受力与力量的独特模式，它使个体在与其世界的关系中作为自我存在。它在梦中与人对话，那些敏感的人在有意识的思考和自我反省中可以听到它的声音。亚里士多德认为梦可被称为原始生命力，能与我们对话，他说："因为天性就是原始生命力。"弗洛伊德引用此话并补充说如果正确地解读的话，它包含着"深刻的意义"[5]。

这个概念的不良形式包括认为我们被长着角、在我们周围飞来飞去的小恶魔控制着，这是内心体验的外部投射，使其具体化成了客观现实。在启蒙运动时期以及理性的年代，在其使所有生命都具有理性的巨大成功中，我们认为这形象是糟糕的，对于精神疾病是无益的，将其摒弃是完全正确的。但只是在过去的 20 年间，当我们抛弃了错误的"魔鬼学"时，我们才对它有了清晰的印象。在我们对待精神疾病的方法上，我们违心地接受了平庸与肤浅。这种平庸与肤浅正在损害我们对爱与意志的体验。因为原始生命力的破坏性行为不过是其创造性动机的反面，所以如果我们将我们的魔鬼抛弃了，就如里尔克看到的那样，我们最好也做好准备与我们的天使告别。在原始生命力中蕴藏着我们的生命力，我们向爱欲的力量敞开自我的能力。我们必须发现以新形式出现的原始生命力，它能够适应当今的困境并且帮助我们走出困境。这不仅仅是重新发现，还是原始生命力现实的再创造。

原始生命力需要指导与引导。在这一点上，人类的意志变得如此重要。原始生命力最初作为一种盲目的推力，使我们体验到它的存在。它使我们朝向盲目的自我主张，例如以愤怒形式，或以在性行为中使女性怀孕、以传宗接代的征服欲的形式体现出来。当我狂怒时，我是谁或你是谁都无关紧要了。我只想大打出手杀了你。当一个男人处于强烈的性亢奋状态时，他便失去了其个人的意义，而只想"干"或"睡"（就如这些带有强制性色彩的动词所清楚表明的那样）。至于女人，根本不管她是谁。但意识却能够将原始生命力整合，使其具有个人特征，这就是心理治疗的意义。

原始生命力常常有其生物学基础。其实，歌德十分了解现代人的原始生命力冲动，这在其《浮士德》（*Faust*）中强有力地表现出来。浮士德总是被魔鬼诱惑，回答亚里士多德道："原始生命力是自然的力量。"但关键问题总是与整体性的崩溃有关：人格中的一种元素完全占据了自我便会使人的行为失调。例如，性欲冲动驱使人希望与伴侣进行肉体结合，但如果它控制了整个自我，它就会驱使人朝向不同的方向建立各种关系，全然不顾其自我、其伴侣或社会的整体性。卡拉马佐夫（Karamazoff）有一天晚上在与其醉酒的同伴回家的路上，竟与沟壑里的痴呆女发生关系，他这样做就成了谋杀自己的凶手，因为陀思妥耶夫斯基（Dostoevsky）——这位具有原始生命力真正本能的艺术家——后来使得作为这一性关系产物的儿子杀死了父亲。

"伊洛斯是魔鬼。"狄俄提玛，这位柏拉图宴饮朋友中的爱的权威说道。原始生命力是与爱欲而不是与这种力比多或性相关联的。安东尼的性欲大约可由妓女来满足（马斯特斯和约翰逊不恰当地将其描述成"性紧张的定期释放"），但当他遇到克莉奥帕特拉时将他俘获的原始生命力则完全不同。当弗洛伊德将爱欲作为力比多的对立面和敌手，也就是说作为对抗死亡本能、为生命而战的力量引入时，他使用的这个爱欲就包含了原始生命力。原始生命力与死亡对抗，总是为维护其自身的生命力而战，不接受"70岁"或其他的寿限。当我们恳求一个身染重病的人不要放弃"战斗"时，或当我们悲痛地获悉一位朋友即将死去，因为他放弃了斗争时，我们所知的就是这种原始生命力的力量。原始生命力永远不会接受理性所给的"不"的答案。在这一方面，原始生命力是科技的敌人，它不接受我们像机器人一样遵守的时间，或朝九晚五的时间表，或流水线。

假如原始生命力在创造力方面有特别的表现，我们可从诗与艺术家身上看到它们。诗人常常能够意识到他们在与原始生命力搏斗，并意识到问题是要从这将自我推向一个新高度的深处克服些什么。威廉·布莱克说："每位诗人都有魔鬼的一面。"[6] 易卜生（Ibsen）在送给朋友的《培尔·金特》（*Peer Gynt*）的扉页上写道：

生是心和灵魂与巨人的搏斗。
写作是对自我的批判。[7]

叶芝说：

在我的内心，魔鬼与诸神，
进行着永无休止的战争。[8]

在他的散文中，叶芝更是将原始生命力特别定义为"另一个意志"，他认为这是自我之外的力量，而同时又是其个人存在的力量。以下是我们已提到过的文字的完整引用：

只有当我们看到了或将看到那令我们恐惧的东西时，我们才能得到那耀眼的、出人意料的、行为敏捷的漫游者的回报。若不是因为在某种意义上它是人的存在，然而却是作为水与火、喧闹与沉寂的我们的存在的话，我们是发现不了它的。它是所有一切中最困难的，因为那轻易得到的东西永远不可能成为我们存在的一部分。[9]

这在油画与石雕艺术中更是显而易见，原始生命力与那些艺术家如影随形，而且如果我们所知确定的话，它是艺术家们的创作灵感。科技社会似乎是允许艺术家"召唤原始生命力并与之相伴"的，但如果其他行业的人意欲如此，它便会嫌恶他们了。艺术家是现代人允许自己表现其原始生命力那耿直的、残酷的和骇人的一面的人。事实上，从某一方面，艺术可被定义为一种对原始生命力的深邃妥协的特殊方式。毕加索在原始生命力下生活与创作并收获颇丰。其画作《格尔尼卡》表现了被德国空军轰炸的毫无防范的西班牙村庄里支离破碎的男人、女人、儿童和牛，以令人难忘的生动形象展现了其身上的原始生命力——并且以赋予其重要性的形式超越了它。保罗·克里（Paul Klee）十分清楚他的画作一方面是儿童般的稚拙，另一方面却展示了其原始生命力的力量，并且他的日记中也有对这种力量的描述。事实上，这种原始生命力在现代艺术运动的意义中有着特殊的地位。只要看看 20 世纪二三十年代超现实主义画作那些十分明显的表达，那些女巫、魔鬼和各种怪诞的形象，这一点就十分明显了。在当代抽象艺术画作中，那些明显给人以虚无主义印象的破碎的空间，给人以强烈紧张感的色彩，都以新的艺术表现形式将原始生命力更细致、更有力地展现出来。

而且我们还注意到，20 世纪的西方人对原始艺术表现出极大的兴趣，无论这些艺术是非洲的、中国的还是出自中世纪欧洲的农民之手。从前的画家会直面其原始生命力，就像希罗尼穆斯·博斯（Hieronymus Bosch）和马蒂亚斯·格吕内瓦尔德（Matthias Grünewald），他们似乎是当今许多人想去理解的人，尽管这些画家的画作创作于四百年前，但对我们的需求却有着罕见的、颇为敏锐的实际意义。即使在当代，这些画作也是我们自我诠释的镜子。不难理解，当常规的精神防御体系衰弱并完全崩塌时，原始生命力便在这个社会过渡期被释放并表现出来。就像我们今天的艺术家一样，博斯和格吕内瓦尔德也生活和创作在一个混乱时期，那时中世纪行将结束，而现代社会尚未开始，人们的心理与精神发生着剧变，那确实是一个令像女巫、神汉这些宣称知道如何与魔鬼打交道的人害怕的时代。

对原始生命力一词的反对

在深入探讨这个概念的意义之前，我们有必要看看当代对这一词的反对意见。对原始生命力这一概念如此排斥不但有其自身的原因，也因为我们竭力否认它所代表的事物。它对于我们的自我陶醉是个沉重打击。我们是"好"人，但就像苏格拉底时代雅典有教养的公民一样，无论我们暗地里是否承认，甚至在我们的爱中，我们都会被权力欲、愤怒以及复仇驱动。而原始生命力本身并不能说是邪恶的，它作为一个难题摆在我们面前：是将其与意识，即一种责任感和生命的重要性共同加以利用，还是任其盲目、莽撞地行事？当我们压抑原始生命力时，它就可能以某些形式爆发出来——其极端形式便是谋杀，就像荒野谋杀案中那种对受害人变态的折磨以及我们十分熟悉的 20 世纪其他恐怖事件。安东尼·斯托尔写道："虽然当我们在报纸或历史书中读到对人犯下的残暴罪行时，我们可能会畏缩，但我们内心知道我们每个人的内心都怀有同样残暴的冲动，会导致谋杀、折磨与战争。"[10] 在压抑的社会，个体成员代表着其时代的原始生命力，代表社会表现出这些暴行。

的确，我们试图忘记原始生命力。在 1968 年 1 月约翰逊总统的演说中，当他提到他的一个目标是扫除街头犯罪与暴力时，群众对此热烈鼓掌；在长达一小时的演说中，这掌声比其他方面持续的时间长多了。但当总统提出新的公平的住房政策和改善种族关系的目标时，整个国会就鸦雀无声了。这就体现了原始生命力破坏性的一面。但对于只有在把原始生命力转化为建设性行为时，我们才能应付其破坏性的一面的事实，我们却充耳不闻，活像只鸵鸟。

人们群情激奋地要将犯罪团伙从街头扫除，他们又能去哪儿呢？在我们的城市里，原始生命力无所不在——当我们走在纽约街头，它以个人暴力的形式使我们感到害怕，它以骚乱中的种族暴力令我们震惊。无论有多少市民和国会议员谴责黑人权力运动中的暴力，我们都可以肯定，这种禁闭的、压抑的力量如果不以建设性的行为加以释放，就会猛烈地爆发出来。

暴力是扭曲了的原始生命力，其极端形式便是"魔鬼附体"。我们的时代属于过渡时期，此时利用原始生命力的正常渠道被否定了，这个时代就可能使原始生命力受到压抑而转化为最具破坏力的形式。

忘记了原始生命力而导致自我挫败之结果的一个鲜明的例子是希特勒（Hitler）的崛起！美国和西欧国家没能识别那种原始生命力，使我们无法客观地评估希特勒及纳粹运动。我还能清晰地回忆起20世纪30年代初希特勒当权的那些年，我刚大学毕业去欧洲执教。那时，我和我的美国自由党同胞比欧洲人更相信自由和博爱，以至于我们看不到希特勒及其表现出的原始生命力真相。在文明的20世纪，人类不可能那么残忍——报纸上的报道一定是错了。我们错在让我们的信念限制了我们的洞察力。我们压根儿没考虑到原始生命力。我们相信世界必定是以某种方式来适应我们的信念的，我们将原始生命力从我们的洞察力中连根拔除了；没有认出原始生命力，这行为本身便是原始生命力，它使我们成了其破坏性行为的帮凶。

实际上，对于原始生命力的否认是在爱中的自我阉割、在意志中的自我否认。这种否认导致我们今天所看到的攻击这样的反常形式，这是被压抑的原始生命力在纠缠着我们。

在初级心理治疗中的原始生命力

美国的心理治疗师毫不掩饰其对于应对原始生命力的极大兴趣。雷蒙德·普林斯（Raymond Prince）博士数年来与约鲁巴当地人共同生活并对其进行了研究，我以其拍摄的一段如醉如痴的仪式为例进行阐述。[11]

当部落的精神治疗师对部落成员的疾病（我们称之为心理疾病）进行治疗时，全村人都要参加。先是例行的扔骨头仪式，接下来的仪式据信是将问题——可能是阳痿、抑郁或其他什么问题——转移到一只山羊身上（作为"替罪羊"）。接着将羊宰杀。仪式结束后，全村人在一起狂舞数小时。舞蹈是治疗的主要部分的延续。在这个舞蹈中，最重要的一点就是求治的部落成员认为自己就是那个被魔鬼附体的形象。

在普林斯的片子中，一个阳痿的男人穿上他母亲的衣服，然后跳起舞来，那样子仿佛他就是他母亲。这一行为表明当地人有敏锐的洞察力，能够窥见这人的阳痿与他和母亲的关系相关——显然，他对母亲的过度依赖导致他在自我系统中被否定了。因此，这种"治疗"所需的是他要面对自己的原始生命力并向之妥协。对母亲的需要与依恋是每个人的正常体验，在我们幼小时也绝对是我们生存所必需的，此后岁月里我们的温柔与多愁善感也大多来源于此。但如果一个人的这种依恋感太过强烈，或者如果他感到由于其他原因必须压抑这种需求的话，他就会将其投射到外部：和他上床的女人是坏女人，是要阉割他的魔鬼，因此他便阳痿，将自己阉割了。

或许这种人会沉迷女色——被她"迷住"——自己奋力挣扎都徒劳无果。他是否真的将母亲当成了魔鬼，我不得而知——通常我需要凭借这个"魔鬼"的一些象征性表达来做出判断。准确地说，这种原始生命力是他内心与母亲的病态关系。在疯狂的舞蹈中，他就会"邀请这原始生命力"，欢迎她。他不仅要与她面对面，还要接纳她、欢迎她、认同她、吸收她并希望将其作为他建设性的部分整合起来——这样作为男人的他既温柔敏感，在性生活中又自信有力。

在普林斯博士的片子中的狂热舞蹈中，我们还能看到一个十七八岁的女孩，她的问题是太强势、太男性化了，她感到自己"着魔了"。在仪式中，她穿戴着美国人口普查员的衣服和帽子跳舞，这显然是她权威的原始生命力问题的象征。我们希望，在这仪式治疗的恍惚状态中，她能更加确认自己的女性身份，而不是现在这样毫无女性魅力；希望她更能应付她的强势，能在性行为中少一些矛盾心理。

显然，这个男人和这个女孩都认同了他们所恐惧的东西，认同了他们从前加以否认的东西。这一原则意味着认同困扰你的东西，不要为了把它赶走而将它吸收进你的自我，因为它必定代表了你身上被"拒绝"的元素。这个男人认同了他女性的成分；他并没有变成同性恋，而是有正常性能力的异性恋。当他穿戴着女人的衣帽、她穿戴着男人的衣帽时，你会认为你在看化装舞会的电影。但其实根本不是这样，村里人在跳舞时没有一个有一点笑容，他们在为他们群体的成员举行一个重要的仪式，他们也和患者一样处于一种灵魂出窍的恍惚状态。这个女孩与这个男人在其群体的支持下勇敢地"邀请"了原始生命力。

尤其需要强调的是，当个体面对"魔鬼"时，他的亲戚朋友、街坊四邻的支持对于他的重要性。很难想象如果没有部落全体成员的参与和无言的鼓励，这个男人和这个女孩如何能够鼓起勇气面对这原始生命力。群体给予了他们一个可信赖的人际关系世界；在这个世界中，人们可以与消极力量做斗争。

我们注意到这两个人恰巧都是要认同某个异性。这就让我们想起荣格（Jung）的理论，自我被否定的阴影层便是异性，男性有女性倾向，女性则有男性倾向。特别有意思的是，男性倾向这个词既意味着敌意，一种暴力、仇恨，但也意味着生机勃勃、精力旺盛。这两个词都来自拉丁文 anima，是指灵魂或精神。这些词所包含的智慧，是从人类的历史中提炼出来的，是指你那被否定的部分，是敌意与攻击的源泉。但当你能够通过意识将其整合在你的自我体验中时，它便成了使你活力四射的力量源泉。

你吸纳了这原始生命力；如果你不吸纳它，它就会控制你。避免被原始生命力支配的方法就是支配它，说白了就是面对它，对它让步，将其统一到自我系统中。这种支配会带来一些好处，它使自我壮大，因为自我将曾被排除在外的力量收编了，这就使之不再"分裂"，避免了令自我瘫痪的矛盾心理。它瓦解了自以为是和冷漠疏离——这否认原始生命力之人惯常用以防御的武器——而使人更加具有"人性"。

在这样的治疗中，我们注意到患者会从与过去病态的关系中解脱出来。在这个男人的病案中，是从其与母亲的关系中解脱出来。这与我们在神话、传奇和心理治疗中常见的情况一样，魔鬼常被构想成女人。古希腊的复仇女神（Furie）是女性，戈耳贡（Gorgon）也是女性。约瑟夫·坎贝尔在其对世界神话广泛的研究中，列出了一大串在各种文化中被其视为原始生命力的女神或形象。他认为这些形象是大地女神并与生殖有关。她们代表"大地之母"。以不同的观点来看，我认为女性如此经常地被视为原始生命力是因为每一个个体，无论男女，其生命的开始都与母亲相关。这一与生育他的母亲之间的"生物学嵌存"关系是一种依恋，这种依恋仅仅是因为人类在出生时连着脐带。如果人要发展其自身的意识和行为的独立自主——换言之，如果他要支配自己的话——就必须与这种依恋搏斗。但反抗这种嵌存关系而宣布独立就必须在意识层面迎接原始生命力的回归。这是成熟男人健康的独立。

我们最终看到这两位患者的体验与本书的主题有着惊人的相似之处。一位患者开始于性爱问题——他无法勃起，最终却得到了意志的帮助：他战胜了对母亲的被动依赖而能自主，变得有力。而另一位患者，那个女孩，显然是以意志问题开始——她在与权力相关的问题上不能坚持自我，很可能最终因为做出了很大的让步而能够爱男人。因此，爱与意志是相互关联的，帮助了一个便会增强另一个。

历史调查结果

我们现在要探讨原始生命力的更深层的意义。在古希腊，魔鬼一词可与神（theo）这个词互换使用，而且其意很接近命运。就像命运这个词一样，荷马和柏拉图之前的作者都不将其作为复数形式使用。[12]我有"命运"就像我有"魔鬼"——它反映了一种生命的状态，我们都是这种状态的产儿。关键问题通常是这种状态在多大程度上是依从我们的永恒力量（这是古希腊作家的看法），在多大程度上它又是个体自身心理的力量（这是后来的希腊理性主义者的观点）。赫拉克利特（Heraclitus）便属于后者，他宣称"人的性格就是他的魔鬼"[13]。

埃斯库罗斯重新诠释了古代神话与宗教，促使大批有自我意识的希腊人涌现出来，他们快刀斩乱麻地解决了这个问题。出于对文明以及对自己的责任，他告诉了希腊公民原始生命力这个概念。在他的戏剧《波斯人》（*The Persians*）中，埃斯库罗斯让王后描述了关于毁掉波斯王薛西斯（Xerxes）的幻觉，她把这个幻觉归咎于"魔鬼"。这是一个人作为魔鬼的被动受害者的例子。而大流士（Darius）的鬼魂听说薛西斯试图控制神圣的博斯普鲁斯海峡（这行为太过骄矜）后，说"力量强大的魔鬼使他失去了理智"。这是完全不同的东西。现在，原始生命力的力量不仅控制了个体，使其成为受害者，还渗透进他的内心，使之判断失误，使之难以看清事实，但却还能使之对其行为负责。这是一个古老的难题。即使我受命运的驱使，我也对自己的行为负有责任。真理与现实只在有限范围内是可以用心理学来分析的。埃斯库罗斯不是非个人的而是超个人的，同时相信命运与道德责任。

埃斯库罗斯笔下的悲剧人物无视事物的本性而完全独立，因此招致毁灭。死亡、疾病、时间——这是围绕着我们的自然现实，在其特定的时间会使我们衰弱。

在埃斯库罗斯的作品中，原始生命力既是主观的又是客观的——这也是我在此书中使用的含义，问题是总能看到原始生命力的两个方面，看到个体内心体验的表现不因心理分析而失去与本性、命运以及存在之所的联系。一方面，如果原始生命力是纯粹客观的，你就有陷入迷信的危险，认为人不过是永恒力量的牺牲品。另一方面，如果你将其视为纯粹的主观，你就在对原始生命力进行精神分析。一切都可能成为投射而变得越来越肤浅，最终结果就是失去自然之力。你忽视了存在的客观状况，比如衰弱与死亡，随后就陷入唯我论的过度简单化。如果陷入这样一种唯我论，我们就连最终的希望都失去了。埃斯库罗斯的伟大在于他如此明确地看到并维护着原始生命力的两面。在《奥瑞斯忒亚》（*Oresteia*）的结尾，他引用了智慧女神雅典娜对人们的忠告：

> 从混乱中
>
> 不要不受约束，也不要受专制统治，
>
> ……这就是我劝公民遵守的法则，
>
> 奴性……可保护公民
>
> 也不要把恐惧完全扔到城外去。
>
> 没有一个凡人会遵守正义
>
> 要是他没有畏惧心，只要你们尊重法则，正正直直，
>
> 有所畏惧，你们的土地、城邦就有保障 [14]①

但到了灿烂的公元前 5 世纪结束时，原始生命力就成了人类

---

① 摘自罗念生译《悲剧二种》，译本序，Aeschylus, *Oristhes*，692~699 行，北京，人民文学出版社，1961。——译者注

理性自律的保护者。它帮助人类走向自我实现，当他要失去自律时，便会警告他。苏格拉底——这个观点的最佳范例——绝不是一名简单的理性主义者，但却可以保护理性自律。他在超理性的领域内接受了其基础。这就是他战胜了普罗泰戈拉（Protagoras）的原因所在。苏格拉底相信原始生命力，他会认真对待梦想和德尔斐（Delphi）① 神谕，在公元前 431 年雅典瘟疫和与斯巴达的战争这样的原始生命力现象面前回避退缩。苏格拉底的哲学有着动力基础，这使其避免了理性主义的贫乏。而普罗泰戈拉的信念是欠缺的，因为这些信念缺乏人类本性中非理性的动力。普罗泰戈拉哲学基于"人是万物的尺度"的概念成了"可怜"的乐观。多兹（Dodds）写道，在雅典与斯巴达的战争开始时，他一定是悲哀地死去的。[15]

　　以后的现代启蒙运动的人们极大地被苏格拉底的原始生命力困惑。看看托马斯·杰弗逊（Thomas Jefferson）是非常有意思的，他在《理性时代》(the Age of Reason) 中的信仰也是很独到的，他对苏格拉底处于"守护他的魔鬼的照管与劝诫"之下的情况进行了深思，他遗憾地——如果以我们现在的观点来看应当是荒谬地——写道："当我们这些最理智的人在其他领域中头脑十分清醒时，又有多少人还会相信灵感存在呢？"[16] 而约翰·昆西·亚当斯（John Quincy Adams）的困惑也是实实在在的："很难说这（苏格拉底的魔鬼）是迷信的结果抑或是他说出的样子。他举出的他能听到声音的情况，使人很难认为他只是个审慎的或意识清醒的人。"[17]

---

　　① 希腊古都，以阿波罗神庙闻名。——译者注

是的，苏格拉底没打算审慎或意识清醒，而杰弗逊和亚当斯也无法忽视他是最不迷信的人这一事实。尽管不是在隐喻的意义上，但他的确以象征的方式将其表达出来，因为这样影响整个人类的基本的原型体验，只能通过象征与神进行表达。原始生命力属于体验的范畴，在那里，散漫的、理性的语言只能做部分阐释。如果我们不用散漫的语言，我们就会使自我贫乏。因此，柏拉图在只能用象征和神话来表达的领域里，也是用这样的语言来表达他的意思，所以他会写出造物主赋予了每个人一个魔鬼，这是人与神连接的纽带。在后启蒙时代和后弗洛伊德时代，我们很容易理解苏格拉底要表达的真实意思，因为在这个时代我们在探讨本我，并得知"愚昧"与非理性不仅是灵感与创造力之源，也是所有人类行为的源泉。

现在，我们认识到了希腊人从其魔鬼的概念中获得的善与恶的统一。这魔鬼是人与神之间的桥梁，它既是人又是神。与自身的魔鬼（快乐主义）和谐共处是困难的，但回报丰厚。它是自然驱力最真实的形式，而意识到它的人可能在某种程度上吸收并控制它。原始生命力破坏了纯理性主义的计划而使人向他所拥有的而不自知的、具有创造性的可能性开放。柏拉图将其比喻为一匹强健有力的、喷着响鼻的马，需要人尽全力去控制。尽管人类永远无法摆脱这种冲突，但这种挣扎给予他们一种形式与潜力无尽的源泉，使他们敬畏，使他们快乐。

在希腊文化时期与基督教时代，人们更明确地将守护神分为善与恶两种。我们现在将天国人口分为两大阵营——恶魔与天使。前者由撒旦（Satan）统领，后者则由上帝统领。虽然这种发展从未完全合理化，但在那个时期，人们一定希望通过这样的划分，更容易面对和战胜魔鬼。

但假如希腊文化时期与基督教时代的人通过将善与恶的较量划分为恶魔与天使的较量，获得了某种道德推动力的话，同时他们也失去了很多。而那些失去的——存在是作为有益与有害两种可能性之结合的经典机体概念——却是很重要的。我们看看里尔克的问题的起点——如果他的魔鬼被驱逐了，他的天使也会逃走。

撒旦，或是这魔鬼，来自希腊语 diabolos；diabolic（残忍的）是当代英语词。diabolos 这个词非常有趣，其意为"撕开"（dia-bollein）[18]。现在我们注意到这个 diabolic 与 symbolic 是同义词，后者来源于 sym-bollein，意思是"拼凑在一起"，团结。这两个词暗含的意义和善与恶存在论有极强的相关性。symbolic 意味着将个体与其团体合在一起，使其统一；diabolic 则相反，意味着分裂。这两者都存于原始生命力中。

撒旦最初是大天使，有特定的名字"对手"（adversary）。他在伊甸园中诱惑夏娃（Eve），在山上诱惑耶稣（Jesus）。但若我们仔细看看，我们就会明白，撒旦并不仅仅是敌人；撒旦得到了伊甸园中蛇的帮助，蛇很明显是人本性中原始生命力的元素。在伊甸园中，撒旦是一种化身，代表了原始生命力的欲望以及欲借使人"像上帝"一样永生的智慧来获得力量的冲动与欲望。上帝斥责亚当（Adam）与夏娃吃了"能分善恶的智慧之树"的果实，并唯恐他们会去吃生命树的果子。在伊甸园中发生的事与耶稣在山上受到了诱感都象征性地体现了原始生命力对于欲望与力量的强烈欲求，而撒旦便是一种象征，表达了这些原始的欲求。

撒旦、路西法（Lucifer）^①以及其他所有曾同为大天使的原始生命力形象是人类心理所必需的。为了使人类能够行动和获得自由，人们必须发明出、创造出这种形象，否则就无法意识到它们的存在。每一种想法在创造的同时也在消灭：考虑这件事，就不能考虑其他的事。赞同这个，就是不赞同那个。意识到这件事，就意识不到其他的事，因为意识是以"这种或那种"的方式来工作的，它既有破坏性又具建设性。没有叛逆就没有意识。

因此，逐渐走向完美而摆脱撒旦与其他的"敌人"的愿望即使行得通，也不是建设性的想法。而且显而易见，这想法也是行不通的。当圣徒们自称为最大的罪人时，他们可没有信口开河。完美的目标是从科技领域偷偷带入道德领域的一个错误概念，是两者混淆的结果。

这个魔鬼与天使的天国系统带给我们的困扰——难以克服的困难——是天使如此乏味与无趣。他们本身几乎可以说是无性的。他们看上去常常就像是丘比特，即伊洛斯最糟糕的一种形象。他们的主要作用似乎就是飞来飞去传达消息——简直可以说是天国的西部联合电报公司。除了像麦克尔（Michael）这样的天使长外，他们是相对无力的。我本人就对天使没多大的兴趣，他们也就是在像《圣诞史诗》（the Christmas epic）这样的剧中跑跑龙套。

---

① 堕落天使，也是撒旦的又一称呼。——译者注

天使乏味？是的——直到他们下凡，天使才显得迷人有趣。路西法，这个被逐出天门的天使却在弥尔顿（Milton）的《失乐园》（*Paradise Lost*）中变成了充满生机的英雄。当天使表现出独立的自主性时——无论你称之为骄傲或不屈或其他什么——他就具有吸引我们注意甚至令我们羡慕他的力量和能力。他主张了其自我的存在、自己的选择以及个体的欲望。如果我们将像路西法这样的象征性形象看作人类精神一些重要欲求的体现——对于成长的渴望，渴望从个体中产生一种新的形式以便可以了解其周围世界——那么，这种对于独立选择的主张当然是成长的积极方面。一个当了太长时间"小天使"的孩子会令人担心。成长中的少年如果是"小魔头"，有时至少会让我们更有希望看到未来发展的潜力。

下凡的天使都重新具有了原始生命力，在善恶二元论中所放弃的力量需要面对古代异教世界中分裂的神话。那么，里尔克要保留其天使与恶魔是对的，因为两者都是必要的，两者并存构成原始生命力。这样的话，谁还会说里尔克的魔鬼对于其诗作的贡献没有其天使的大呢？他们的贡献可能更大。

划分魔鬼与天使的二元论在整个中世纪盛行，代表原始生命力意义的词现在很清楚就是"魔鬼"。中世纪的市民甚至在声讨"魔鬼"时也总是被他们迷惑。所有这些滴口水的怪兽、大笑的野兽、相貌邪恶的怪物，这些在教堂四面奔跑和攀爬的奇形怪状的动物，这些由那些必定直接地体验到了原始生命力的工匠雕刻在石头上的形象，还不能说明问题吗？在这狂热的时代，人们因其"恶魔的"本性而自豪。但这并不妨碍他们在宗教战争中尤其是在阿尔比教徒起义中以这种便利的方式谴责其敌人的魔鬼同伙。将团伙以外的人、陌生人、与自己不同的人判定为魔鬼的同党而将自己归为天使一族似乎是人类普遍的倾向。

"重新发现原始生命力，将它作为不以善恶来衡量的一种力量"应归功于18世纪末对于天赋的反理性崇拜。沃尔夫冈·查克（Wolfgang Zucker）教授写道。[19] 这表达了对启蒙运动、功利主义以及中产阶级的秩序概念的根本反对，是对流行的道德观与唯智论神学的抗议。查克教授以下所写十分令人折服：

> 这种表达需要这样一个社会前提：旧的社会秩序崩溃。艺术家不仅仅是有技术的匠人，而且作为一个新的边缘阶层出现。正是在此时开始使用"艺术家"和"艺人"这样的称谓。这种称谓并不仅仅意味着一项特殊的职业，还意味着游离于社会与经济价值层次之外的一种生活方式……根据这一观点，艺术家就不再是由于勤奋地学习与练习而仅会使用画笔和凿子或者演奏不同乐器的人，而是有着超凡能力的天才：他有天赋，或者他本人甚至就是个"天才"……他的行为不符合通常的社会规范，连他的作品都非同凡响，使其他人的作品无法与之相提并论。因而，天才是无法按常规分为善恶、分为有用和无用的。他的所作所为，他的痛苦磨难，都是其命运。他并非天才，因为他是一位非凡的艺术家，但反过来，他是位艺术家因为他具有天赋。[20]

老年的歌德仍然痴迷于原始生命力并对其进行了详尽的讨论。他认为,这不只是天性,还是命运,它引导人遇到对其重要的人——就像他与席勒的友谊——并且产生伟人。为了理解这一论点的论据,我们只需回想伟大是由"正确的时间、正确的地点"构成的说法,它是有着特殊品质的人与时代的特殊需求之间的邂逅。天才被历史形势抓住抛向伟大〔注:托尔斯泰(Tolstoy)的《战争与和平》(*War and Peace*)的论题〕,他们为历史所用,历史在此刻的作用就如同本性。歌德描述自己在事业开始很早的时期就发现了原始生命力,这也使其有特殊的命运。这原始生命力是:

> ……可在自然界中发现,生龙活虎与死气沉沉,有灵魂或无灵魂,它是只在矛盾中出现的东西,因而不能由一个概念来解释,更不用说一个词了……只有在这不可能中才能发现乐趣,而可能似乎只能被它不屑地推开。
>
> 这一准则似乎介入其他准则之间,将它们分开,将它们统一。我仿效古人以及那些已经意识到类似东西的人,称之为原始生命力。[21]

当伟人行动时,他们一下子冲向了破坏性。对歌德而言,"诗和音乐、宗教与对于解放战争的爱国热情、拿破仑(Napoleon)与拜伦爵士(Lord Byron),都是原始生命力"。在其自传的结尾,他写道:

虽然原始生命力甚至可在一些动物身上以最卓越的方式出现，但它最初却是与人相关的。它代表了一种力量，这力量即使不是反对这世界的道德秩序的，其目的也与之相反，这样我们可以将其中一个比作经线，另一个比作纬线。在有些人身上，原始生命力是以最可怕的形式出现的。在我的有生之年，我有机会或远或近地观察到一些事例。这些人并不一定都是智力或才能超群的人，亦少有心地善良。然而，他们身上迸发出巨大的能量，他们有超出其他生物甚至大自然的难以置信的力量，没人能够说出他们的影响力有多大。[22]

在对原始生命力的痴迷中，歌德既没有像浪漫主义者那样盲目赞美它，也没有像理性主义者那样盲目地责难它，而是发展出一种原始生命力贵族的观点：有些人被选择具有大量的原始生命力力量，有些人则没有。其在与尼采的"狄俄尼索斯"和柏格森（Bergson）的"生命力"①相似时是非理性的。具有原始生命力的伟人是不可战胜的，但他们会因狂妄自大而攻击自然本身，这会成为他们的祸根。以此而论，拿破仑不是败于俄国人之手，而是俄国人与他们的冬天联手打败了他。我们看到的是，一个俄国人无法依靠自己之力做到的事，可通过将其意志与自然协调，令其意志与其广阔的土地以及非人力所决定的其他方面——人与自然以及与其命运——协调一致来完成。这个人与自然因素的有趣结合使其人格

---

① 柏格森生命哲学的基本洞见就在于认识到宇宙的本质是无限的创造的生命力，柏氏称之为"生命冲动"或"生命力"（élan vital）。——译者注

化，成为"冬天将军"。

保罗·蒂利希是我们当代的思想家，我们对于原始生命力的关注主要归功于他。这也是他如此吸引精神病学家和心理学家的原因。每逢他的讲座，总会有几百位精神病学家和心理学家到场，这并不单是因为他是个睿智博学的人；他们在听一个"引入"原始生命力的人的讲座，因为在他们的工作中，也需要引入它。我治疗过一位患有精神分裂症的妇女，一年前她处于精神崩溃的边缘，她去找保罗·蒂利希，把她正体验到的"魔鬼"讲给他听，而他却泰然自若地说："每天早上七点到十点，我就是与魔鬼相伴。"这句话对她帮助很大，我认为这也是她还能活下来的主要原因。蒂利希的这句话告诉她，她并不因为她所体验到的而有什么奇怪或与众不同。她的问题就是人类共有的问题，与别人的区别只是程度不同。她恢复了一些，可以与其世界及周围的人交往和交流了。

但事情也并非总是如此。1933年，蒂利希被希特勒从德国驱逐到美国时，常常谈到席卷德国的浪漫主义思潮，并告诉我们他的学生是如何感到他"太理性，逻辑性太强"。1936年夏天德国之行后，他在纽约一个团体面前讲述了他的经历。他对德国的未来有一种挥之不去的不祥之感，这种感觉如此强烈以至于他住进了柏林附近的森林，他在那里体会着即将到来的原始生命力的威胁。（"我看到了毁灭，毁灭，毁灭。波茨坦广场将成为牧场。"）而20世纪30年代中期却是美国的自由时代，那时的听众几乎没人同意蒂利希的看法。一位芝加哥神学家在离场时说道："我们终于摆脱了魔鬼，而现在蒂利希又把他们从每棵树后面带回来了。"而最糟糕的是发生在希特勒德国文明世界的野蛮行径远比蒂利希的预言严重得多。事实上，从第一次世界大战后开始的这个可能发展为"科技的理性"时代的时期，现在却常常被当作原始生命力的时代来回顾。

弗洛伊德将我们带入但丁笔下充满原始生命力的炼狱：原始生命力的动力是多么强大，这种力量出了错是如何导致性变态、神经症、精神病、使人发疯的后果的。正如弗洛伊德所写："没人会像我这样召唤出人类胸中最邪恶的那些半驯化的魔鬼，并且奋力与他们搏斗，渴望毫发无损地结束战斗。"[23] "半驯化"一词，看上去用得不经意，实际上却是对人类原始生命力形式的精确描述；完全驯化只适用于描述天使，未驯化的是魔鬼——我们则两者兼是。在心理治疗中，向仅因原始生命力是危险的就要拔腿逃走的企图让步显然是不具建设性的。以那种方式治疗，心理问题的治疗就成了温和的"调整"，治疗也就成了患者通向厌倦无聊的捷径。这就无怪患者情愿患有神经症、精神病也不愿意"正常"了，因为至少那样异常的存在还有生命的活力。

弗洛伊德生命的躁动感、他面对命运时的谦恭与他对其才智的骄傲是携手并肩的。他拒绝迎合人们的需求以使自己安心——这些特点并非源于他常常非难的悲观主义，而是源于他对人类存在的奇特品质以及死亡这最终结果的意识。它们体现了原始生命力的真正意义。

在弗氏的著作中，我们发现他对"命运"的重视，在他诸如力比多、死亡本能以及冲动等诸多概念中都隐含着原始生命力。每个概念都暗示着我们所具有的力量能控制我们，可给予我们"天性的工具"，使我们具有超出自己的能力。力比多或性欲，是在人类想象力中起作用的一种自然的压力，它能够给他设下无数的陷阱；在他靠在椅子上松口气，确定自己已经抵御了这次诱惑时，它其实已逮到他，正使他变得毫无感情。如果不向这无法逃避的精神生物学现象妥协，我们就会陷入冷漠。这是弗洛伊德的原始生命力概念所重视的。它是现实的、敏锐的、具有建设性的。尤其是在自我与天性分离的维多利亚时代背景下看，更是如此。原始生命力是隐含在这些概念中的。以力比多为例，此后我们引入爱欲来代表与我们共同对抗死亡的力量，代表求生的力量。我们需要将爱欲作为挽救败局的原始生命力形式引入。很清楚，这就是弗洛伊德将其引入的原因。

摩根教授将弗洛伊德严厉的、实际的爱之观点与那些乐观的思想家们持有的现代人前景光明的不切实际的观点进行了对比。"没有弗洛姆式'爱的艺术'，没有健美操式的健康心灵，没有开明功利主义的科技……会使世界安宁，彼此心怀善意（弗洛伊德之观点）。其原因直接而根本：我们人类怀揣着自我毁灭的种子，我们在不断地培育它们。我们必须既恨又爱。我们会毁掉自己和同胞，也会创造并保护他们。"[24]

爱与原始生命力

每个经历着寂寞与孤独的人都渴望与他人结合。他渴望参与到比他自己更好的关系当中。一般来说，他会以某种爱的形式战胜孤独。

心理治疗师奥托·兰克曾说找他治疗的女性都有丈夫缺乏攻击

性的问题。尽管这话听上去过于简单化，但它包含了非常明显的一点：我们失去了活力的性教养使我们如此专横与孤立，以至于连性行为的力量都消失了，使妇女失去了如醉如痴、飘飘欲仙、心醉神迷、充满活力的根本的快乐。这"爱痕"（love bite）——那充满敌意与攻击的时刻，通常发生在性高潮的瞬间，但也可能是整个做爱过程所不可或缺的——具有建设性的心理物理作用，它对于男性来说是一种表达，而对女性来说更是一种快乐！

这就要求自我主张，那是一种自立的能力、一种对于自我的肯定，这样就可以将自我投入关系中，一个人必须拥有可给予的东西并有能力给予。自然，风险在于他会过高估计自己——这是一种被魔鬼战胜的观点所表现出来的体验的根源。但这否定的方面并不能凭借放弃自我主张来逃避。这是因为，如果一个人不能坚持自我，他也就不能参与到一种真正的关系中。一种动态的辩证关系——我很想称之为一种平衡，但它又不是一种平衡——是一种持续地给予与接受的过程，在这个过程中一个人会主张自我，在另外那个人身上找到答案，接着这种自我的主张会延伸得更远，可在另一人身上感受到否定，他退回来但不会放弃，而是将这种参与转化成一种新的形式，找到一种完全适合对方的方法。这才是原始生命力的建设性作用。它是一个人在与他人关系中对于自我的主张。它总是游走于对伴侣的探索边缘，但若缺少了它，就不会有充满活力的关系。

如果原始生命力力量比例平衡，它就成为一种伸向他人的渴望，一种通过性、创造、更文明来使生命更充实的渴望。这是一种欣喜若狂的感觉，或只是因为知道我重要，我能影响他人、能塑造他们、能够施加一种相当重要的力量而得到安全感，这是一种确保我们是有价值的方式。

但当我们完全被原始生命力控制时，自我的统一和与他人的关系便崩溃了；当这个人说"我必须控制住，我简直像在做梦，我简直都不是自己了"时，他就是在承认这一事实。原始生命力是一种基本的力量，一方面，人们可借此使自己摆脱害怕不是自己的恐惧，而另一方面，它又是感到与另一人无联系，没有朝向他的生命驱力的恐惧。

我们前面一章所说的那位爱上机修工的妇女告诉我，她丈夫总是"晚上蜷缩在家里，一副畏畏缩缩的样子，等着我上床"。虽然我们理解这位丈夫为何这样底气不足，但我们也理解机修工的性攻击行为不被这样的矛盾心理抑制对于这位妻子是一种极大的放松，同时对她放纵无拘的需求也是有益的。

从生物学角度讲，男性原始生命力的生动表现便是勃起，如果女性对此感兴趣的话，若她发现它还在勃起，这现象本身就充满了性魅力，令她陶醉。（若她不感兴趣，她就会反感，这也反过来证明了阴茎勃起有情感的力量。）勃起本身是一个如此富于原始生命力的象征，以至于古希腊人会将舞蹈的萨提尔斯（Satyrs）①画在他们的花瓶上，每个萨提尔斯都有令人骄傲的勃起的阴茎，在酒神节狂欢表演。男人们会记得儿时体验到阴茎那种神奇的特点多么令他们着迷；它可以无意识地勃起，带给他们如此美妙的感觉。原始生

---

① 希腊神话中的半人半兽，色情狂。——译者注

命力同样会在女性身上有所体现，虽然不像在男性身上有那么明显的生物学表现。女人有一种坦率地表达对其男伴的欲望的能力，她想要他并让他察觉到这一点。而原始生命力便存在于此能力中，并且对女性也是必需的。男性和女性都需要这样的自我主张，为分离架起一座桥以便彼此结合。

我在这儿毫无回归原始性欲的意思。我也无意安慰那些将攻击性理解为毫不退让地向性伴侣强加自己要求的男女。我所说的攻击性是有着健康意义的。它是指对于自我的主张，这种主张根植于力量而非虚弱，并同敏感与温柔密不可分。但我也认为在对于性爱的过度培育中，我们舍弃了我们性欲的重要方面，因而我们冒着失去正是我们打算得到的东西的风险。

在治疗中一个总是令人诧异的现象是，在承认了他们对其配偶的愤怒、敌意甚至憎恶并痛骂了他 / 她之后，他们最终却感觉到其配偶的爱。有的患者心情愤懑，情绪不佳，却有意无意地决心像位有教养的绅士那样独自承受下来，他发现自己在压抑了自己的攻击性时也压抑了对其伴侣的爱。这一点是如此清楚，以至于它差不多成为一条治疗的规则。路德维希·利法伯（Ludwig Lefebre）教授称之为"消极的合群"——如果积极方面同样要出现的话，则它是必不可少的。

这里所出现的情况不只是人类意识极性中起作用的问题；只有消极出现，积极才会出现，这便是为什么消极因素须带着希望——积极因素将会起作用——来进行分析。希望的实现可以证明这条规则的合理性。在面对与承认原始生命力时，这是具有建设性价值的。我们知道"爱欲是魔鬼"，爱欲不仅仅与爱相关，也与恨关联。它与我们正常存在的一种活力、一种震撼相关。它是牛虻，总让我们保持清醒；是解脱——这死一般平静的敌人。爱与恨并非两个相反极点，它们并肩而行，尤其是在我们这样一个过渡时期。

近年来，在百老汇以及全国巡演的、人们讨论最多的戏剧中，有一部历时三小时、演绎了两对情侣相互之间的情感伤害的戏剧，名为《谁害怕弗吉尼亚·伍尔夫？》。从观看那部长剧的观众那紧张的笑声或不知该不该笑的迟疑中，可明显感到他们不舒服。更加明显的则是他们被这部戏深深地打动了。（我们不得不说，就像我们常说的那样，根据这部戏剧改编的电影却十分温和。电影在乔治和玛莎开始相互谩骂攻击之前突出表现了他们之间的爱，这使现今的观众更有把握对抗原始生命力。）

这部戏剧的吸引力何在？我相信是因为它揭示了在每一桩婚姻中都存在却几乎总是被我们的中产阶级社会否认的原始生命力的欲望、想法和感觉。就如同戏剧中的一个演员像眼镜蛇盘起一般进行攻击，这部戏剧吸引我们之处在于，我们将自己的原始生命力中的温柔赤裸裸地展现在了舞台上，显示得既强烈又清楚。主要的这对夫妇——乔治和玛莎——在他们之间的情感暴力之下的确存在着爱，但他们却害怕它，害怕自己的温情。在这一方面，这部戏剧深入地刻画了现代西方人。我们既害怕我们原始生命力的温柔，又害怕我们温柔的情感。当然，这是同一事物的两方面，我们必须面对原始生命力才能够体验温柔之爱并有能力温柔地爱。这两者看似相反，但如果否认其一，另一方也将失去。

当然，这部戏剧像任何一部好作品所必需的那样，通过赋予原始生命力以重要的形式超越了它。这便是当原始生命力以艺术形式呈现时，我们准许自己接受它的原因。该戏剧最后几句台词也在内容上超越了冲突（虽然主题对于超越艺术没有像超越艺术形式本身那么重要）。在戏剧的结尾，乔治和玛莎能够彼此渴望什么了——因此这部戏剧被其导演称为"存在主义"戏剧。表面上看，他们能够希望是因为在彼此冲突的过程中，他们消灭了对于那假想中儿子的幻想，但他们是否真的会采取行动我们就不得而知了。我们所知道的就是舞台上所展示的他们之间的冲突强烈地触动了那些有教养的中产阶级观众的心弦。

我们只要回想一下古希腊戏剧中那些骇人听闻的事件——美狄亚（Medea）剁碎了她的孩子，俄狄浦斯剜出了自己的眼睛，克吕泰墨斯特拉（Clytemnestra）谋杀了丈夫又为其子所杀——就可以看到原始生命力毫不遮掩地处于那些被亚里士多德描述为"以同情与恐怖来净化观众"的伟大古典作品的正中心。但那些希腊戏剧中令人毛骨悚然的事件却常常发生在舞台视野之外，由呼喊与恰当的音乐表达出来。这有几个好处：在我们的现实生活中，原始生命力确实大多有些躲在幕后的意思，也就是说它存在于潜意识和无意识中。我们不会把在委员会会议上与我们争论的同事谋杀掉，我们只是幻想他因心脏病突发而倒地身亡。同样，希腊人对这样的暴行与戏剧性事件也并不感兴趣，他们知道它会毁了艺术作品。戏剧家必须用谋杀的意义而非这样的情感创作他的戏剧。

我斗胆以为，希腊人之所以能够创造难以超越的文明，是因为他们有面对原始生命力的勇气与坦率。他们为激情、为爱欲、为原始生命力而自豪——它不可避免地与这些相联系。他们满怀热忱地哭泣、做爱和弑杀。今天，来治疗的患者对古希腊有一种奇怪的看法，认为哭泣的人是那些强者，像奥德修斯（Odysseus）和普罗米修斯（Prometheus）。但因为他们能够直接面对原始生命力而不像现代人那样以否认和压抑它而构筑自我阉割的城堡，希腊人能够实现他们的信仰——人的美德之本质是认真地选择其激情而非被激情选择。

那么，面对原始生命力是什么意思呢？说来也怪，75年前，威廉·詹姆斯有一种直觉的理解与应对：

> 一种行为最糟糕的情形莫过于对其变幻无常的想象。如果不加以禁止，这种行为的吸引力也就没了。大学时，有位学生从教学楼的窗户跳下，差点摔死。另一位学生，我的一位朋友，便要每日经过这窗户出入他的房间，这样便可体验到一种想效仿那跳楼行为的诱惑。他是位天主教徒，他将这件事告诉了他的辅导员。那位辅导员说："好啊！你一定想做的话，那就做吧。"接着还加了一句："去吧，继续做吧。"这样一来，他的欲望立即消失了。这位辅导员懂得如何应付精神疾病。[25]

我下面要举的心理治疗的例子是被一种状态控制，人们通常不会认为这是原始生命力作祟。这种情况就是孤独。这位患者常常被强烈的孤独感侵扰，并发展为惊恐，时常发作。惊恐发作时，他无法辨别方向，没有时间感。孤独感发作期间，他对周围世界的反应变得麻木了。这孤独感有着鬼魂般的特点，只要电话铃一响或听到有人来到大厅里的脚步声，它就立刻消失。他绝望地试图摆脱这孤独感发作——我们都会这么做，这是人之常情。强烈的孤独感似乎是最痛苦的一种焦虑，会令人不堪忍受。患者常会告诉我们他们的胸部感到阵阵剧痛，就像心区有剃刀在割似的，而其精神状态是感觉像被抛弃在荒无人烟的世界中的婴儿。

该患者孤独感发作时，就会让自己的脑子去想其他的事，忙着工作或去看电影——但无论他如何想方设法地逃避，那讨厌的东西都像是鬼魂一样跟着他，像是一种令人痛恨的东西要把剑插进他的肺。[26] 如果他在工作，他几乎可以听到这恶魔在他身后大笑。恶魔嘲笑着告诉他——他的办法不会管用。他迟早会停止挣扎，变得更加虚弱——那把剑立刻就会插进身体。或者，如果他在看电影，每次电影场景变换，他都会无法遏制地意识到：只要他一跨出门走上街，那种剧烈的疼痛感就会重新找上门来。

但有一天，他来对我说，他神奇地康复了。当剧烈的孤独感发作时，他无法赶走它——这办法反正也没什么作用，那么干吗不接受它，和它同呼吸，转身面对它而不是逃走呢？令人大为惊奇的是，当他直接面对孤独感时，孤独感却并没有战胜他，接着它似乎就消失了。他深受鼓舞，开始通过想象过去强烈的孤独感袭来时的情形来调动它。迄今为止，这些记忆总是必然与惊恐有关，但实在太奇怪了，孤独失去了魔力。他就是想惊恐发作也找不到感觉了。他越是面对它、欢迎它，他就甚至是越不可能想象到他从前是如何承受那不堪忍受的孤独之痛的。

这位患者康复了——并且那天他也教会我——只有在逃跑时他才会感到强烈的孤独；当他转身攻击"魔鬼"时，它却消失了。他使用的是隐喻式的语言，但如果我们说逃跑是一种确保原始生命力对你纠缠不休的应对方式的话，这就不是隐喻了。我们无论对詹姆斯－兰格（James-Lange）的情绪理论[27]同意多少，只要继续逃跑，焦虑（或孤独）就会占上风，这却是千真万确的。

焦虑（孤独或"遗弃焦虑"是其最痛苦的形式）可使人在客观世界中失去方向。失去世界就是失去自我，反之亦然，自我与世界是相互关联的。焦虑的作用就是摧毁自我与世界的关系，也就是说患者丧失空间与时间感。这种失去方向感只要存在，人就会处于焦虑状态。焦虑吞没了人正是因为这种丧失方向感的存在。现在如果人可以重新定位——像人们在心理治疗中希望出现的那样——凭着还起作用的官能，凭着经验使自己重新与世界直接联系起来，他就战胜了焦虑。我这个有些拟人化的术语来自我作为治疗师的工作而非出自此处。尽管我和患者都能完全意识到它象征性的本质（焦虑做不了什么，就像力比多或性驱力做不了什么一样），但患者与"对手"战斗时，它还是有助于患者了解自己。因为这样一来，患者就不必永远等着在治疗中通过分析赶走焦虑，他可以通过自我治疗来帮助自己，他在体验到焦虑时可以采取一些切实可行的措施，停下来问问现实中或想象中发生了什么使这种令人焦虑的失去方向感产生。这不仅是在打开藏着魔鬼的柜门，还可以设法通过建立新的人际关系，找一份自己感兴趣的新工作，来在实际生活中重新定位自己。

还是看看那位曾被孤独困扰的患者。让我们问问：这出了岔子的原始生命力建设性的一面是什么？作为一个敏感而有天赋的人，他除了亲密关系之外，在人类体验的几乎所有领域都大获成功，其天赋包括具有一种与心灵相通的能力，而且极其温柔——但大多被用于自我专注（或自我中心）。他没能将这种能力用于建立关系。他不能向别人开放自己，走出去和他们接触，与他们分享情感和人类体验的其他方面，去认同他们、确定他们，这是建立持久关系所必需的。简而言之，他所欠缺的，而现在需要的，就是在行动中锻炼爱的能力，去关心他人的幸福，把"我"与"你"连在一起来分享快乐，与同伴进行有意识的交流。在这一个案中，这魔鬼的建设性的方面简单说来就是主动地爱的潜力。

注释

[1] Plato, *The Apologia*, from *The Works of Plato*, ed. Irwin Edman, trans. Jowett（New York, Tudor Publishing Co., 1928）, pp. 74, 82-83.

[2] William Butler Yeats, *Mythologies*（New York, Macmillan Co., 1959）, p. 332.

[3] Johann Wolfgang von Goethe, *Autobiography*: *Poetry and Truth from My Own Life*, trans. R. O. Moon（Washington, D. C., Public Affairs Press, 1949）, pp. 683-684.

[4] *Webster's Collegiate Dictionary*.

[5] E. R. Dodds, *The Greeks and the Irrational*（Berkeley, University of California Press, 1968）, p. 120.

[6] Henry Murray, "The Personality and Career of Satan," *The Journal of*

Social Issues, XVIII/4, p. 51.

[7] Henrik Ibsen, *Peer Gynt*, trans. Michael Meyer（New York, Doubleday Anchor, 1963）, p. xxviii.

[8] William Butler Yeats, *Selected Poems*, ed. M. L. Rosenthal（New York, Macmillan Co., 1962）, p. xx.

[9] Yeats, *Mythologies*, p. 332.

[10] Storr, p. 1.

[11] 出自美国精神病学协会年会上的演讲, 1967, 大西洋城, 部分发表于 *The American Journal of Psychiatry*, 124/9, March, 1968, pp. 58-64。普林斯博士应被列为我们中的一员：倾向于对初级治疗与仪式持惯常贬损看法, 而高看当地心理治疗师之技术。在当地人不能得到医院的精神病机构的帮助时, 普林斯博士就将他送到他信任的当地心理治疗师处, 这些治疗师似乎对我们称为精神分裂症的不同类型的疾病都有相当的了解, 知道哪些类型可治愈、哪些则不能。我认为, 我们不能将这种治疗与我们当代技术加以比较或只是将其看作贬义的"初级"治疗进行判断, 而应将其作为应对人类问题的原型方式的一种表达。这在某种程度上对其部落情境是足够的, 就像我们的方法相对于我们是充分的一样。这种所谓早期形式能够对我们当代的问题做出重要的阐释。

[12] 我得益于沃尔夫冈·查克博士未发表的论文《原始生命力》之观点。我在此表示感谢。

[13] $ηθοs\ αγθρώπω\ δαίμων$, Dodds, p. 182, 这句话常被误译为"性格即命运"。多兹在此将"魔鬼"译为"命运", 而这些给予原始生命力不同的方面。

[14] Aeschylus, *The Eumenides*, trans. John Stuart Blackie（London, Everyman's Library, 1906）, p. 168.

[15] Dodds, p. 183. "在那个问题（人类行为的起源）上, 第一代诡辩哲学家, 尤其是普罗泰戈拉, 其所持的乐观主义观点现在回想起来着实不敢恭

维，但从历史上看却是可以理解的。"美德和效率皆可教授——通过批判耶稣教义，将其先祖创造的习俗现代化，将"不开化的愚昧"从中去除，人们就能够获得一种新的生存艺术，人类生命就能够被提升到一个迄今为止连做梦都想不到的新高度。波希战争之后，物质财富迅速增长，随之出现了精神的空前繁荣，这在伯里克利统治时期雅典绝无仅有的成就中达到了顶峰。目睹了这一切的人们抱有那样的希望是可以理解的，在那一代人看来，这个黄金时期并未失去遥远过去的范围，就像荷马认为的那样。对他们而言，这希望不是在身后，而是在前面，是在不远的前方。普罗泰戈拉有力地宣布：在文明社会中，最坏的市民都比高尚的野蛮人强。但是，很可惜，历史没有给乐观主义者多少时间。我想，如果丁尼生（Tennyson）经历了欧洲最近五十年，他或许会重新考虑其偏好；而普罗泰戈拉在死前看法就大大改变了，进步是必然的信念在雅典比在英国还短命。

[16] Herbert Spiegelberg, ed., *The Socratic Enigma*（Indianapolis, Bobbs-Merrill Co., 1964）, p.127.

[17] 同上, pp. 127-128。

[18] *New English Dictionary*, ed. James A. H. Murray（Oxford, 1897）.

[19] Zucker.

[20] 同上。

[21] Goethe, p. 682.

[22] 译自 Wolfgang Zucker。Goethe's *Autobiography* 相应的段落出处同上，pp. 683-684。

[23] Sigmund Freud, "Analysis of a Case of Hysteria," *Collected Papers*（New York, Basic Books, 1959）, Ⅲ, pp. 131-132.

[24] Morgan, p. 158. 那些几十年前习惯于以弗洛伊德是"悲观主义"这样容易理解的术语绕过其难解之言的心理学家和社会学家，现在想起来自他表明了这种悲剧性的生活状态以来所发生的事：希特勒与达豪集中营，原子弹与广

岛，现在则是世界上最强大的国家陷入越战的破坏行为而无建设性解决方案。

弗洛伊德在人格的某些方面控制了整体而在完整的自我分裂意义上对原始生命力进行了具体的阐述："在施虐狂的状态中，死亡本能将爱欲目标歪曲成其自己的意义的同时又充分满足了爱欲冲动，并且我们清晰地洞察了其本质与伊洛斯的关系，但即使它在无任何性目的出现的地方、在破坏性的盲目狂怒中，我们也不难认出这本能的满足伴随着自我陶醉之欢愉的极高程度。这是因为它对后者旧有的万能之渴望的满足度展现了自我。"*Civilization and Its Discontents*（1927-1931），Standard Editon（London，The Hogarth Press，1961），XXI，p. 121.（New York，W. W. Norton & Co.，Norton Library，1962，p. 68.）

[25] James，II，pp. 553-554.

[26] 我说肺似乎是因为孤独焦虑影响了呼吸器官，这痛苦似乎是强烈的肺部压迫的刺痛感，而不是像我们在悲伤的痛苦中所感到的一种"内心的"痛苦。使用这种方法有着更广泛的基础而不仅仅是局部的痛苦感，因为一般来说焦虑只与婴儿出生必须通过的狭窄通道联系在一起。而呼吸困难可能与狭窄的通道（无论是否"因此引起"，我们都无须因此目的而进入），即"正门"① 相关。焦虑的法语词根——angoisse——从字面上看是与穿过一个狭窄通道的意义相关的，就像英语词"anguish"（痛苦）[将拉丁词 angustia（狭窄、痛苦）与法语 angoisse 压在一起]。另见 Rollo May，*The Meaning of Anxiety*。

[27] 我们害怕是因为我们跑。与其说是我们跑，不如说是因为我们害怕。詹姆斯认为，体验情感就是我们对身体中由于我们的行动，比如说逃跑，而产生的内在的化学与肌肉变化的体认。

---

① "straightened gate"可译为"板正的门""校直的门""直行"，引申为"正门"。——译者注

第六章
与原始生命力对话

> 如果嗜酒者可以选择幻想的方式，以各种可能的方式幻想一切能产生幻想的机会，如果在任何情况下，他坚信自己当时是一名醉酒者而非其他，那么他不可能长久地认为自己是醉汉。一旦他想要努力地使用其问题的正确名称且毫不动摇，就证明他还保留着这种合乎道德的行为。
>
> ——威廉·詹姆斯：《心理学原理》

我们不能再回避这个挑战性的问题了：在围绕着我们所有人的喧嚣中，一个人如何知道他真的听到了他的魔鬼发出的声音？内心的"声音"——无论是直接体验到的，还是以隐喻方式体验到的——是根本不值得信任的。它们什么都能告诉你，许多人听到这声音，但却没几个圣女贞德（Joan of Arc）。那么，我们那些听到指令要炸纽约的精神病人又如何呢？

什么使得原始生命力理论从一个指导者的角色沦为无政府主义角色？怎样才能将个体从狂妄自大的泥潭中拯救出来？什么使得约鲁巴人狂热的舞蹈成为个体整合的体验而不是只为原始生命力控制？

对苏格拉底而言，声明他的魔鬼告诉他不能接受那样的状态从而违抗法庭真是太好了。这确实是真正诚实之举——对他而言如此。但对雅典其他许多可敬的公民似乎完全不是这么回事。那纯粹是多管所有人闲事的狂妄自大。这些"好"市民感到他打破了他们的平静，说出了他们自己原始生命力的欲望，就像他在反对他们时说出自己的魔鬼一样，这似乎造成了混乱，违背了一致性原则。原始生命力瓦解了意志原有的平衡，使他具有一种不同于"好公民"的立场，他也必须有这样的立场。这种被打破的平衡消除了人们对破坏者——雅典的苏格拉底和当代的精神分析师——的愤怒。"苏格拉底像所有英雄那样使新世界诞生并不可避免地导致了旧世界的崩溃瓦解。"黑格尔写道，"他是名经验老到的破坏者，他所代表的是突破并摧毁既存世界的新形式。"[1]

　　当我们看到黑格尔说苏格拉底代表的是一种新的形式时，我们并未陷入虚无主义。黑格尔满怀崇敬之情道出了他对苏格拉底被雅典人杀身的评论："他们惩罚的是一种存在于他们自身的力量。"虽然这对抗大多无法避免，但它使得我们更加有责任来制定标准判断我们自己的原始生命力。

对话与整合

　　使原始生命力力量免于混乱的最重要的准则就是对话。在这里就是人际对话的方法——在希腊，苏格拉底将此方法带入其辉煌的时期，在传承了二十四个世纪后又被几乎所有的当代治疗师以不同的形式使用——现在它显得更加重要而不仅仅是一种技术。对话意味着人存在于关系之中。对话是完全可能的这个事实本身就意义非凡。在良好的氛围中，我们是可能相互理解，站在别人的角度理解问题的。沟通的前提是团体，反过来也就意味着团体中人们之间意识的交流。这是一种有意义的交换；它并不是由个体一时的突发奇想来决定的，而是人际交流体系中固定的方面。

布伯（Buber）坚持认为人类的生命就是对话的生命，尽管他将这种观点发展为一种十分极端的理论——他说我们只能在对话中认识自我——但他确实说出了真相那极其重要的一半。沙利文对人际交往中双方认可的强调表明了对话中最重要的问题，也有助于强调体验性的一面而不仅仅是交流的一面。逻各斯（logos，是有现实意义的结构）是 dia-logos（深度交谈）一词的支柱。当我们谈论原始生命力使它富于意义时，我们就已经处在将其整合进我们的生命结构的过程中了。

苏格拉底坚信我们通过谈话可以找到体验的结构，而且每个人不会独自漂流。他向街角的雅典人阐述这一观点。他找了《美诺篇》（*Meno*，柏拉图的对话录之一）中所说的一个完全未受过教育的奴隶，通过仅问他问题来证实毕达哥拉斯（Pythagoras）的定理。苏格拉底（或可能更确切地说是其观点的阐释者柏拉图）确信这样一个定理的真相已存在于这个奴隶的大脑中，这印证了"理念"和"回忆"说，它只需被"唤醒"调出即可。但即使我们争辩说苏格拉底是通过暗示性的问题得出那个定理的，我们也是以不同的形式印证了同一真理，那就是奴隶也可能聆听问题并使这些问题富有意义地整合在一起。理解是可能的，尤其是通过语言结构，但更普遍的情况是通过人类之间关系的结构。

真理存在于个体中，也存在于普遍的结构中，因为我们自身就参与在这些结构中，逻各斯不但遵循客观规律，而且通过个体进行主观的表达。因此，苏格拉底并非相对论者。"我不信神，"他在《申辩篇》中声明，"从某种意义上说：比我的原告更深刻。"

这也是使得全体部落成员共同舞蹈支持我们的这两个约鲁巴人的重要性之所在。舞蹈使个体与其邻居朋友之间的联系更加紧密。但当魔鬼附体时，他与其团体成员之间日渐分离。前者使原始生命力个人化、意识化，相反，后者使原始生命力将人推向意义的普遍结构，就像对话中所表现出的那样，魔鬼附体要求原始生命力是非个人的。前者是超理性的，而后者——魔鬼附体——则是非理性的，是由于阻断了理性过程而产生的状态。前者是原始生命力为自我所用，后者则将原始生命力从自我投射到其他的人或事上。

避免使原始生命力力量陷入混乱的另一项重要准则是其自身的自我批评方法。要接受魔鬼的引领需要一种基本的谦逊，你本人的看法往往会存在盲目和自我歪曲的因素。一个人最终的幻想就是自以为是地认为自己摆脱了幻想。事实上，有些学者认为希腊原句"要有自知"的意思就是"清楚你自己不过是个人"。从心理学角度看，这意味着需要放弃或解决的就是人类婴儿期产生的一种倾向：扮演神，并有想被当成神一样对待的无所不在的要求。[2]

弗洛伊德阻抗与压抑的概念就是说明"要有自知"是极其困

难的，萨特"欺骗"与"真诚"的概念也是对此的说明——自我诚实的两难困境在于我们的行为和信仰中总是存在一些自我歪曲的成分。认为自己"诚实"的人正好"不诚实"了。"诚实"的唯一办法就是知道自己是不诚实的，也就是说要知道在你的知觉中存在一些歪曲和幻想的成分。道德问题不只是坚持自己的信念并以此指导行动的问题，因为人的信念的专横与破坏性即使不比纯粹的实用主义更甚，也起码程度相同。道德问题是坚持不懈地去发现自己的信念，同时也承认其中总存在着自我扩张和歪曲的成分。对心理治疗师及任何有道德的公民而言，这才是苏格拉底谦逊原则的本质之所在。

而原始生命力指导的正确性的最后一条准则就是隐含在一开始我们对原始生命力所下的定义中的问题：我们所建议的行动方式有助于将个体作为一个整体的整合吗？它是——至少是潜在地——有利于扩大其生命中人际关系的意义吗？它有利于扩大那些对他重要的人的生命中人际关系的意义吗？相关的准则应该是一种任何价值评判所必需的准则，是一种通则：这种行为方式，如果被其他人采用（原则上是所有人类），会有助于增加人际关系的意义吗？

或许我们看看没有经过对话的原始生命力会怎么样，有助于我们的理解。在每一个战火纷飞的国家，这样的例子都可找到。不能面对自我和所在的群体，原始生命力便被投射到敌人身上。我们看到的不再是具有自己的安全与权力需求的国家，而是一个邪恶之物、一个魔鬼的化身。个人自己的原始生命力倾向被置于其中。（在美国，我们则被这样的倾向性唆使着：将自己看成为了在大洋彼岸建立一个代表着正义、善良、富裕和博爱的社会而离开了充斥不和、贫穷、罪恶与残暴的欧洲。）因此，我们的社会将每一个社会都视为邪恶的，而将自己视为上帝，我们不是打仗而是进行圣战。在这个国家，我们将越来越多的国家看作魔鬼的化身。敌人成了我们自身压抑成分的载体。我们在与自我战斗时却意识不到我们正在与自我开战，尽管我们否认这一点。这就要求由"内"组织所表现出的自以为是，而这几乎不可能有谈判，因为与魔鬼谈判就是承认与它是一样的，那么从原则上讲，就是已经向他投降了。

战争心理的第二步是想象力被阻断。从无论什么国家的首都发起的陈词滥调的宣传，一次比一次空洞。人们在一定程度上并不相信它，但又成为同谋而彼此信任，在这种妄想中他们更加固执。他们甚至不可能想象有什么解决办法。意图已被一条鸿沟与意向性分隔开来。

这一过程再次使得原始生命力失去人性。它使我们完全失控。原始生命力退到其原始状态——与意识分裂的盲目的、无意识的推动力。我们现在不但是天性的工具，而且是其盲目的工具。它由恶性循环机制推动，既可由国家体现出来，又可体现在神经症患者身上。我们并未从经验中学习。我们做的决定显然与我们的利益冲突，如果这些决定不能成功，我们就会自我毁灭地将它们全部推翻。缺乏幻想与敏感性，我们就会一致行动，只管前行，就像不会学习的恐龙，连我们这恐龙般的运动都视而不见。

原始生命力的阶段

我们最初体验到的魔鬼是一种盲目的动力，驱使我们朝向自我表现。譬如说，以愤怒或性来体现。这种盲目动力的原始性表现在两方面：首先，它是婴儿体验意愿力量的原始方式，但它也会瞬间出现在我们每个人身上，无论我们有多大。事实上，婴儿的第一声啼哭是极富象征意义的：它是对生命赋予他的最初的东西——接生的医生拍在他屁股上的那一巴掌——的回应。我不但以啼哭开始了生命，而且在最初几周里对刺激的反应也是随意的。我可能突然发怒，两手乱动，想要吃东西——那表现就像"小暴君"，如奥登说的那样，我很快就开始体验到有的要求能满足而有的却不能。欲望越来越多，而什么使我得到我希望得到的东西的前后关系过滤了我那盲目的欲望：我开始了文化移入的漫长过程。我出生在一个社会群体中，如果脱离了这个群体，我活不了几个小时——如果没有牧羊人相救，俄狄浦斯活不了多久，而我也一样，不比他活得更长——尽管我几个月甚至几年都没意识到这一点。无论开始时我怎样大声地抗议，我还是需要这个母亲和周围其他的人。就在这社会群体的背景下，原始生命力体现出来了。它会多大程度上被用以反抗他们、攻击他们，或迫使他们就范，满足我的欲求？它又会在何时、多大程度上被用以与他们合作？

成年人保留有一种将原始生命力作为盲目动力进行体验的倾

向，即将其作为纯粹的率性而为。对于私刑暴徒和各种暴力群体，在行为开始前都必须激起他们的集团心理。我们会感到在这群人中很安全，有一种被完全保护的、令人舒适的感觉。我们放弃了自己的个人意识，加入"集团心理"，感觉仿佛进入一种精神恍惚的亢奋状态或是一种催眠状态。无论一个个体多么为自己的文明修养骄傲，无论他对别人的暴行多么痛心，他都必须承认他也会如此——或者，如果他没有如此，他的性格中的某<u>些</u>重要的东西就被扼抑了。将自我给予一群人的吸引力存在于个体意识不到的兴奋中——不再疏离，没有孤独感，没有个人责任的沉重负担。所有这一切都被"集团心理"取代。这是一个传统词，代表了最低层次的共同点。也就是这使得战争和群体暴力具有吸引力——实际上是可怕的喜悦。他们从我们这里承担了我们个体需要承担的个人对于原始生命力的责任。我用了"他们"表明我们是如何将这些行动分派给那些无名形象的。在我们这样的压抑原始生命力的社会中，这种状态因给人提供了最基本的安全感而大行其道。

原始生命力与无名氏

这使我们要分析一下原始生命力与现代西方人的特殊问题之间的关系。这个问题就是被群体同化而失去了个性，保罗·利科（Paul Ricoeur）说道："原始生命力是无名氏。"[3]非个人的原始生命力使我们都成了无名氏——我们与不识字的农民的天性没什么区别。在它不懈地驱使他自我增长时，他也成了它的工具，他也会交媾，繁育后代，使种族得以延续。他会体验愤怒，努力使生命长久，以便做自然的主人。用心理分析学的话说，这是以本我形式出现的原始生命力。

在资产阶级的工业化社会中，人们逃避原始生命力最有效的方法就是将自己迷失在群体之中。在我们看电视里播出的谋杀案与暴力节目的同时，几百万其他美国人也在看这种节目。或者我们参军去为我们的国家或"自由"而不是为自己杀人。这种随大流、不用个人承担责任的情形使我们在满足原始生命力需求的同时又不用承担我们对自己的原始生命力应负的责任。这就使原始生命力动力对个体的完整无法发挥作用，而人对此付出的代价则是他丧失了以其自身独特的方式发展其能力的机会。

这种通过使原始生命力非个人化来使之消散的做法会带来严重的破坏性后果。在纽约，那些独自居住、不与人交往的不知名的人如此经常地与暴力犯罪和毒瘾相关是见惯不怪了。纽约那些不知名的个体倒并不孤单。他每天都能看到好几千人，他认识所有通过电视走进他房间的名人。他知道他们叫什么，熟悉他们的微笑，知道他们的特点。他们在屏幕上摆出一副"大家都是朋友"，欢迎你加入他们的随意态度。但他却很难想象能真的加入他们。他认识他们所有人，但他自己却不为人知，别人也看不到他的微笑，他的特点对别人无关紧要，也没人知道他叫什么。他还是在地铁里被成千上万不知姓名的局外人推来搡去的不为人知的局外人。这导致严重的非个性化的悲剧。耶和华（Yahweh）能够施加于人的最严厉的惩罚就是删去他们的名字。"他们的名字，"耶和华宣布，"会从生命册上涂抹掉。"[4]

这个无名之辈永远不为人知，这种孤单会变成孤独，这种状态就会使原始生命力附体。他的自我怀疑——"我并不真的存在，因为我影响不了别人"——会侵蚀他的内脏。他在难以形容而有害的孤独中生活、呼吸、行走。难怪他会抓枪向过路人瞄准——他也不知道过路人的姓名。也难怪那些在其社会中不过是些不知姓名的阿拉伯数字的年轻人会结成暴力袭击团伙以确保人们能感觉到他们。

孤独与其继子疏离就可能成为魔鬼附体的形式。放弃自我，屈从于非个人的原始生命力，会驱使我们变成不为人知的人，这本身也是非个人化的。我们以最低级的共同点服务于天性的全部目的，这就意味着使用暴力。

非个人化的原始生命力还存在另一种形式，这是社会的正常表达，至少它部分地表达了这一需求。这就是化装舞会或假面舞会的奇特现象。它以匿名方式激发原始生命力的想象力——我们不知道跟我们跳舞的人的眼睛是谁的眼睛。那一刻，我们从要控制我们个人行为的永恒责任中——这责任的确使人疲惫——摆脱出来。化装舞会、狂欢节、嘉年华节都是社会认可的形式，让我们能够暂时地以匿名形式回到原始生命力的自由状态。我回想起我在地中海国家生活时的经历，在大斋节前的狂欢节 ① 人们纵情宣泄，彻底放松，倍感快乐。他们在狂欢节的宣泄和古希腊人在酒神节的宣泄是相似

_____

① 大斋节，自圣灰星期三开始至复活节前的四十天，在此期间进行斋戒和忏悔。狂欢节，又叫谢肉节、嘉年华节，欧洲民间的节日，在基督教大斋节前三天举行，人们在封斋禁食和禁止娱乐前尽情欢宴歌舞和作乐。——译者注

的。原始生命力的这种文化形式似乎使暴力的冲动宣泄了出去。这种纵情狂欢的快乐最重要的就是它是公众认可的、人人参与的，尽管是暂时的。这些使原始生命力能纵情表达的假面舞会只能存在于公众宣泄与社会认可的大环境中。

非个人化之后的下一阶段便是使原始生命力个人化，无论是在婴儿发展中还是在每个成人的直接体验中都是如此。作为人，就意味着存在于非个人与个人的边界之间。如果我们能够引导原始生命力，我们就可能变得更个性化；如果我们任其发散，我们就湮没在茫茫人海中，毫无个性可言。人类的任务就是通过深化和拓宽其意识，将原始生命力整合在自我之中。使无名之辈个人化需要反抗原始生命力将人推入默默无闻境地的那种趋势。这就意味着我们要拓展我们的能力，打破刺激与反应的机械性锁链。这样，我们就可在一定程度上选择我们对什么做出反应或对什么不做出反应。如果家庭教育很严格，或存在与之相关的创伤性经历，整个原始生命力欲望就会受阻，人们就没有性感觉；或在有些家庭，其成员从不表现出任何愤怒。这些人若被原始生命力控制，就是最终的爆发。这些强烈的欲望不会休眠，如果它们不能以积极的方式进行表达，它们就会爆发或被投射到敌人身上，无论这是个人还是一个群体。诀窍就是不要让我们的意识"使我们原本辉煌灿烂之心变得暗淡无光，像个病夫，失去行动的魄力"，而要将原始生命力力量整合起来而不破坏我们的自发性。这可能是我们所讲的意识的一个新维度。

因而，原始生命力成了个人的魔鬼，是构成自我中心的存在之特殊模式，在这个意义上个人化了。我们现在理解了在像苏格拉底这样个人发展程度如此之高的人身上，他可以感到魔鬼的存在，将它作为心灵指导者。这是与存在相联系的声音，苏格拉底作为一个整体参与其中的存在。

我们注意到，对于原始生命力的评判有着理性的标准，但我们务必不要忘记这个重要的和最令人困惑的问题，我们不可能使原始生命力完全理性。原始生命力具有矛盾的特质，它同时具有潜在的创造力与破坏力。这是现代心理治疗所面临的最重要的问题，也是最具决定性的——因为它决定着治疗最终的成功与治疗的存在。如果我们像许多治疗师那样通过帮助患者适应社会让他养成某种"习惯"，因为我们以为那样对他更好，或通过改造他，使他适应文化的方式，有意无意地回避这个原始生命力的矛盾难题，那么我们会不可避免地操纵患者。里尔克说得对，如果他放弃了他的魔鬼，他也会失去天使。

原始生命力是爱欲的组成部分，凸显了爱与意志，它不断地使我们陷入矛盾的境地，从而使我们的意识保持清醒。我们在心理治疗中所寻求的意识的深化与扩展并不包括解决这些困境——这是不可能解决的——而是要通过使我们提升到个人与人际关系整合的较高水平这样的方式来面对这些两难困境。

原始生命力与知识

知识是原始生命力的另一表现形式。在许多人眼里，物理学家、精神病学家或心理学家所散发的神秘气息既令人崇敬又令人怀疑。不仅是原始人，历史上所有的人都相信，获得了知识就是拥有了战胜其他人的武器。现代人对于这些学者的看法不过是这种古老现象的现代表现形式。如果我掌握了你所没有的关于你或你的世界的知识，我就有了战胜你的力量，这或许和我知道那是怎么回事而你不知道一样简单；但从根本上看，它要复杂得多——这通常会带有知识赋予我特殊魔力这样原始信仰的痕迹。对于精神病学家、心理学家，尤其是精神分析师的仇视（如弗洛伊德所说，他必须挑战原始生命力，而且很难相信他能全身而退）源自其内心深层的恐惧。具有这样专业知识的人，在许多人看来是掌握了其他人没有的关于生与死的知识。因此，就有一种倾向：今天将他像上帝般抓牢，明天又会将他当成可恶的恶魔而与之开战。

知识也是我们自由与安全的源泉。"真理会让你获得自由"[5]，但在我们大力强调知识的获取时，我们已将其当成了单行道——获得的知识越多越好，而我们忘记了知识是矛盾的，是有两面性的，也是危险的。我们现在听到了太多知识带来力量、安全和钱财等的说法，却忽视了就是我们用以表达获得知识的词——"apprehend"也有可怕的意思"apprehension"（忧惧）。在韦氏词典中，我们看到对于 apprehend 的定义是"理解、领会其含义，因理解而掌握"。接下来的意义则是"忧虑、担心、害怕"，其名词形式"apprehension"也一样：第一种意思是"领会"，紧接着便是第二种"对于未来不幸的担忧或恐惧"[6]。

我们的语言中所表现的知识与原始生命力之间这种相互交织的

关系并非偶然。我们可以与俄狄浦斯一起说："了解真相多么危险，但我还是必须了解。"了解真相是危险的，但不了解更危险。

精神分析师可帮你忘记最不需要的东西。患者来治疗时，表面上看是要敞开心扉、暴露自我的，但若治疗师把这一表象当真可就错了。患者所表现出的阻抗与压抑都证明了他们在暴露自我时经历着焦虑与痛苦，这是患者需为其治疗付费的一个原因。如果他们付了费收获却不大的话，那么免费的话他们则一无所获了。这给了我们一个有关阻抗与压抑概念的新的看法——它揭示了人不可避免地存在要隐瞒有关自我真相的要求，这是一个永远都有待讨论的问题：人能够承担多少自知？

俄狄浦斯是了解自我并最终因此付出代价的人类的原型。他充分意识到了知识危险的特质。"哦，我害怕听到，"他喊道，"但我还是要听到。"提瑞西阿斯（Tiresias）力劝他别去探求："知道真相无益时，了解它是多么可怕呀！"这幕戏剧的问题在于，俄狄浦斯应该知道他干了什么吗？俄狄浦斯该知道他是谁及其身世吗？这不是借助于弗洛伊德而指出每个人都干着的同样的事，如果不是在现实中就是在想象中——在现实中通过国家赋予他的战争和群体暴力这一替代手段来实现。事实上，俄狄浦斯与其他人的唯一区别在于，尽管他百般劝说自己不去面对，但他还是面对与承认了自己的所作所为。即使俄狄浦斯的妻子伊卡斯忒（Jocasta）也和大多数人一样认为他还是不知道为好。这表明她的看法代表着生命的一般原则，她抨击所有的预言以及那些编造神话或认真看待原始生命力的人。"别去追究这件事了，"她恳求丈夫说，"无须将梦当真，最好什么都别去想。"最后当得知真相时（记住这一点很重要：当她劝俄狄浦斯别去追查自己的身世时，她也并不知道真相），她绝望地向丈夫哭喊着："天神不让你知道你是谁！"

但俄狄浦斯是个真正的英雄，因为他不会让提瑞西阿斯或妻子或天神或其他任何人妨碍他了解自己。他是个英雄，因为他是能够面对真实的自我的人。这并不是因为他没有发出痛苦的叫喊——他叫喊着，一遍又一遍。但他反复说道："我一定要追查出全部事情的真相。"他还知道没有什么虚伪的豪言壮语。"我诅咒在我躺在荒野中时，从我脚上去掉那残酷镣铐的人。"尽管他诅咒带给他悲惨命运的童年，但他却直面它，并在这个过程中毁灭自己：从一个相对快乐而成功的国王变成瞎眼、脾气暴躁的老人，被放逐到科罗诺斯。但他知道了真相。值得注意的是，这种想要了解真相及其可能带来的所有灾难性后果的勇气，就存在于那个能够回答斯芬克斯之谜、了解人类的人身上。

多少年来，人类试图通过神话来彼此传达知识与原始生命力之间的这种联系。在歌德的《浮士德》中，浮士德这位英雄有着对于掌握知识的如此包罗万象的驱力，以至于将他的灵魂出卖给了魔鬼，并且觉得这代价不大——歌德与神话都以这种方式来说明屈从于如此强烈的获取知识的热情已经变得有害了。亚当和夏娃被逐出乐园，因为他们吃了能辨善恶的树的果子，有了智慧，会像神一样不朽。这个神话刻画了人类意识的产生，说明了意识是带着原始生命力的。普罗米修斯的神话也有着相同的意义："神将文化与艺术透露给人类——其中最重要的便是语言——这等于将自己置于其他神的对立面，因而招致了永远的痛苦。"

我的观点是，我们对原始生命力认识越多，我们就越能利用我们所获得的知识为人类造福。

给原始生命力命名

值得我们肯定的是，对于原始生命力来说，知识对我们具有治病作用的那一方面。"开始是神的话"，而神的话总是与原始生命力有着奇妙与复杂的关系。有的酗酒者倾向于用其他任何说法来称呼其问题，就是不用其真正的名称，借此逃避问题。威廉·詹姆斯以本章开头所引用的精练的句子谈到当他或其他任何患者敢于用直截了当的名称来提及其问题时，疗效就开始显现。"一旦他想要努力地使用其问题的正确名称且毫不动摇，就证明他还保留着这种合乎道德的行为。"[7]

传统上，人们是通过给原始生命力命名来战胜它的。通过这种做法，人类就从先前只是可怕的非个人的混乱中形成了个人的意义。我们只需回想一下历史上为了赶走恶魔而知道魔鬼特定的名称何其重要就能明白这点。在《新约》（*New Testament*）中，基督喊出"Beelzebub"或"Legion"或其他固有的正确名称，魔鬼就会立即离开他们附体的不幸之人。在中世纪能够成功驱魔的牧师都是那些能够说出魔鬼名字的牧师，一旦说出魔鬼的名字就能唤出魔鬼并将其驱逐。

名称是神圣的，命名能赋予一个人超出其他人或物的力量。在《创世记》（*Genesis*）中，上帝将给动物起名字的责任交给了人类。在古代以色列，犹太人不允许说上帝的名字：耶和华（Yahweh，或 Jehovah，意思都是"无名氏"）。在提到上帝时可以不用说出其名字。

在临床实践中，我开始确信，词汇的这一特殊力量，就像禁止给事物命名所表明的那样，与障碍的临床问题有着某些重要关联。在所有文化中都存在一种基本的矛盾心理：词汇使人类区别于自然界其他生物，而词汇对于敢于运用它们的人也是危险的。在治疗中，作家们会大喊："如果我将它写出来，我就要死了！"在犹太传统中，就像对《塔木德》（*Talmādh*）的研究中所显示出的，词汇作为特别意义的载体的重要性得到突出；或许对于在犹太传统背景下长大的人来说，那个作者的障碍更可能是对人的威胁。

关于原始生命力与名字的重要性之间的冲突最早、最引人入胜的叙述是《创世记》第 32 章中雅各（Jacob）与"神使者"的摔跤。起因是雅各与其兄以扫（Esau）间的仇恨：雅各听说哥哥带了 400 人同来。在其中我们发现了兄弟之间爱恨交织的矛盾心理。这也是意志的问题——雅各料定次日必败，于是他很想向兄长认输。这个意志的问题因为负罪感而变得更为严峻——很多年前，他用计狡猾地骗取了以扫生来就有的权力。这个故事阐明了内疚与焦虑——雅各"甚惧怕"——可能导致与原始生命力之间的冲突，我们亦可认为这是精明人与纯朴人之间的冲突：以扫是"纯朴的"，浑身是毛，与雅各这个农夫、播种者相比，他是个猎人、陌生人、局外人。

因此，雅各那晚将妻子儿女留在河的一边，自己却渡河到了另一边去考虑，努力使自己冷静下来，面对次日等待着他的重要考验。对此，《创世记》说道："有一个人来和他摔跤，直到黎明。"这个对手的身份不明，这是这类事件的典型情况。是他对与之摔跤的人有些主观偏见，抑或是一种幻想、恐惧，还是——我们使它更客观些——命运的一个方面或如即将来临的死亡这样、某种雅各无法引发而是生命强加于他而他必须对此妥协的事件？显然，两者兼具。

但在这个故事中，对手的身份颇为含糊：虽然最初将他说成一个"人"，但有些诠释者坚持认为他是天使长。在《何西阿书》（the book of Hosea）中稍后有一段描述了同一事件，同时用了两个词来说明同一个人：Malak 和 Elohim。[8] 前者最初的含义是使者，后者则是神。在希伯来语中，这早期"原始生命力"（如果我可以用我自己的话来替代的话）常指那些身份不确定者，他们的身份只是与某特定的事件相关。如果将原始生命力看作由人类与某一重要事件之间的特定关系构成的，那它就该是这种状态。

但只有一件事是没有疑问的：我们读完了这一事件，发现这个"人"的身份越来越变成神了，直到较量的后期，对手称自己为神，这个人 - 神的地位类似于希腊造物主伊洛斯的"介于两者之间"的地位，既具必死性又具永生性。

当那人发现他战胜不了雅各时，他就撞击雅各的大腿窝，使其已受重伤的腿近乎残废，但雅各还是坚持。最后，这人恳求道："天已破晓，容我去吧！"雅各说："你不给我祝福，我就不容你去。"——雅各，这坚持不懈的人，这种族的祖先，没有问神是否会屈尊祝福他，没有哀求神祝福他；他要求这祝福。现在，我们明白了名字的作用何其重要！那人问道："你名叫什么？"在雅各回答之后，他说道："你的名不要再叫雅各，要叫以色列，因为你与人与神角力并都获胜。"当这个问题与这个时刻一样至关重要时，雅各顾不得礼貌，对他说："请将你的名告诉我。"这时，对手的神特性便表现出来，他只是将这问题挡了回去，使其身份仍不清楚："何必问我的名？"接着，他祝福了雅各。在与神角力中打造出的新特性被新的名字"以色列"确定了，它的意思是"与神较量的人"[9]。

雅各离开之前，又阐明了名字与原始生命力的重要性，他把遇到神的地方改了名："雅各便给那地方起名叫毗努伊勒（Peniel），意思是：'我面对面见了神，我的性命仍得保全。'"（《创世记》，32：30）这再次表明了原始生命力强加给我们的主张。较早的希伯来人的信仰是，见到神意味着死亡。雅各则打破了这一传统——由于他的坚持，他不但看到了神，而且和神摔了跤，并且他活了下来。

如果我们将原始生命力当作人与来自无意识的力量的战斗，这力量也是根植于客观世界的，那么我们就理解了这种冲突是怎样被带到表面的。恰在雅各与以扫的冲突迫在眉睫时，这对雅各而言更麻烦、更有用。当我们与我们内心的问题做斗争时，原始生命力就更有可能出现。正是冲突将无意识的因素带到可被触及的表面。冲突在人的内部预设了某种转换的需求，某种向格式塔的转换，或者说是努力奋斗以获得新生。这便打通了创造的通道。

雅各是富有创造性的人物的原型，是一个宗教形象，但艺术家和作家也与他一样。安德烈·莫洛亚告诉我们："想以写作来表达自我的需求源于对生命的不适应，或来自内心冲突，这些……人无法在行动中解决。"[10] 没有作家是因为他解决了问题而写作，他是因为有了问题并想找到解决之道才写作的。而这解决之道并不包括决心。它包括了意识更深更广的维度，作家借与问题角力而被带入这一维度。我们从问题中创造。作家与艺术家不是在提供答案而是在创造，因为他们感到内心有某种东西试图发挥作用——"去寻求，去发现，不屈服"，借绘画与写作为社会做出贡献便是探索的过程。

但这故事还有最后一个令人困惑的方面——雅各残废了。根据叙述，他离开那个地方时腿就瘸了。雅各的大腿窝被撞击了。现在，他成了跛子。很明显，这与性交类似。在性高潮中也是痛苦与狂喜结合的，这是自我的给予，它常会使人感到有什么东西从其生殖器中心被撕开了。但这更广泛地指作为整体创造性的体验，至于这一创造性时刻的奇特而又令人烦恼的方面，则可能是艺术或思想或道德或——像在雅各那里——宗教。创造性体验的那一方面会将人所有的自我拉入其中，它唤起人的努力与意识，但并不知道他能够产生这样的意识，而他却瘸了。个人完成了创造性的工作就会感到极大的解脱，并比从前更个人化——但也会残废。在经历了数年的痛苦之后，我们常会听到"我再也不是从前的那个我了"。这是斗争之后的痛苦，当事人几乎患上神经症或精神崩溃，尽管这个人在角力后的同时也更为人了。凡·高残废了，尼采残废了，克尔凯郭尔（Kierkegaard）也残废了。这是创造性的人所具有的高度意识之刃的危险性所在，没有人看到神还能保全性命。但雅各确实看到了神，并且他不得不看到神，尽管保全了性命却残废了。这是意识的矛盾，人类能够承担多少自我意识？难道不是创造性将人带到了意识之边疆并推动人超越自我吗？难道这不需要超出人类能力的努力与勇气吗？但它不会迫使意识的边疆后移，这样，那些追随者，就像那些早期美国的探险家，就可以建造城市，生活在那里吗？最清楚的解释似乎是，在创造性的行为中，个体与儿童的天真无邪，或者说与亚当、夏娃的纯真状态离得更远。"本质"与"存在"之间的鸿沟变得更大了。托马斯·伍尔夫（Thomas Wolfe）的书名"你再也回不了家"中的智慧在他的（人的创造性）存在中被描写得更深刻。

在完全的创造性行为所必需的高度意识中——如尼采、克尔凯郭尔、易卜生、蒂利希以及其他挑战神的地位的人的事例中——精神分裂与创造性行为是相伴而行的。从"与人与神角力并都获胜"的人眼中，我们可以看到整个事情经过。即使去边疆，主张与献身也是必需的。尽管真正的自我意识得以实现，但在这个过程中他却残废了。

在治疗中对原始生命力的命名

在给原始生命力取名时，其力量与在当代医疗和心理学治疗中命名的力量非常相似，这是显而易见且非常有趣的。每个人都肯定曾经意识到当他带着疑难杂症去看病，而医生给了这病一个名称时，他就如释重负。一个病毒或细菌名，一个病程的名称，医生就可据以下一两个诊断。

现在，与医生是否能告诉我们病会很快治愈或能否治愈这类事相比，该现象中存在更深刻的意义。几年前，在经过疾病不能确诊的几周之后，我听一位专家说我得的是肺结核。我记得，我大大地松了口气，尽管我完全明白，在那时这病意味着无药可医。可能读者又想出好多种解释。他会指责我很高兴推卸了责任：我可以把责任推到医生这权威身上，从而可以心安理得了；给疾病下了明确诊断，使之不再是个谜了。但这些解释确实是太简单了。即便是后一种解释——确诊了是什么病使它不再那么神秘兮兮的——再往更深考虑，也可发现不过是种假象：对我来说，杆菌或病毒或细菌还是和从前一样神秘，而结核杆菌那时对医生而言还是个谜呢。

这轻松更多的是因藉命名而面对疾病的邪恶世界的行为获得的，医生与我并肩战斗，在这地狱中他比我知道的名字更多，因而也就能够技术性地指导我下地狱。诊断（是从 dia-gignoskein 一词而来，意为"非常了解"）可能被认为是叫出了这病魔名字的现代形式，这倒不是说有关该种疾病的理性信息不重要，但加上给我的这些理性资料，我获得了比信息本身更重要的东西。对我而言，它变成了一种象征，象征着走向新生的变化。这名字是某种态度的象征，我必须以这种态度来面对疾病这样一个邪恶的世界；疾病表现了一种神话（一种完全的生活方式），它在告诉我现在必须调整并安排好我的生命，无论是得了4周感冒还是患了12年肺结核都是这么回事，时间长短并不是关键，关键在于生命的质量。简而言之，我借以确定身份的形象通过刻画疾病这个自然过程中的魔鬼的神话而改变了。我部分地成了一个新的人，我该被介绍加入一个新的群体，并取个新名字。[11]

相比医学治疗，这种现象与心理治疗的相似之处更多。许多治疗师，像艾伦·威利斯，将他们的任务说成"给潜意识命名"。每一位治疗师必定铭记着他与患者相处的每一个小时，当他给患者的心理"情结"或行为模式以名称时所产生的奇特力量必定给他们留下了深刻的印象。如果治疗师说患者害怕其对原始场景的记忆，或者说他有"转换型恋亲情结"，或者说他是一个"性格内向"或"性格外向"的人，或者说他有自卑感，或者说他生老板的气是因为"移情"的缘故，或者说他今天早上不能谈话是因为"阻抗"——如果治疗师说出这些术语中的任何一个，令人惊奇的是，这些术语本身似乎就在患者身上起了作用，他放松下来，仿佛他已得到了什么有重要价值的东西。确实，有人可能会讥讽精神分析师或任何治疗，说患者付钱是去听某些看似神奇的词，他觉得听到几个深奥的术语这钱就花得值！而这易受精神分析敌手攻击的现象只是一种治疗的模仿而非真正的治疗。

有人说患者得到安抚是因为"命名"帮他解了围。他推掉了责任，因为这该由科学的过程来负责而不该归罪于他。不是他这样做的，是其"潜意识"这样做的。这种说法道出了一些客观真理。大多数患者为其过错承担了太多责任，而对于他们能够做些什么却未承担起应有的责任。而且，从其积极方面看，命名会使患者感到他与"科学"这大规模运动结为盟友；并且他也不感到孤独了，因为其他各种人也和他有着同样的问题。命名使他确信治疗师对他感兴趣，并愿意引导他穿过炼狱。给问题一个名称等于治疗师在说："你的问题是可以被了解的，它是有原因的；你可以站在它的外面来看它。"

但治疗过程的最大危险恰在于此：对患者而言，命名不但会用于帮助他改变，而且可作为改变的替代品。他可能借诊断这些问题的名称、谈论症状来逃避，以求暂时的安全，然后就不必将意识用于行动和爱了。这是现代人的重要防御伎俩，即理智化——用词语来替代感觉与体验，词语往往既可以揭示原始生命力又有掩盖它的危险。

包括额叶切除术在内的其他治疗形式也可能"除去"原始生命力。詹·弗兰克（Jan Frank）博士在对 300 位患者接受额叶切除术前后对比的研究中，举了一个令人痛心的例子："我的一位患者，"他写道，"一位患有精神分裂症的医生，在手术前抱怨说在做一个噩梦：他在竞技场被野生狮子包围着。而手术后，梦中的狮子不再吼叫，也不可怕了，而是静静地走开了。"[12] 当我读到这个例子时，我有一种莫名的不安，我很快便意识到那是因为我感觉到了那静静走开的是对此人的生命十分珍贵的潜力，他因此而变得贫乏了。

当一项治疗是麻醉原始生命力，使之镇静，或使用其他方法回避它而非直面它时，这项治疗就是失败的而非成功的。在埃斯库罗斯的《奥瑞斯忒亚》中，复仇女神或原始生命力被叫作"睡眠打扰者"。在剧中，在他弑母之后，他们使之陷入疯狂。但若不去想它，在弑母之后的那个月，奥瑞斯忒亚熟睡之后，十分重要的东西就消失了。只有在结束"命运之罪使个人承担责任"这样的模式达到新的统合之后，其才有可能入睡，就像三部曲《欧墨尼得斯》（The Eumenides）最后一部中那样。

在奥瑞斯忒亚被宣判无罪后，阿波罗要改变复仇女神——这时魔鬼是愤怒、复仇的象征。阿波罗是被高度尊重的理性的代言人。他是靠着逻辑平衡、被接受的形式，以及文明的控制而生的。他认为，这些原始的、古老的复仇女神——如曾存在——是非理性本我的代言人。她们在夜晚折磨人，让他们无法入睡、无法休息，让他们离乡背井。

但阿波罗没注意到，而雅典娜让他不得不认识到的是，在他理性的超然态度中，也和复仇女神的原始愤怒中一样存在着残酷与执拗。雅典娜在其自我中与相反的极点相协调（"不是母亲所生"这一事实赋予她这一象征意义）[13]，在她拒绝阿波罗时充满智慧：

> 而这些人（复仇女神）也有她们的职责，我们不能无视她们的存在。如果如此行动以致她们落败，她们怨恨的毒液将污染我的土地，使我的土地寸草不生。这是两难的选择，我该留下她们还是赶走她们，这是难以决定的并且会造成伤害。[14]

她阐明了弗洛伊德在维多利亚时代所阐述的心理治疗的洞见。

唉，这是我们这个时代没有上的一课：如果我们压抑了原始生命力，我们会发现这些力量会回来，使我们得病；然而，如果我们让它们留下，我们就得为了整合它们、为了避免被这非个人的力量战胜而奋力挣扎上升到一个意识的新高度。而这两种选择都会给我们带来伤害。（这是多么令人耳目一新的至理名言，可以将这当成座右铭，挂在心理治疗师办公室的墙上。）

但在这部戏中，对于原始生命力的接纳也为人类的同情与理解的发展开辟了道路，甚至将其提高到伦理道德的意识水平：雅典娜继续劝说她们留在雅典，让她们作为这座城市的保护神受人敬奉。她通过接受复仇女神并欢迎她们留在雅典使人民富足安康。

而今，随着每一种存在的新形式的产生——复仇女神已改名换姓，我们这历史悠久的象征又回来找我们了。她们从今往后被叫作欧墨尼得斯，意思是仁慈女神。它多么深刻而有力地说明了仇恨的原始生命力也可成为保护者和通往仁慈的途径。

现在，我们该讨论与原始生命力对话的最终意义了。古人借"词"来表达怎样的意义呢？他们提到逻各斯——这现实的有意义的结构，它是人类建构形式的能力，并突出了其语言与对话的能力。"开始是神的话"，这既是基于经验的又是神学的。人最初为人、区别于猿或尚未有自我意识之婴儿之处便是语言的潜力。我们发现，治疗的一些重要作用是基于语言结构的基本方面。词揭示了原始生命力，使它现身于光天化日之下，这样我们便可直接面对它。词给了人类战胜原始生命力的力量。

神的话借助象征与神话，以其原初的、强有力的形式进行交流。而且重要的是别忘了任何治疗的过程——即使是我们得了常见的感冒的人该怎样对付病毒这样的问题——都是个神话，是一种观察与评估自我及其身体和这个世界的关系的方式。除非我的疾病改变了我的自我形象、我的自我的神话，否则我不会从疾病的伤痛中发现机会重新审视自己，并有可能获得自我意识，这样我就不能有真正可称为"治疗"的任何收获。

我们已经知道原始生命力最初是非个人的，我是被性与情绪驱动的。第二阶段则是加深与拓展意识，我借此使我的原始冲动个人化。我可将性欲转化为与我渴望和选择的女性做爱和被她爱的动机。但我并不就此打住，第三阶段便是对将躯体作为人（藉由生理的类推）以及人类生命中爱的意义（藉由心理与道德的类推）的更敏锐的理解。这样，原始生命力便将我们推向逻各斯。我越是向原始生命力的脾性让步，我就越会发现自我在本体的普遍结构中构想与生存。这种朝向逻各斯的倾向是超个人的。因而我们是从非个人，经由个人再到意识的超个人范畴。

注释

[1] Spiegelberg, p. 236. 黑格尔也看到了它的积极一面。在苏格拉底看来，威胁不仅是灾难，它是"包括灾难与治愈两者的原则"。

[2] 以"接生婆"这样谦卑的说法自称，因为其作用不是告诉人们终极真理，而是以提问的方式将他们内心的真实从中拉出来。在苏格拉底的谦恭背后隐藏着多少讽刺意义无人能知。无论如何，他总是会将一般的心理治疗师描述成"接生婆"。

[3] 保罗·利科教授与我的一次私人谈话。

[4] Ex. 32: 32; Ps. 69: 28; Rev. 3: 5.

[5] John 8: 32.

[6] *Webster's Collegiate Dictionary.*

[7] James, I, p. 565. 斜体字是 James 所标。

[8] 这一观察应感谢哥伦比亚大学的托马斯·劳斯。

[9] *The Holy Bible*, rev. stand. ed. (New York, Thomas Nelson, 1952), Gen. 32: 30, p. 34.

[10] *The New York Times*, October 10, 1967, p. 42.

[11] 当王子被拥立为国王或主教就职，他就呈现一种新的存在，并被以新名字命名。在我们的社会中，当一位妇女结了婚，她就随夫姓，也是象征性地反映了她的新的存在。

[12] Jan Frank, "Some Aspects of Lobotomy Under Analytic Scrutiny," *Sychiatry*, vol.13, February, 1950.

[13] Aeschylus, *The Eumenides*, in *The Complete Greek Tragedies*, p. 161.

[14] 同上，p. 152。

第二部分

————

意 志

第七章

意志的危机

这是我们真正的困境。我们惧怕人类，同时也失去了人类
之爱、人类的主张以及人类的意志。

——尼采

我和一位朋友共进午餐，他看上去很沮丧。吃了没多久，他告
诉我他在想着周末发生的事。他的 3 个 12 ～ 23 岁的孩子花了几个
小时说明他是如何导致他们的问题的——即使他不对此负责，至少
他也是始作俑者。他们对此的结论是：在他与他们的关系中，他没
有做出足够清晰的决定，没有采取足够坚定的立场或建立一种足够
坚实的结构。

我的朋友是个敏感的、想象力丰富的人，在他自己的工作与生
活中都相当成功，其父母都是严厉的、"有主见"的人。但他知道
他永远不能以那种维多利亚式的"意志力"模式养育孩子。同时，
他与妻子也从不热衷于当维多利亚主义被打垮时用以填补这真空的
过度纵容的普遍做法。他和我谈这些使我感到痛心，因为我意识到
当今似乎每位家长都在以某种形式表达着同样的痛苦与迷茫，这都

汇集成他们提出的问题：家长如何为孩子做决定？一位父亲应当如何表明其意志？

这种意志的危机会对"神经症患者"与"正常人"——躺椅上的患者或坐在椅子上倾听他们的精神病学家与心理学家——造成同样的影响。我说的这个人并非求治的神经症患者，但他却经历着意志与决定的矛盾，这是对我们所生活的这个过渡时期心理剧变之不可避免的表达，我们所继承的意志与决定之能力的根基无法逆转地被摧毁了。而且，即使不是可悲的，也是具有讽刺意味的是，恰在我们这个时代——力量极大地增长而决定是如此必要与至关重要的时代，我们却发现自己缺少了任何新的意志之基础。

个人责任的削弱

弗洛伊德最伟大的贡献之一在于他穿透了维多利亚式的"意志力"的无益与自欺，那种"意志力"被我们19世纪的先辈认为是使他们下决心的能力，据说可指导他们循着理性与道德之路生活，这是文化规定他们应当走的道路。我说这可能是弗洛伊德的最大发现，是因为正是这种对于维多利亚式的意志力导致的病态结果的探索将他带入被他称为"无意识"的领域。他揭开了一片广阔领域，在其中，动机与行为——无论在抚育孩子、做爱或经营企业还是策划战争方面——都是由无意识的欲望、焦虑、恐惧以及无穷的身体驱力与本能力量决定的。在描述"愿望"与"驱力"而非意志是如何驱策他们时，弗氏阐明了一种新的形象，这种形象动摇了西方人情感丰富、有道德与智慧的自我形象之根基。通过他透彻的分析，维多利亚式的"意志力"确实被证明是一张合理化与自欺的网。现在，在他对于自夸的维多利亚式"意志力"病态这一方面的诊断上，他是完全正确的。

但随之而来的却是不可避免的意志、决定以及个体责任感的削弱。人的形象是被决定的——不再是驱动，而是被驱动。正如弗氏所说的 [他同意果代克（Groddeck）的话]，人是"靠无意识生活的"。"那是深深扎根于心里的自由与选择的信念，"弗洛伊德写道，"……是相当非科学的，并且必须在掌握着精神生活的决定论之主张面前退让。"[1]

现在，无论这观念在理论上是否正确，它都具有十分重大的实践重要性。它反映了、合理化了现代人最为普遍的倾向，并且给这种倾向以可乘之机——这种倾向几乎成了 20 世纪中期的流行病——将自己视为心理驱力强大的、不可抗的力量之被动的、无可奈何的产物。（我们还可像马克思那样从社会经济学层面加上经济的力量，以与弗洛伊德同样出色的分析来说明。）

我不是说弗洛伊德和马克思"导致"这种个人意志与责任的损失，更确切地说，伟人反映了从文化深层出现的问题，他们表达，然后对其发现进行诠释，形成体系。我们或许不同意他们对其发现的解释，但我们却不能否认他们发现了它的事实。我们忽视与轻视弗洛伊德之发现，就不能不将我们与我们自己的历史割裂开来，毁坏我们的意识，失去穿越这危机、走向意识与整合新层面的机会，人的自我形象将永远不再相同。我们唯一的选择就是在我们吹嘘的"意志力"之破坏性面前撤退或向意识整合的新高度挺进。我不希望选择前者，但我们亦尚未达到后者；而我们的意志危机使我们卡在二者之间无法动弹。

因意志的削弱而产生的进退维谷的困境在弗洛伊德自己的精神领域也变成了棘手的问题。精神分析师艾伦·威利斯在写以下的话时对该问题尤为敏锐。

> 对于久经世故的人而言，使用"意志力"一词可能成为幼稚的最明显标志。靠自己的努力走出神经症的悲惨境地的努力已不时兴了，因为意志越强就越可能被贴上"反恐惧策略"的标签。意志已黯然失色，而无意识却继之而占有重要地位。从前，人的命运是由意志决定的，现在则是由被压抑的精神生活决定的。博学的现代人将背靠在轮子上，这样他们就无须努力行动了。意志之价值被贬低了，几乎不可能给予它更高的价值。在我们对于人类本性的理解中，我们获得了决定论，失却了决心。[2]

这种将自己视为决定论产物的倾向在近几十年间传播开来，这还包括当代人认为它是以原子动力形式出现的科学动力的无助的客体化之观点。当然，这种无助被原子弹生动地表现出来；普通市民对此感到无能为力。许多知识分子目睹它的来临而以他们自己的话发问：是否"现代人退化了"[3]？但在近十年的重要发展是，这是所有人的共识，甚至看电视或电影也能意识到这一点。最近的一部电影直言不讳地对此进行了表达。"原子时代杀死了人们对于有能力影响发生在自己身上的事情的信仰。"[4]的确，公平地说，现代人"神经症"的核心是削弱了对于自己责任的体验，削弱了他们的意志与做决定的能力。意志的缺乏远不止是道德问题。现代的个体常常认为即使他施加了自己的"意志"——或无论何种冠以此名的幻想——他的行动反正也没什么好处。正是这种重要性之内心的体验、这种意志的矛盾，构成了我们的严重问题。

意志之矛盾

有些读者可能会反驳说，人类从来就不那么强大，无论从个人机遇还是从集体对于自然的征服来说都是如此。当然，对于人类伟大力量的强调正是我所说的意志之矛盾的另一方面。正常个体对其所做决定感到无力，陷入自我怀疑之中时，同时也确定他这个现代人什么也做不了。上帝死了，而我们又不是神——是因为我们未能通过我们的实验室与广岛上空的原子弹爆炸重现耶稣吗？当然，我们是反其道而行之的：上帝是从混乱中建构制度，我们则是从制度中制造混乱。而在人类内心某个隐秘之处，很少有人不害怕我们若不趁早从混乱中恢复制度就会导致死亡。

但我们的焦虑很容易被我们所处的这个新时代的、不会再有蛇的伊甸园中的兴奋与魔力掩盖。我们的广告连珠炮似的告诉我们，新世界就在每一张机票的终点和每一个人的保险单上。插播广告一小时又一小时地承诺我们日常的幸福，告诉我们可以从以下方面获得巨大力量：我们可以利用电脑，有大众传媒技术，新的电子时代可重组我们的脑电波以使我们以新方式去看、去听；我们有控制论，有可靠的收入；我们有为每个人存在的艺术，有新的、永远令人惊异的自动化教育的形式；用迷幻药 LSD 可以"扩展头脑"，释放曾寄希望于精神分析师的巨大潜力，现在——多亏有了这巨大发现——我们可以毫不费力地、快速地获得这种药；我们有可以重塑人格的化学技术；我们在开发可替代衰弱的心脏与肾的塑料器官；我们在发现如何防止神经疲劳，这样人就可几乎长寿；等等，不一而足，永无止境。难怪听者有时会疑惑自己是不是那受赐予者，是不是接受所有这些天才祝福的人——抑或不过是麻木的替罪羊。当然，他两者都是。

在几乎所有这些巨大力量与自由的承诺中，作为接受者的市民便被期望扮演被动角色。不仅是在广告中，而且在教育、健康、毒品问题上，新发明都为我们处理妥当了。无论怎样巧妙地放置，我们的角色都是服从，接受这祝福，心存感激。这在原子能领域和可能将新的星球与我们的星球联合的广阔的太空探索中非常明显：你我除了以匿名的、复杂曲折的渠道纳税和观看电视中的航空飞行外，与这成就毫不相关。

例如，通过服用毒品或"意外事件"来探索新世界所用的词是"开启"，这个词的积极含义是，削弱了维多利亚主义的"我是我灵魂的统帅"，除非我用自己加尔文主义的努力和肌肉迫使其发生，否则什么也不会发生之谬见——这是唯意志论的自大，实际上缩小了我们的经验，几乎扼杀了我们的感觉。"被开启"一词指让我们自己被刺激、被控制、被开放。但我们"开启"电器、打开电视、启动机动车也用这个词并非偶然。矛盾也很明确：我们从维多利亚时代的"意志力"和产生了令嬉皮士厌恶的沉闷的工业文明走到了"自由"，那可能根本不是意识的扩展，而是使我们以更有力、更巧妙的形式成为机器的形象，迷幻药被说成沉闷的、非个人的机械文明的药品。但机器本质上是站在我们与自然之间为我们做事的。难道服用药物的本质中不是与使用机器含有同样的元素，也会使我们被动吗？我们奇怪的困境是那使得现代人如此强有力的过程——原子及其他各种技术能量的辉煌发展——也是使我们无力的过程。我们的意志不可避免地被削弱。许多人告诉我们："不管怎么说，意志都是个幻想。"这似乎只是重复了这个显而易见的事实，就像兰恩所说，用"狂热的被动性地狱"将我们捕获。

而且，只有当我们面对包围并塑造我们的势不可当的非个人力量而最感无力时，我们才会被驱策为更广阔、更非同寻常的选择负起责任，这一事实加剧了这两难的困境。想想不断增加的闲暇时光，每天只需工作4～6小时的人数不断增加，对他们而言，选择是必需的。已有证据显示，如果人们不能用有意义的活动来填补空虚，他们就将面对冷漠。它滋养了阳痿、毒瘾，以及自我毁灭的敌意，或者是服避孕药，尤其是现在正在研发的、可事后服用的紧急避孕药，这新的自由——主要是对于性关系选择的完全的自由——恰好是"选择"一词的反映，如果这不是无政府状态的话，那么它现在是需要个人选择性体验的价值或至少是参与其中的原因。但这种新自由又出现在通常作为选择（或反叛，这也暗示着一种结构）基础的价值大多很混乱的时期，此时社会、家庭和教堂等对于性的外部指导混乱到要崩溃。这自由所赐的礼物没错，但它加在个体之上的负担也确实很沉重。

或者再想想身体健康领域的矛盾。医疗技术的迅猛发展伴随着专业化的增加，使患者不可避免地成为治疗的客体，使患者匆忙给其医生打电话询问的不是其疾病的有关建议，而是今天早上该去看哪位专家，或者去哪个X光室，或者去哪家医院。这一过程变得更加非个人和卡夫卡式了，患者的责任越来越少。但这一切只发生在患者的疾病变得越来越个人化的时候，就像心脏病和老年病，疾病对自我的影响越过了对身体特定结构的影响。人到老年，必须接受身体的限制、自我的限制、最终死亡的结果，这是千真万确的。而对这些疾病的"治疗"或处理只会拓宽和深化患者自己的意识与其身体的关系，并使之积极地参与到其自身的治疗中。

这种能够使人肯定而非破坏性地反抗像心脏病、老年的衰弱和走向死亡这样的限制之意识从前被称为"精神力量"。其最佳形式是接受与和解的过程，这赋予人某些超越他是生是死这个问题的观点与价值，而使他可能做必要的决定。但这种意识的精神基础之旧有形式在我们现代世俗社会的大部分领域已不复存在，而我们又尚未发现这种价值的新基础。

尤其是对于用人造器官替换身体本身的器官以及战胜疲劳，可以选择活多久可能会成为你真正的选择。最终的决定基于这个问题：你想活着吗？如果是，那么想活多久呢？——这问题从前是在自杀是可能的这个理论基础上提出的形而上学的问题，现在却可能成为我们每个人的现实选择。医疗界如何决定人们能活多久呢？答案往往是，这个问题必须留给哲学家和精神学家。但能帮我们的哲学家们又在哪儿呢？哲学，在其学术意义上，被认为像上帝一样"死了"[5]。无论如何，我们当今的哲学——存在主义完全不在此列——关心的是形式问题，而非这些至关重要的生命问题。既然我们已和为上帝守灵的神学家们告别了，我们就只能回去打开最后的遗嘱。评估遗产时，我们发现了我们的损失。我们继承了大量的物质财富——但却未继承到那些有价值的东西，它们是那些神话与象征的来源、那负责任地选择之基础。

弗里德里希·尼采，这个在维多利亚时代以令人惊叹的机敏看到了即将到来的情形的人，是首先宣告"上帝死了"的人之一。但与我们今天的宣告者不同的是，他敢于面对其结果。"当我们这个地球摆脱了其恒星时，我们该怎么办？……我们现在该迁移了吗？摆脱所有的恒星？难道我们不是在不断地坠落，前后左右，在各个方面，还有上和下吗？在通过无尽的虚无时，难道我们没犯错吗？难道我们没有感到在空洞空间的呼吸吗？它不是变得更冷了吗？难道不是永远都是一个黑夜接着一个黑夜地来临吗？……上帝死了！"[6]尼采以这样深刻的反讽来描述自己的迷惑，以及由迷惑导致的意志的瘫痪。这出自一位精神病患者之口。"更惊人的事件即将到来。"这精神病人在其譬语的最后说道。现在，它落在我们身上。它的确是惊人的事件——人类处于或存在于新世界的诞生之点或正走向毁灭之地。

因此，意志的危机并非产生于个体世界中力量的存在与否，而是产生于存在与不存在之间的矛盾——其结果便是意志力的丧失。

约翰的病案

我们的临床工作给这个意志危机提出了一些相似案例并为我们理解这个普遍问题提供了线索。我的同事——西尔瓦诺·阿瑞提（Sylvano Arieti）博士在一篇重要的论文中提出了紧张症是意志的即非神经支配系统的失调，接着说明：紧张症在他研究的病态世界中与在我们的现实世界中同样是内心的胶着状态。紧张症的问题取决于价值与意志，而胶着是对其经历的矛盾的一种表达。

阿瑞提教授描述了一位叫约翰的患者，他是天主教徒，30多岁，是一位聪明的自由职业者，由于其不断增强的焦虑被送到阿瑞提处医治。这种焦虑使他想起10年前他发展成完全的紧张症的情景，为防止这一情景再次出现，他去求治。我将提供部分阿瑞提教授的病案报告摘要，尤其是有关最初紧张症情景的描述。[7]

约翰是家里4个孩子之一，他回忆了其幼年时期焦虑发作的情况。他还记得他是多么想黏着抚养他的姑姑。他姑姑有当他面脱衣服的习惯，这使他产生了兴奋与负疚交织的复杂感觉。在9～10岁之间，他试图与其朋友发生同性恋关系。自此之后，他就在逃避同性恋欲望以及习惯性自慰……他特别羡慕马，因为"它们从如此优美的身体中排出如此漂亮的粪便"[8]。

他在学校表现良好，青春期后对宗教产生了浓厚兴趣。他曾考虑当修道士，专门为了控制其性冲动。这种控制的方式与其一个过着放荡生活的姐妹正好相反……大学毕业后，他决定做一次彻底的尝试，把性从其生活中消除。他还决定到一个为年轻人开放的农场去度假休息，他可在那里砍伐树木。然而，在这个农场里，他变得焦虑与绝望。他越来越憎恨其他同伴，他觉得他们粗野渎神。他感到就要崩溃了。他记得有天晚上心想道："我再也无法忍受了，我为何会这样无缘无故地如此焦虑？我一生没做错什么。"但他想，或许他所体验的是符合上帝意志的，以此来控制自己。

妄想与强迫性冲动越来越明显，他发现自己"对自己的疑虑怀疑，又怀疑对其疑虑的怀疑"，然后，陷入强烈的恐惧之中。一天，在这恐惧中，他注意到了他所想表现的行为与其实际行为之间的矛盾。比方说，当他想脱衣和甩掉一只鞋时，他却扔掉了一块木头……他头脑清醒，能察觉到正在发生的事，却意识到他控制不了其行为。他认为他会犯罪，甚至可能杀人。他心想："我实在不想待在这个世界，想待在另一个世界，我努力向好但却做不到，这太不公平。当我想要一片面包时，我可能会杀人。"

接着，他感到似乎他要采取的某项行动或行为可能不但会给自己，而且会给整个营地带来灾难。他为了保护整个团队，就不动，不作为。他觉得他成了他兄弟们的管家。恐惧变得如此强烈，以至于它实际上抵制了他的任何行动。他吓呆了，用他的话说，他"看到自己凝固了，就像个雕像"[9]。他意识到一个意图——杀了自己（死总比犯罪强）。他爬到一棵大树上跳下来，但只受了点挫伤，被送进了医院。在医院里，他一动不动，就像个石雕。在其住院期间，他试图自杀了 71 次。虽然通常他都处于紧张症状态，但他偶尔也会做出一些冲动性的行为，比如将撕碎的紧身衣做成绳子上吊。

当阿瑞提博士问他为什么非要反复自杀时，他给出了两个原因：第一个原因是减轻罪恶感，阻止自己犯罪；但第二个原因更奇怪——自杀是唯一可以超越不动性障碍的行动，因此自杀就是为了生存，这是给他剩下的唯一的生之行动。

一天，他的医生对他说："你总想自杀，难道生活中就没什么你想要的东西吗？"约翰费了很大的劲儿嘟囔着："吃，还是吃。"医生带他到患者食堂，告诉他："你想吃什么就吃什么吧。"约翰立刻抓起一大堆食物狼吞虎咽地吃了起来。

我们不必细究紧张症的其余细节以及他怎样克服它。还是让我们注意几件事。首先是他在营地暴露出的同性恋冲动。其次是他从宗教中寻求庇护。最后，强迫症机制以及最初与这种焦虑相联系的任何行为都必与性的感觉有关的事实扩展到每一行为。每一行为都担负了责任感，成了道德问题。每一行为不是被看成事实，而是被当成价值。阿瑞提注意到约翰的"感觉令人联想到其他紧张症患者所体验到的宇宙的威力或否定万能性，他们相信他们通过行动能导致宇宙的毁灭"[10]。

我们在约翰身上看到了意志的根本冲突，这是与其特有的价值观紧密相连的。对我而言，医生的"你想要什么吗"这个问题是非常重要的，因为它表明了通过简单的愿望得到的重要性，这不是每一项意志行动的出发点。阿瑞提指出，当一个人像约翰那样承担了巨大的责任时，他的被动是完全可以理解的，这并非催眠意义上的因袭态度的转移，"患者遵守着命令。因为这些命令是别人下达的，所以他并不需对此负责"。在极端形式中，这与令我们困惑的老年人会变得冷漠的情况相同。可是，约翰在麻痹、无意识中渴望有人为他承担责任。

这样的患者处于一种"意志力与病态强烈的价值感相联系的状态，以至于令人痛苦的责任达到了一种极端强烈的地步，这时患者的一个小小的行为都会被认为可以毁灭世界"。"哎！"阿瑞提接着说，"精神病患者大脑中的这个观念使我们想到今天它可能会变为现实，现在按一下按钮就可能有毁灭世界的后果！只有紧张症这样巨大的责任感才可包含这种迄今为止都不可想象的可能性！"[11]

与约翰相比，在相对正常的人身上，处于困境的意志只能在暂时保证其生存的折中中寻求庇护。因此，在意志危机的时刻，我们便看到了抗议的两难困境。当我向一些学生团体询问有关校内学生对于越南战争的观点时，他们回答说分歧不在那些"支持"与"反对"这场战争的人之间，而是在一方抗议者与那些抗议反对另一方抗议者的人之间。现在，抗议部分是建设性的，因为它通过对它做出否定的表示来保持意志的外观。我知道我反对什么，即使我不十分清楚为什么。实际上，两三岁的幼儿站在父母的对立面的能力对于人类意志的出现是十分重要的。但若意志一直抗议，它就会依赖于它所抗议的事。抗议是发展不完全的意志，就像孩子要依赖于父母一样，它也需从敌方借力，这会渐渐掏空意志的内容。你往往是你对手的影子，等待着他移动，这样你才能动。你的意志迟早会变空，接着便可能被迫退回到下一道防线。

这下一道防线就是责备的投射。我们在每场战争中，都能发现对失败无意间的承认使原始生命力整合的例证。例如在越南战争中，国务卿腊斯克（Rusk）和政府谴责越共的变本加厉，而越共——以及那些国内反战人士——则谴责腊斯克及美国政府。借谴责他人而得到自以为是的安全感给予人们暂时的满足。但这表现出的已不只是我们历史状况的过分简单化，我们为这种安全感付出了沉重的代价。我们的默许给了我们的对手决定权，谴责敌人、暗示敌人而非自己有着选择与行动的自由，我们只能够对此做出反应。反过来，这一假设又破坏了我们自己的安全。因为最终我们违背了自己的意愿，把手里所有的牌都给了他，所以意志被进一步削弱了。我们在此看到了一个所有的心理防御自相矛盾之结果的范例：它自动将权力交付敌手。

在这些令人不满的举措中，意志的行动变得越来越反反复复绕圈子，最终就变为冷漠。而倘使冷漠不能被转化为动力，为接受眼前的问题而推向意志的更高层次，个人或团体就趋向于放弃自我决定的能力。在这种意志瘫痪的状态下要避免冷漠，个体就迟早需要问：在我自己身上可能有什么是导致不能行动的原因或造成该状况的因素吗？

精神分析中的意志

心理学和精神分析是如何面对意识危机的呢？我们开始注意到弗洛伊德的维多利亚式"意志力"之破坏性在我们整个时代是如何成为削弱意志与决心的一种表达的。我们还看到精神分析师自身也为意志混乱使我们陷入困境而忧心忡忡，他们指出，我们已"获得了决定论而丧失了决心"。威利斯在我们前面引用的文章中提醒我们："意志至关重要的在于这样一个事实……在从平衡转为变化的过程中仍有可能是决定性因素。"[12]

在心理学分支以及其他学科，如哲学及宗教中，有思想的人一直追问有关心理分析过程本身对患者的意志是如何处理的这样的关键问题，其中一些结论是否定的。"精神分析是一套用以使人优柔寡断的系统性训练。"普林斯顿大学和纽约市立大学的教授希尔文·汤姆金斯（Silvan Tomkins）指责道。他本人也做过数年的精神分析。"精神分析实际上就是一种疾病，其治疗主旨就是需要治疗的。"据说卡尔·克劳斯（Karl Kraus）也说过这样一些尖锐的话，同样指出精神分析为现代人放弃自主权的趋势推波助澜。

有迹象表明，精神分析的科学与专业已步入危机状态。危机的一个表现——现在已呈现在我们当中并且无法回避——就是正统的弗洛伊德派中的著名成员也转而反对精神分析。[13] 他们的发展听上去很像某些当今的神学家们"上帝死了"的哀叹。而且，这个精神分析的上帝可能实际上已经死了，就像神学家的上帝一样，它被误解了。

危机的根源中心在于精神分析在解决意志与决定问题上的失败。如果在实际中弗洛伊德所说的理论上的完全决定论是真实的，那么没有人会在精神分析中被治愈。其反面同样是真实的：如果我们认为有一种完全的非决定论，比如说，如果我们凭借新的突发奇想和决心就能将我们自己交与平淡的自由，那么就没有人要那么麻烦地向心理医师求助了。实际上，我们发现人们的问题是顽固的、难驯服的、很麻烦的——但我们发现它们是能够改变的。因此，我们需要进一步寻找能够改变它们的东西。

无论学院派的心理学家个人认为自己的道德行为是怎样的，他们都倾向于接受这样一种观点，即认为作为心理学家，我们只关心在一个确定的框架内什么可以被决定、可以被理解。这种理解的局限性不可避免地会影响我们的洞察力。我们将人改造成让自己看得见的形象。心理学家倾向于抑制力量问题，尤其是非理性力量问题。我们从字面理解亚里士多德的格言：人假设自己只是理性动物，而非理性只是暂时的心理失常，是可通过对于个体的正确教育来克服的。或设若病态到严重程度，亦可通过对其自身情感失调的再教育恢复理性。人类凭借上述看法而成为理性动物。当然，阿尔弗莱德·阿德勒（Alfred Adler）的生理学中会有对力量的关注，但在其社会自卑情结及为获得安全感而奋斗的信念中，那不过是个副标题。在弗洛伊德的原始的同类相食与攻击本能的假设中也有力量的成分，但也仅是因用于指严重病态而倾向于完全合理化。对力量的压抑使心理更易于放弃意志而抓住理论的决定论，因为决定论那至关重要的原始生命力作用那时尚未公开化。[14]

但在精神分析和心理治疗中，治疗师面对的是痛苦的活人。他们意志削弱的问题变得日趋严重，因为理论与心理分析的过程以及大多数其他心理治疗的形式不可避免地在患者被动的趋势中发挥作用。就像奥托·兰克和威廉·赖希在20世纪20年代开始指出的那样，精神分析本身就包含着消耗其活力，倾向于不但削弱精神分析处理的现实，而且削弱患者改变的力量与倾向的固有趋势。在精神分析早期，当无意识揭示明显的"令人震撼的"价值时，该问题还没太公开化。在弗氏理论发展时期，歇斯底里症患者占其患者的大多数，而在每一例病案中，确实存在着一种动力推动人们进行表达，这种动力包含在弗氏所称"压抑的力比多"中。但现在，我们大多数患者以各种形式表现"强迫性"，人人都知道俄狄浦斯情结，表面上可自由谈论性：这种表面上的自由可将弗氏的维多利亚式患者惊得从躺椅上跌落下来（实际上，谈论性是避免对爱与性之关系做出任何真正决定的最便当的方式）。在这样的情况下，困境便因意志的削弱而产生，决定也无法回避。"重复强迫性"往往是一个在经典精神分析背景下顽固的、难以解决的问题。而依我判断，其根本上是与意志危机相关的。

而其他形式的心理治疗也无法逃避精神分析的困境，即心理治疗本身的过程存在一种使患者放弃其作为决定的行为者之身份的固有趋势。"患者"这名称本身已决定了这一点，不但治疗中自动的、支持性的成分有这种趋势，而且其诱惑亦存在这种趋势。患者与治疗师易于屈从这种诱惑，寻找任何其他理由为其问题负责而不从其自身寻找原因。自然，所有分支与流派的心理治疗师迟早会意识到患者必须做出某些决定，学会自己负责；但大多数的心理治疗理论与技术倾向于把其恰好建立在相反的前提下。

幻想与意志

对于意志与决定的否定在许多年里被心理学家与精神分析师一再重申。例如，后弗洛伊德派的罗伯特·耐特（Robert Knight）认为人类体验到的选择的自由"……与作为控制人类行为的法则的自由意志毫不相干，而是一种自身随着决定的被动感觉"[15]。在该文中，耐特不断围绕"自由"一词引言来表明意志大约是一种幻想，选择与责任是先前存有的幻想，但反过来是未来行为的随意性。

但是——我们现在面对着根本的矛盾——治疗师、分析师不由自主地会承认患者的选择行为是至关重要的。作为精神分析师，弗洛伊德的观点与其自身的理论大相径庭。他在《自我与本我》（The Ego and the Id）中写道："……分析并不能消除病态反应的可能性，而是使患者的自我获得自由以做出这样或那样的选择。"[16]

威利斯继续表明在其实际治疗中治疗师所遭遇的实际困境：

在分析即将结束时，治疗师可能会发现自己希望患者能够更加"主动"些，更有"决心"，"具有充分利用它"的更大意愿。这希望常常会在他对患者说的话中表达出来："人必须自助。""不付出努力就没有收获。""你得试试看。"这样的干预很少记录在病例报告上，因为他们会认为这样解释既无面子又没效果。通常，分析师会因对意志的如此要求感到不舒服，好像他在使用自己不赞成的东西，似乎他若分析得更有技巧些这就是没必要的了。[17]

精神分析师接着就会发现自己处于古怪而又反常的境地，会认为患者为了改变必须有一种自由幻想，因而他们必须培养这种幻想，或至少要服从它。例如，耐特提出的这个问题所构成的矛盾也由两位批评家清楚地描述出来："当心理治疗有进展时，自由感增强了，因而成功地进行了分析的人会报告说，与治疗前相比，他们在生活中的行为感到更自由了。若这种自由是错觉，那么即使大多数治疗师认为成功的治疗增强了患者借以审视自我及其世界的精确性，这个治疗的目的，或至少是成功治疗的结果，也是重建幻想。"[18] 的确，有些分析师公开承认他们会培养一种幻想，并开始在其理论中使其合理化。[19]

想想其中的含义。我们听到了幻想在人格变化的实现中是最重要的。真相在与行动的关系中不是根本的（或仅为理论意义的），但幻想却是根本的。因此，我们要努力获得的不是真相而是幻想。我们要绝对相信我们不能依靠的世界。或者，我们确实努力去依靠它们，我们也该像威利斯建议的那样，回到导致冷漠与抑郁的被动的无力中。

这种进退维谷之困境的解决之道是站不住脚的，这一点无须赘述。即使是我们这些分析师也无法仰赖这些幻想——因为（不考虑严重病态者）如果一个人提前知道他将要把自己交付给幻想，那他怎么可能将自己交托出去呢？而且，假如患者需要相信幻想，但这幻想的可能性与真相不同，它是无限的——谁来为这位特定的患者该仰赖于哪种幻想做出决定？我们要接受这"奏效"的幻想吗？果真如此，那么我们有关真理的概念则是错误的。这是因为，如果幻想当真起作用，那么它就可能是完全的幻想。确实，有关幻想对于改变是最具决定性的说法从根本上就是反理性的（因此也是反科学的），因为它暗示在行为的层面一个概念的真实与否无关紧要。这是无法接受的。如果它似乎是真实的，那么在我们所谓的"幻想"中便必定包含一些真理，而我们所谓的"真理"中又包含些幻想。

另一个解决之道则是从另一个不同的角度设定的。我们认识到在精神分析的人格结构中必须给自由和意志留些空间。后来的"自我"分析师，如哈特曼（Hartmann）、拉帕波特（Rapaport）以及其他分析师发展出"自我的自主"之概念。这样，自我就指定了自由与选择的功能。但从定义上看，自我只是人格的一部分，一个部分怎能自由呢？拉帕波特在其关于"自我的自主"的论文中写道：荣格曾有一章是有关"无意识的自主"的，而我们可跟着沃尔特·B.加农（Walter B. Cannon）写一篇关于"身体的自主"的论文。它们都部分正确，但不也都有严重错误吗？无论是自我、身体或无意识都是不能"自主"的，都只作为一个部分存在于整体中。只有在这个整体中，意志与自由才会有其基础。我确信意志问题在传统的精神分析之矛盾中总是不能解决的一个重要原因就在于我们将人格分为自我、超我和本我。

在我们精神分析的实践中，我们知道在患者有机体的各个方面都表现出自由的缺失，这表现在其身体上（肌肉受限），表现在被称为无意志体验中（压抑）及其社会关系中（他意识不到他的存在直至意识不到自己的存在）。从经验中我们还知道，当此人从心理治疗中获得自由时，他的身体活动的限制会减少，他在梦境中更自由，他与他人不假思索的、自然而然的关系更是自发的，这意味着自主与自由不可能是生物体一个特殊部分的领域，而必是整个自我的一种特质，这整个自我是一个"思考—感觉—选择—行动"的机体。在讨论意向性的概念时，我将会说明意志和决定与本我以及自我和超我的紧密关联，假如我们要使用弗洛伊德的说法的话。一个人在自发性、感觉的象征性意义中，在任何可能被称为"自我功能"的作用之前所做的每个决定中，都有某种具有更深刻的重要性的事在发生。依我之见，贝特尔海姆强调的是一个强大的自我不是决定的原因而是结果，这是完全正确的。[20]

将人格的某个特殊部分当成选择之所在这个"自我主张"的概念难道不是与旧的"自由意志"的概念面临同样的困境吗？若我们

将这概念的先进外衣剥去的话，它就变成了与笛卡儿的松果体这个大脑基底——介于身体与头部之间的器官——是灵魂之所在的理论相类似的东西。诚然，自我精神分析也有其积极的一面，它反映了当代人对其自主性、自我导向与选择这些问题迫在眉睫的担忧，但它也陷入矛盾之中，这使得这些问题不可避免地摆在我们面前。

在精神分析与心理学所有论述中，持续的性与矛盾揭示了今天的西方人所感到的两难选择。它是弗氏惯有的诚实的一个标志。他坦言，尽管他知道这与其理论有着直接矛盾，他还是试图给患者以"选择的自由"。他在矛盾面前既不会感到恐惧又不会轻率地找出一种方便的解决之道。但自弗氏以来，文化业已发展，使之越来越难以在这困境中生存了。

在本书中，我提出了对该问题的解决之道。我这样做是基于我相信我们忽略了人类体验中对于人类意志非常重要、非常关键的一个维度。哈德森·霍格兰（Hudson Hoagland）写的一段话论述了这一困境：

假设我是名全能的心理学家，完全能够了解你某个时刻大脑的心理、化学及分子的活动，因而可以精确地预测由于你大脑机制的运作你会怎样做，因为你的行为，包括你的意识及言语行为是与你的神经系统的活动完全一致的。但这只在我不告诉你我的预测的情况下起作用。假如我告诉你我据对你大脑的了解可以推测出你会干什么的话，那么由于我告诉了你的大脑这些信息，我就会改变你大脑的心理。这便可使你以我所预测的完全不同的方式来行动。假如我事先允许自己告诉你我的推测之后的后果发生，那么我注定要懊悔不已——从逻辑上讲……这成了追逐自己的尾巴，努力考虑到前一个考虑的结果，而这个结果又是对前一个结果考虑的结果，这样就无穷无尽了。

人类的觉知与意识——认知——将无法预测的成分引入我们当中，而人是一种执着于认知的生物。与之相关的意识的变化则是"外在"与"内在"兼具的。它既包含世界作用于个体的力量，也包含关注这些力量的人之态度。我们能够在霍格兰的例子中注意到人的觉知包括像意识到在治疗中浮现出被遗忘或掩藏了的童年期的事件这样的事。

与纯粹的意图相反，这是一个意向性的问题。在人类体验中，意向性加强了意志与决定，它不是在意志与决定之前，而是使其成为可能。它为何会在西方历史中被忽视是十分清楚的。自笛卡儿将理解与意志分离起，科学就是在这二分法基础上发展的。我们试图设想人类的"事实"可以与其"自由"分离，认知可与其意动分离。尤其自弗洛伊德以来，这已不再可能了——尽管弗洛伊德对自己的发现也没有公正的评判，但其却坚持这种科学理论旧有的二分法。

意向性并不能消除决定论的影响，但却将整个的决定论和自由的问题置于更深层面。

注释

[1] Sigmund Freud, *General Introduction to Psychoanalysis*, trans. Joan tiviera（New York, Garden City Publishing Co., 1938）, p. 95.

[2] Alan Wheelis, "Will and Psychoanalysis," *Journal of the American Psychoanalytic Association*, IV/2, April, 1956, p. 256. Wheelis 在 *The Quest for Identity*（New York, W. W. Norton & Co., 1958）这篇文章特别是在后面章节中给出的问题解决办法缺乏他的分析那样的敏锐性。

[3] *Modern Man Is Obsolete* 也是 Norman Cousins 在首次原子弹爆炸后直接创作的一本书的书名。

[4] 来自电影 *Seven Days in May*。

[5] Prof. L. S. Feuer, "American Philosophy Is Dead," *The New York Times Magazine*, April 24, 1966.

[6] Friedrich Nietzsche, *The Gay Science*. 参见 Walter Kaufmann, *Nietzsche: Philosopher, Psychologist, Antichrist*（Princeton, N. J., Princeton University Press, 1950）, p. 75。

[7] Sylvano Arieti, "Volition and Value: A Study Based on Catatonic Schizophrenia," 精神分析学会隆冬会议发言, December, 1960, 发表于 *Comprehensive Psychiatry*, Ⅱ/2, April, 1961, p. 77。

[8] 同上, p. 78。

[9] 同上, p. 79。

[10] 同上, p. 80。

[11] 同上, p.81。

[12] 参见 Wheelis。另见 Bruno Bettelheim, *The Informed Heart*。

[13] 参见 Jules Masserman 和 Judson Marmor 在 1966 年 5 月的美国精神病学大会和 1966 年 5 月的美国精神分析学会上的演讲。

[14] 敢于说出种族关系冲突的黑人心理学家最近将权力问题引入心理学是重要且唯一恰当的。该问题在此已无法避免，参见 Clark, *Dark Ghetto*。

[15] Robert Knight, "Determinism, Freedom, and Psychotherapy," *Psychiatry*, 1946/9, pp. 251-262.

[16] Freud, *The Ego and the Id* (Hogarth; n. p. 50, Norton Library, n. p. 40).

[17] Wheelis, p. 287.

[18] Vera M. Gatch and Maurice Temerlin, "The Belief in Psychic Determinism and the Behavior of the Psychotherapist," *Review of Existential Psychology and Psychiatry*, pp. 16-34.

[19] 参见 Knight。

[20] Hudson Hoagland, "Science and the New Humanism," *Science*, 143, 1964, p. 114.

第八章

愿望与意志

在概念与创造间

在情感与回应间

投下了阴影

生命是漫长的

——T. S. 艾略特

　　我们不能由我们所看到的心理和心理治疗中的矛盾来做决定，也不能让意志与决定成为偶然性。我们不能以这样的假定来工作：最终患者"不知怎么碰巧"做出了决定或不知不觉地陷入某项决定，这是因为患者厌倦、弃权，或是因为患者与分析师双方都疲惫了，或是因为患者感到分析师（现在可能扮演着慈祥家长的角色）会因他采取了这样的措施赞同他而采取行为。我认为，我们需将决定与意志放回画中——"建设者抛弃的石头正是房角的头块石头"，这并非从自由意志反对决定论的意义上说，也并非从否认被弗洛伊德描述为无意识体验的意义上说。这些决定论的"无意识"因素当然是起作用的。而我们这些做治疗的人在一次次治疗中，也无法不将此牢记在心。[1]

这个问题并非反对在我们每个人身上发挥作用的无数的决定性力量。假如我们一开始就同意决定论是有其价值的，我们就会有一个清晰的看法，其中一点就是信仰决定论，就像信仰加尔文主义或马克思主义或行为主义一样，会使你与有力的行动联合起来。凭借与决定论的联合，人会最自由地、纵情地、充满活力地行动，就像马克思主义者那样，这一事实便是我们问题的矛盾之一。另一个价值在于决定论使人摆脱了必须每天要解决的数不清的大大小小的问题——这些事先都已解决了。价值之三是对于决定论的信仰战胜了你自身的自我的意识：相信自己，你就能够往前冲，因为决定论在这个意义上是通过将问题置于更深的层面使人类的体验扩展的。

　　这一矛盾排除了我们谈过的"完全决定论"，它的逻辑是矛盾的。假如它是对的，就无须再对它进行论证。如果一个人开始论证——就像我大学时代常发生的那样——他完全被确定了，那么我会同意他的理由，然后在其清单上添上许多他自己可能意识不到的无意识动力方式。事实上，这已使这场争论被确定（或许是由于其自身情感的不安全感）为绝对的决定论。我还可以继续举出逻辑反证理由，如果他现在的论证只是被完全确定的结果，他在进行论证时就没有考虑到它是对是错，因而他和我都没有确定其正确的标准。我相信，这种完全决定论逻辑上的自相矛盾是无法反驳的，但我可能宁可选择——仍然是存在主义的——向我的提问者指出，正是在提出这些问题时，在花精力去追寻它们时，他就在运用自由的某种重要元素。

　　举个更好的例子。在治疗中，无论患者多大程度上成为他所意识到的力量的受害者，在他对其生命中这些决定性力量的揭示与探索中，他都会将自我引向通向这些论据的某条特定的道路，因此也就会做出某项决定。无论它多么微不足道，这丝毫不意味着我们"推动"患者做了决定。实际上，我确定只有患者澄清了自己意识与决定的权力，治疗师才能避免在不经意间毫无觉察地将患者推向一个或另一个方向。我的观点是，自我意识本身——这个人潜在的、广阔的、复杂的、变幻莫测的体验流就是其经验，是使其大吃一惊的事实——不可避免地在每一点上带入决定的元素。

我几年来一直确信——这一坚定的信念只有凭借我作为心理治疗师之经验来加深——在人类意识与决定的领域里，有些比我们用来研究的更多、更复杂、更重要的事发生。我坚信在心理科学和我们对于我们自己与他人之间的关系的理解中，这个领域被忽视了。

在这些章节中，我们的任务就是探讨这些问题。我们首先要看清意志与愿望的关系，接着深化愿望的含义。我们要对意愿性进行分析。最后，我们要将所学知识应用于治疗实践中。贯穿始终的重要问题是，通过这些探索，我们能够找到对于人类意义的新的认识以及意志与决定问题解决之道的新基础吗？

意志力的死亡

"意志力"和"自由意志"这些词最起码可以说是不可靠的，即使可利用也不再有什么帮助。"意志力"表达了维多利亚时代的人一种自大的努力，他们力图以铁腕操控周围环境，驾驭自然，同时也操纵自己，用对待物品的方式统治自己的生命。这种"意志"被用来反对"愿望"，被当成否认"愿望"的能力，就如厄内斯特·萨克托（Ernest Schachtel）所说的力图否认他们曾经是孩子。所谓的幼稚的希望在他将自己作为负责任的成年人的自我形象中是不能接受的，这样，意志力就成为避免与身体及性欲望以及与克制的、管理良好的自我形象不符的敌意冲动的方式。

我也常在患者身上观察到，对于"意志力"的强调是对他们自己被压抑了的被动欲望的一种反应形式、一种赶走会被顾及的愿望的方式，这种机制可能与维多利亚主义所持的意志有很大的关联。意志被用来否认愿望，用临床术语来说，这一过程导致极大的情感真空。不断地将精神内容掏空，这使想象力与智力体验贫乏，也使意志扼杀了渴望、憧憬与愿望。不用说，这种压抑的意志力的结果就是积蓄了大量的怨恨、抑制、敌意、自我抗拒以及相关的临床症状。

一个年近三十的妇女——因为还要再提到她，我们就暂且称她为海伦——在治疗的开始告诉我她的座右铭是"有志者事竟成"。该座右铭似乎很适合她的行政工作（这种工作有许多例行公事和重要决定），与其令人尊敬的新英格兰典型的中产阶级上层家庭背景也相适宜。开始她给人的印象是一个"意志坚强"的人，唯一麻烦的是，她最明显的症状——无疑她是个漂亮女人也助其症状的产生——完全与其"意志力"相矛盾。这一点她很容易看到：她很"贪食"，偶尔会将其他人早餐剩在盘子里的食物一扫而光，这使她得了胃病，后来奋力节食以保持体形。其工作同样显示出一种强迫模式——她会一口气工作 14 个小时，但似乎工作上没有可发展的了。很快，她不断地哭泣，显示尽管表面上她在社会上很成功，但她却是一个极度孤独与隔绝的人。她谈到其母亲，在半幻想半回忆中说起当自己是个小姑娘时，与母亲一起坐在阳光下，并经常梦见再被海浪环抱。她梦见她回家敲门，但母亲在开门时却认不出她，在她面前将门关上了。实际情况是，这女孩出生后，几年中的相当一部分时间，其母患有严重抑郁症并被收治在精神病院中。

因此，我们在该患者身上看到的是一个孤独的、可怜的婴儿，被对想得到却从未得到的东西的渴望击垮了。这似乎很清楚：对于"意志"的特别强调是一种狂乱的"反应构形"，是一种绝望的、努力补偿其未被满足的婴儿需求的症状，是为了在这痛苦的早年渴望中活下去的策略。其症状是强迫性的、驱动性的，也就不足为奇了，这对于人类意识的复杂过程是个讽刺也是种"平衡"。这恰恰就是扭曲了的意志，意志变成自我毁灭，指向对自我的攻击。如果我们用她的座右铭以比喻来表达的话，她的生命在对她说：有如此未满足的渴望与需求，意志竟不成。

而且我们还注意到，她的问题并不像我们在青少年行为中常见的，只是对父母的反抗，那还表明"意志"尚存并且是活跃的，虽然它是负面的，但这种情况并不难处理。我们患者的问题则更严重——空虚、虚无，从婴儿期起就想填补些什么的渴望一直是空虚的。假如"意志"在其依靠的渴望被带到意识层面并达到某种程度的整合前崩溃的话，这种模式就会导致严重问题。这早年的创伤在海伦还是婴儿时就教会她必须放弃愿望，因为这些愿望带着一定程度的绝望，这可能会使她精神错乱。"意志力"便是她实现这一目标的手段，但神经症却恰在问题起源的领域对其进行报复。

弗洛伊德之反意志系统

精神分析是因意志的失效而形成。弗洛伊德看到了在维多利亚文化中意志是怎样普遍地造成压抑的，因而将精神分析作为一个反意志系统发展起来。这不足为怪，像保罗·利科所表达的那样，在弗洛伊德看来，意志一方面在本能的辩证中被压垮了，另一方面却又以超我的方式成为权威。弗洛伊德认为，意识是被本我、超我以及外部世界三者掌握着，这使意志丧失——或者即使未真正丧失，也在三者控制之下变得无力。由于海伦要在这个世界上取得成功就需要许多东西，因此，她有着活跃的超我之心，但世界、本我、超我——若你能接受这公式的话——却令人绝望地将其"有志者事竟成"的座右铭无情地碾碎而使其成为病态的嘲弄方式并迫使她在自虐的负罪感中付出痛苦的代价。

弗洛伊德将意志看成服务于压抑的工具，而不再是积极的动力。为了寻找人类行为的力量与动机，他将目标投向"本能的变化""压抑的力比多的命运"，等等。在弗氏的理论体系中，对象选择已不再是真正意义上的选择，而是一种历史变迁的转换功能。实际上，弗氏将"意志"看作整个体系的魔鬼，因为意志有着将反抗与压抑置于动机中的消极功能，或者，如果"魔鬼"一词避开了问题之所在，我们也可冠之以更专门的名称，就是威利斯使用的"反恐怖"的策略 [2]，这标志着"无意志承继了意志力"的时刻。

在弗氏理论中，这种毁灭的根源是什么呢？第一个根源是显而易见的，那就是弗氏精确的临床观察。第二个根源则是文化的。弗氏理论便与其所描述的疏离相一致，是对此的一种表达。千万别忘了，他说出并反映了一种客观的、疏离的市场文化，就像我已在其他地方表明的那样，维多利亚时代对于意志力的过分强调本身就是这种文化将衰落的预兆之重要部分。1914 年，这的确发生了。在其整个体系瓦解之前，对于意志力的过分强调与强迫性神经症的日趋僵化的"意志"模式是相同的。维多利亚时代的人在"意志"的名义下与自我的疏离，却在弗洛伊德体系中，在一个相反的名义——愿望下被表达出来。

第三个根源是弗洛伊德需替换意志是因为其科学模式之需求。他欲建立一个基于 19 世纪自然科学的决定论科学的目标与欲望的需求，因此，他需要一个可量化的因果关系系统。他将其机制称为"水力学"，并且在其最后一部著作中，力比多被比拟为"电磁"。

弗洛伊德力图破坏意志的第四个根源恰恰是我们现在对在更深层的基础上重新发现它感兴趣的原因，即深化人类经验，将这些现象置于能够更充分地反映人类生命的尊严与尊重的层面。与其意图相反，维多利亚式的"意志力"通过暗示每个人是"命运的主人"，可通过新年决心或星期天早上礼拜时偶然的心血来潮决定其整个生命过程，剥夺了人类尊严，贬低了其体验的价值。

弗氏理论的一些方面，就像最后两个，是矛盾的，这不应使我们气馁；他的伟大的标志之一是他能与这些矛盾共处。他可以用惠特曼（Walt Whitman）的诗来对这样的指责进行有力回击："我是自相矛盾的？很好，我是自相矛盾的。"

愿望

在对"意志力"的病态心理过程进行抨击时，弗洛伊德发展了其对"愿望"（wish）的意味深长的强调：不是"意志"而是"愿望"推动着我们。"只有愿望能使精神结构运动。"他反复说道。我们在着手探索愿望的含义，指出"愿望"也被认为在另一个或多或少是决定论的心理系统中是有益的。在赫尔式（the Hullian）的行为主义中，"愿望"被当成减少紧张的欲望与需求，这与弗氏将快乐定义为对紧张的减少惊人地相似。总的来说，我们的人类科学设想了一般的适应性、进化的愿望，认为人们希望"生存"与"长寿"。

"愿望"一词，使我们马上会说，在我们的后维多利亚时代，我们仍旧倾向于通过使其对我们不成熟或幼稚的"需求"妥协来使该词贫乏，这在此过程中比在童年的残余中显示得更为广泛。在所有自然现象包括原子反应的瞬间模式中都可发现与此现象相关之物，例如，在被怀特海和保罗·蒂利希称为所有自然粒子的负极运动中，向性运动是一种形式，其词源学的意义指生物体"转向"的固有趋势。然而，如果我们具有的愿望是一个粒子向另一个粒子的运动或一个有机体多少有些盲目的、无意识的运动的话，那么我们便会被无情地推向弗氏悲观的"死亡本能"结论。"死亡本能"，从字面上理解，即有机体回归无机状态的一种必然趋势。如果愿望只是一种力量的话，那么我们就都进行了一场徒劳的朝圣。那不过是重新回到无机的石头状态。

但愿望也有其有意义的元素。事实上，它是构成人类愿望的意义与力量的融合。这个"意义"元素自然会出现在弗氏之愿望概念中，并且是其主要的贡献之一，即使他很矛盾地说愿望似乎只是盲目的力量。他能够如此丰富地使用愿望——尤其是在幻想、自由联想和梦中——是因为他在其中看到的不是一种盲目的推力而是一种具有意义的趋势。尽管他在描述关于愿望的满足及力比多需求的满足时说，愿望仿佛只是一种经济数量，是一种力量，但其自身背景被他认为是一种意义与力量的交汇点。

例如，在生命最初的几周里，人们认为婴儿可能是不加区分地、盲目地将嘴朝向乳头，无论这是人的乳头还是橡胶的，对他都一样。[3] 但随着意识的出现与发展，他有了体验自己作为客观世界之主体的自我能力，新的能力出现了。其中最主要的就是使用符号并通过象征性意义与其生命联系起来。从那时起，愿望就不再只是盲目的推力了，它也具有意义，乳头变成乳房——这两个词的区别多大呀！前者是对于为我们提供生存所需口粮的身体部分的解剖学描述，后者则是一种象征，它带给了我们完整的体验——温暖、亲密，甚至是女性关怀所带来的美与可能的爱。

我意识到介绍人类自然科学这个象征性意义维度的困难。然而，我们必须将人这个研究对象按我们所发现的那样去看待——人是一种以语言这种象征性意义与其生命相联系的生物。因而将愿望降低为只是一种力量，在方法论上是不健全的，是经验主义的、不确切的。人类意识出现之后，愿望就再也不只是需要了，也不仅仅是经济的了。一位女性，而非其他女性，对我有性吸引力，这绝不仅仅是纯粹的力比多储备量的问题，而是因为这位女性对我而言所具有的多种意义使我的爱欲"力量"被引发并形成。但有两种例外情况限定了我们前面例子中所使用的"再也不"。一种情况是非自然的环境，像士兵在北极驻扎12个月，在这种情况下，体验的某些方面变得简单，意识也一样。另一例外便是病态情形，如一个人的性冲动不加选择地指向任何一位男性或女性，就像我们的患者海伦那样。但在此，我们将一种情况精确地定义为病态，并且它也是我的观点的重要证据。我认为，不加选择的性欲是违背了人类愿望的一个重要元素。我不清楚路易十六说"随便哪个女人都行，只要给她洗个澡，送她去牙医那儿"包含着怎样的意思，但我确实知道那些不是国王，并且不会因与某人十分轻浮的性关系（比如说在一次偶遇中或狂欢节上发生关系）而感到十分困扰的人，会发现之后他们就会在其他人身上投资；或许只在幻想中，他们才会投以柔情、美德或对他们而言有某种意义的某种品质。厌恶也是人类充满意义的愿望的一种表达，或更明确地说，是愿望的一种挫败。就像一些同性恋行为中出现的事后当事人对此的反应是厌恶，也阐明了我们提出的观点。我们作为治疗师的体验说明人类必须将与之发生关系的人以某种方式个人化，即使是在幻想中，否则他就会人格解体。

其必然结果就是治疗中基于诸如"控制本我冲动"以及"原始过程的整合"这些观点的讨论与方法都不得要领。原始过程这东西本身存在吗？它只是存在于严重病态或我们自己的抽象理论中，前者的情况是其有意义的象征性过程崩溃了，就像我们的患者；后者则是我们作为治疗师使用自己的象征性意义时，我们所拥有的不是一个由原始过程和对其的控制构成的有机体，而是一个人，其体验包含着愿望驱力，并且要被体验并被自身认识，以及被我们认识，如果我们以象征性意义去理解的话。在神经症中，是象征性意义而非本我冲动出了错。

我们说，人类愿望并不仅仅来自过去的推力，并非只是来自要求满足的原始需求，还包含着选择性。它构成了未来，这是通过记忆、幻想——我们希望未来是怎样的——等进行的塑造。愿望是将自我导向未来的开始，是我们想让未来如此这般的坦白，它是一种深入自我并使我们专注于改变未来的渴望的能力。注意，我说的是开始，不是结尾。我充分意识到"愿望的满足"、愿望是意志的替代品等现象，我是说没有愿望在先的意志是不存在的。愿望，正像所有象征性过程一样，有一种进步的成分，是前进的，也有退行的极，是一种从身后的推进力。因而愿望既具有意义又有其力量，其动力就在这种意义与力量的联合中。我们现在明白了为什么威廉·林奇（William Lynch）认为"愿望是最具人性的行为"[4]。

疾病是缺乏表达愿望的能力

其他方面给了我们更多的资料来增强愿望的重要性。那就是由人们无愿望的能力导致的疾病、空虚与绝望。T. S. 艾略特在《荒原》中，在广泛的文化范围内表现了这一点。在这划时代的诗歌中，那些令人难以忘怀的生动事件以交响乐积聚的力量一遍遍地高唱。这主要的人物——一位有闲的女士厌倦了性与奢华，对其情人说道：

> 我现在该做些什么，我该做些什么？
> 我就照现在这样跑出去，走在街上，
> 披散着头发，就这样，我们明天该做些什么？
> 我们究竟该做些什么？
> 十点钟供应开水，
> 如果下雨，四点钟用带篷的车来挡。
> 我们也要下一盘棋，
> 按住不知安息的眼睛，等着那一下敲门声。（Ⅱ：131-138）

在诗中，我们可以分辨出当代情感与精神荒原的特点。一个特点是交流的严重匮乏。当这位女士问她的情人干吗不和她说话，要求他告诉她在想什么时，他只是答道：

我想我们是在老鼠窝里，

在那里死人连自己的尸骨都丢得精光。（Ⅱ：115-116）

停止愿望就是死亡，或至少是居住于死亡之地。另一个特点是厌倦：假如愿望被看作只是朝向满足的推力，终点便包括需求的满足，在诗中便是说空虚、无聊、无所作为感在愿望满足处是最强烈的，因为这意味着人没有愿望。

但艾略特，这个以诗意写出了这最不富诗意的主题的人比那还要深刻——我们的心理很可能也是如此。他描述了这一状况的根本原因，一言以蔽之，就是贫乏。他采用特定神话中表面的性欲贫乏作为其诗歌的基础。这个神话是关于一个统治着荒原、被称为"渔王"（the Fisher King）的人的。这个古老的神话提及土地的贫瘠，继"荒原"的冬天之后而来的春天。后来，这个神话在亚瑟王（the King Arthur）的故事中被采用，圣杯成了医治渔王的工具。"土地贫瘠、干旱，一直如此，直到一位纯洁的骑士来给渔王医治，他的生殖器受了伤。"[5] 贫瘠的本质是无所作为，没有目标，漫无目的，缺乏生活的兴趣，这些都与意识的严重隔绝有关。"正是这女人的无意识如此可怕……"[6] 反过来，这也被艾略特诠释为因为缺乏信仰，这在某种程度上源于将自我与我们历史文化传统中伟大的象征性经验隔绝了。他将这位当代女性的闺房设在对莎士比亚、弥尔顿和奥维德（Ovid）具有重要意义的环境中，而这位女士却对围绕着她的美浑然不觉。他将这性关系设在像狄多（Dido）和艾涅阿斯（Aeneas）、安东尼和克莉奥帕特拉这些过去激情四射的恋人们的典故里，但他们甚至连"两手相握，徒劳地喘息"也不再是了。

　　实际上，艾略特是说，如果没有信仰，我们也就不再需要、不再抱有愿望。这也包括性需求。没有信仰，我们就变得无力，无论是性还是其他方面。该诗的宗教背景可以用我在本章中的观点来诠释——在愿望的象征意义中表达了一个意义的维度，这给予愿望特定的特质。如果缺少这个意义，甚至需求的情感与性方面都会枯竭。这诗写于1922年，就是我们认为和平与繁荣即将来临，只需数年进步就可满足我们所有的需求的那个乐观主义时代的早期。F. 斯科特·菲茨杰拉德（F. Scott Fitzgerald）所说的"爵士时代"仅有的悲观主义是浪漫的、怀旧的、自怜的忧郁。虽然这是我们时代谈论得最多的诗，但在那个时代，无论人们对这首诗怎样感兴趣，都很少有人意识到它是多么具有预言性。我不知道艾略特是否知道之后的临床心理治疗是如何证实了其所预言的冷漠与无力。艾略特就像许多存在主义者那样，不相信答案能够存在于其创作这诗作所处的文化中。以海德格尔（Heidegger）之言是"时机尚未成熟"，以蒂利希之言则是凯诺斯（Kairos）尚未到来，他只是将其骑士远远地打发到了危险的教堂。

　　　　有一座空荡荡的教堂，只是风之家园，
　　　　那里没有窗子，门在摇来晃去，
　　　　干枯的骨头伤害不了谁。（V：388-390）

他那时看不到任何复活的真正希望。在诗的结尾，这渔王仍然

捕鱼，在我身后那荒芜的平原，
是否我至少可整理我的家园？
伦敦桥在垮塌，在垮塌，在垮塌。（Ⅴ：424-426）

我觉得这件事非常有趣。渔王转而追求技术，他的"家园重整"行为就像人们在焦虑妨碍了其更深的意向性时所做的那样。当对于技术的专注与那有力的诗句"伦敦桥在垮塌"并置时，它显得尤为引人注目。虽然 1922 年找到答案的时机并不成熟，但在我们这个时代，我们可能准备好解决它了。

而且，在这诗中，在生殖器的放松或填饱肚子这样的问题之下，有一种逝去的愿望。这是在"不知安息的眼睛，等着那一下敲门声"中所表达的富于想象的渴望。在生理学与心理学方面最简单的层面，我们看到了睡美人神话的再现，她等待着王子的亲吻。只是公主天真烂漫，睡着了，然而我们这位女士却陷入绝望，有着一双无法闭上、不知安息的眼睛。在我看来，在更深层次，在这"等着那一下敲门声"中，有一种深深的愿望，它在这绝望中产生。这是一种等待，它可被描绘成对达到一种超绝望状态的愿望，正如《等待戈多》中所暗示的。但它也包含了寻找出路的愿望。这是一种建设性的未来——超越空虚、无所事事和冷漠——之愿望的动力学开端，无论这多么难以觉察。

愿望能力的缺乏

在过去几年中，精神病及相关领域的许多人士一直在思考和探索愿望与意志的问题。我们可认为大家不约而同对此关注一定是因为在我们这个时代亟须对此问题有新的观点。

威廉·林奇神父在其对于文学与精神分析学之间关系的透彻阐释中，发展出这样一种论点，认为不是愿望而是缺乏愿望导致疾病。他认为这个问题深化了人们愿望的能力。我们治疗任务的一个方面就是创造出愿望的能力。他将愿望定义为"在想象中的主动描绘"[7]。愿望是一个及物动词，是它影响了行动。在林奇与想象的行为相联系的愿望中包含一种自主的元素。"每一个愿望都是一种创造性的行为。"[8]我在治疗中发现了支持该观点的证据。当一位患者能够感觉到并强烈地表达出"我愿如何如何"时，这的确是迈出了主动的一步，这实际上就使冲突从深处不清晰的层面浮现出来。在那一层面，他没有负起责任，而期望上帝、家长通过心灵感应来读懂其愿望。在创造的神话基础上，林奇说："当人们带着自己的愿望到来时，上帝欣喜若狂。"[9]

林奇又指出了一些经常被忽视的情况，即人际关系中的愿望是相互的。在许多神话中，人由于违反了这一原则而难逃厄运，从而表明了其正确性。在易卜生的戏剧中，培尔·金特跑遍世界许下愿望，并实现愿望；唯一的麻烦是他的愿望与他所遇到的另外那个人无关而完全是自我中心的。"被装入自我的桶中，用自我的塞子封住了。"在《睡美人》（*The Sleeping Beauty*）中，也有同样的象征，那就是为了在"时机成熟前"营救和唤醒这沉睡的少女而去披荆斩棘。在童话的语言中，这是试图迫使对方在准备好之前恋爱或发生关系的典型例子，它展现了没有相互关系的愿望，年轻的王子们投身于自己的欲望与需求而与你无关。假如我们将人际关系看作相互关系，是自主的，是富于想象的，以此去看，去感受愿望与意志，那么圣奥古斯丁的名言"爱汝所爱，行尔所欲"就蕴涵着深奥的真理。

但林奇神父，当然还有圣奥古斯丁，对人类本性的认识并不幼稚（就像弗洛伊德不幼稚一样）。他们十分清楚这个愿望是理想化的表述。他们知道麻烦正好是人确实抱有愿望并会反对其邻居。这种想象是我们构成具创造力的相互抱有愿望之能力的源泉，它还受到个体自己、其信仰及经验的限制。因而，我们的愿望中总是具有对他人和自己施暴的成分，无论我们分析得多么好，接受了多少恩典或有多少次心灵顿悟。林奇称之为"任性的"元素，即固守自己的愿望，反对现实情况。他认为任性就是这种被挑衅激发的意志，其中，愿望是反对某物而非赞成其目的。林奇说，这种反抗、这种任性的行为与幻想而非想象有关。它是一种否认现实的情绪，无论这现实是个人还是非个人的自然的一方面，而不是去审视它、形成它、尊重它或从它那里得到乐趣。

愿望与愿意这种自主的、自发的元素也在精神病学家莱斯利·法勃对于意志的新的重要研究中表现出来。[10] 法勃博士说明了"意志"的两个领域。第一个由自我在其整体中的体验在某个方向的一种相对自发性的运动构成。在这种意志中，身体作为一个整体在运动，这种体验的特性则是放松的，具有一种富有想象力的、开放的特质，这是在所有关于政治或心理自由讨论之前的自由感。我要加一句，这是决定论者预先假定的自由，是先于所有决定论的讨论的。相比之下，第二个领域的意志，正如法勃博士所看到的，包含着某种显而易见的元素，是某种做出非此即彼的决定的必需，是一种带有在反对某事时赞成某事的元素的决定。如果有人想借弗洛伊德的术语对此加以描述的话，那么"超我的意志"便属此范畴。法勃做了这些对比，使用的是意志的第二个意义：我们可以努力读书却不求甚解，我们可以热切地获取知识却并不智慧，我们可以决意审慎却不讲求道德。这在创造性的工作中表现出来。法勃关于意志的第二个领域是对创造性努力的有意识的、付出努力的、批判性的应用，例如准备会议发言或准备手稿。但当实际发言或写作有望出现创作"灵感"时，我们便会全神贯注，达到忘我的程度；在这种体验中，愿望与意志合二为一了：创造性体验的一个特点是通过超越冲突达到暂时的统一。

　　法勃强调说诱惑是第二个领域要接替第一个领域。我们失去了自发性，失去了行动的自然流动，意志变成了需付出努力的、需掌控的——维多利亚式的意志力，因而，我们的错误用叶芝的话说就是"意志试图掌握想象的工作"。依我理解，法勃描述的意志的第一种情况与林奇所谓的"愿望"非常相近，而林奇的"愿望"和法勃的"自发性意志"的范畴对我们在下一章"意向性"中所要讲的一些情况都给予了很好的描述。

在此，我要暂下一些定义。意志是组织自我以便能够朝某个方向或某个特定目标移动的能力。愿望是对某种行动或状态出现的可能性的一种想象。

但在我们提出更复杂的问题前，我们得做两件事。其中一件事是大致形成一种关于意志与愿望之间相互关系的粗略辩证法。这是为了说明一些必须加以考虑的现象学方面。"意志"和"愿望"可被视为在极性中运作。"意志"需要自我意识，"愿望"则不需要。"意志"暗示着某个非此即彼的选择的可能性，"愿望"则没有。"愿望"赋予"意志"温暖、满足、想象、新鲜感以及丰富性。"意志"则保护着"愿望"，允许它在不冒太大风险的情况下继续。而没有了"愿望"，"意志"也失去了生命之源，失去了生机，就会在自相矛盾中死亡。如果你只有"意志"而无"愿望"，你就是名枯竭的、维多利亚式的新清教徒。如果你只有"愿望"而无"意志"，你就成了一个被驱动的、不自由的、幼稚的人；由于你是一个幼稚的成年人，你就可能变成机器人。

威廉·詹姆斯与意志

在探索意向性之前必须做的另一件事是来看看那位美国的天才心理学家、哲学家威廉·詹姆斯。他一生致力于研究意志问题。他的经验给我们指明了前进方向。

我的一位令人尊敬的同事提到了詹姆斯"严重的抑郁症"以及"许多年他都处于自杀的边缘",要我们"别因他那些顺应不良的方面而对他评判太苛刻"[11],而我却对此持不同看法。我认为,理解詹姆斯所遭受的抑郁症之苦以及他应对它的方式使我们更欣赏他、感激他。的确,他一生都因优柔寡断和无法下决心而苦恼。在其生命的最后几年中,当他挣扎着要放弃在哈佛大学的演讲时,他会有一天在日记中提到决定"放弃",第二天则写"不放弃",第三天又写"放弃"。詹姆斯之难以决断,与其心灵的丰富以及每一决定对他而言都有着无数可能性相关。

但正是詹姆斯的忧郁症——在疾病的困扰下他常常写他渴望找到"希望再活 4 小时的理由"——迫使其与意志如此紧密相连;也正是在与抑郁症的斗争中,他学到了如此之多有关人类意志的知识。他认为——作为治疗师,我认为他对此的判断在临床上是成熟的——正是他对于自身愿望能力的发现,才使他在罹患抑郁症,并持续遭受失眠之苦,患有眼疾、背部不适以及种种其他病痛的情况下能够一生硕果累累,直至其 68 岁去世。在我们自己这个一直被我们称为"混乱意志的时代",我们转而求助于威廉·詹姆斯,渴望从他那里找到解决我们自己意志问题的方法。

在他 1890 年发表的有关意志的著名章节[12]中,开头是将愿望作为当我们欲求某种不可能达成的事时的所作所为加以否定,并将意志加以对比,认为当结果在我们的掌控之中时意志才能够存在。假如怀有的欲望包含不可能达成的意义,我们就不过是抱有愿望而已。我认为这个定义显示出詹姆斯的维多利亚主义的观点,愿望被视为虚幻的、幼稚的。显然，当我们最初抱有愿望时，没有愿望是可能实现的；只有当我们以许多不同的方式抱有愿望时，愿望才可能实现。经过对其从这方面到那方面的考虑，或许要经过相当长的时期，我们产生了力量并冒险付诸实践，促使其实现。

但接着，詹姆斯就在其著作中提出了一项被认为是令人激动的有关意志的条款，对此我只能大略谈谈。首先有一种"原始"类型的意志，其特点是无需一系列的决定。我们决定换衬衫或写论文，一旦我们开始，一整套的活动便自动运转，这是观念运动的。这种"原始"意志不能有冲突存在，在此，詹姆斯试图保持自发性。他是反对维多利亚式的意志力的，这种所谓的"意志力"是各种能力分别的行动，它挫败了他，并以抑郁症的形式表现出来，导致他陷入瘫软无力的境地。如今，在我们的时代，我们对这所谓"冲突的缺失"的了解多得多。多亏了精神分析，许许多多的人得以在看似无冲突的状态下继续生活。

他又大致谈论了"健康意志"，并将其定义为追求梦想的行动。该梦想需要有一个清晰的概念并包含恰当比例的动机——这是相当理性主义的描述。[13] 在讨论不健康的意志时，他主要描述了被阻碍的意志。他用以说明这一情况的例子是，当我们的眼睛不能聚焦时，我们就不能够"集中注意力"，"我们坐着发呆，什么事也不做"。意识的对象不能触动其感情。这一状态的标志便是极度疲劳或精疲力竭，"随之产生的与之相似的冷漠就是精神病院中被冠以丧志症（abulia）之名的精神病症状"[14]。有趣的是，他只将这种冷漠与精神病相联系。而我认为这是我们这个时代、这个社会惯性的、特有的精神症状——"我们时代的神经症人格"。

这个问题便归结为，为什么没有令我感兴趣、吸引我、让我全神贯注的事？詹姆斯便深入到了意志问题的核心，即注意力。我不知道他是否意识到了这是怎样的天才之举。当我们以现代精神分析带给我们的所有工具来分析意志时，我们会发现我们总是被推回到作为意志基础的注意力与目的的层面。在运用意志时所付出的努力就是注意力的真正努力。在意愿中的紧张便是保持意志清楚的努力，或者说是保持注意力集中的紧张。适应性良好、"生而处优"型的人无须付出太多努力，詹姆斯评论说，而英雄和神经症患者则须付出大量的努力。信仰、注意力与意志之间同一性的叙述虽使之感兴趣，却也使之惊讶。

> 意志与信仰，简而言之，意为客体与自我间的一种特定关系，是同一事物以及相同心理现象的两个名称。[15]
> 最简明的公式可能是我们的信仰与注意力是同一事实。[16]

他接着用其完全人情味的、朴实的说明引起我们的兴趣。我详细地引述之，是因为我想在讨论詹姆斯意志概念未完成的方面时再回头看它。

> 我们都知道，在一个寒冷的早晨，在一个未生火的房间里起床是怎么回事，以及我们的重大原则是如何抗议反对这痛苦的。（这是中央供暖系统出现之前新英格兰的景象。）或许大多

数人都会在某个清晨在床上躺了一个小时而无法下定决心。我们会想：我们会晚多长时间呀？还要有多少事要做呢！我们说，"我得起床，这太可耻了"，等等。但这温暖的卧榻还是让人感觉太舒服了，而外面的寒冷让人太痛苦了。决心渐渐消失，一遍遍地赖床不起，似乎这行为已到了果断行动的边缘。现在，我们在这种情况下如何起床呢？我从自己的经验中得出：更多时候，我们根本无须挣扎或下决心就可以起床。我们突然间发现我们起床了。这是意识的一个幸运的疏忽，我们将温暖与寒冷都忘在了脑后，我们进入有关这一天生活的幻想。在此过程中，这想法闪过我们的脑海："嘿！不能再躺在这儿了！"——在那幸运的瞬间闪现的一个想法唤醒的不是矛盾或让人无法行动的建议，因此，立刻使其产生恰当的电动机效应。正是在奋力挣扎过程中出现的我们对于温暖与寒冷的敏锐意识使我们无法行动……[17]

他总结道，在那个时刻抑制停止了，原始的想法发挥了作用，我们起床了。他以典型的詹姆斯式的自信补充道："这一事例在我看来，似乎包含了完全的意志心理信息的缩影。"

现在，为了我们特定的研究，我们以詹姆斯本人为例。我们注意到，当他在阐述中刚触及问题的中心时，便有一个值得注意的叙述。他写道："我们突然间发现我们起床了。"换句话说，他跳过了整个问题。"根本就无须下决心"，而只是"意识的一个幸运的疏忽"。

但我要问：在那"意识的一个幸运的疏忽"中发生了什么？的

确，其矛盾心理导致的无法行动的束缚消除了。但那是个否定的陈述，并未告诉我们为何其他的事发生了。我们当然不能像詹姆斯那样称之为"幸运的瞬间"或一个"偶然事件"。如果我们意志的基础只是停留在"幸运"或"偶然事件"上，我们就是将房屋建在了沙地上，我们的意志完全没了根基。

我并不是说在此例中，詹姆斯直到现在都没说什么。他说了并且还很重要。整个事件表明了维多利亚式意志力的崩溃：意志由一种"能力"构成，这种能力是基于能够促使我们的身体抵制我们欲望的能力的。维多利亚式意志力将一切都变成了理性的、道德的问题——譬如，我们被温暖的床铺吸引，对此让步是可耻的，而所谓"超我"的压力则是"正直的"，也就是说起床和工作。弗洛伊德对于维多利亚式意志力的自欺与理性化进行了详尽的描述，并且我认为，他永远地将它推翻了。这个例证表明詹姆斯本人与维多利亚主义麻痹效应做斗争，在此过程中目标已扭曲成了其自身性格的自我中心的表现，而真正的道德问题却完全消失在了混乱中。

因此，我们又回到了我们关键的问题上：在"意识的一个幸运的疏忽"中发生了什么？詹姆斯只告诉我们："我们进入有关这一天生活的幻想。"啊，这就是我们的秘密！心理治疗带给我们大量詹姆斯所没有的那种"幻想"的信息——而我认为我们根本就未"陷入"其中。

为了能够阐明这个问题，我要在此对我关于詹姆斯意志概念"未完成之责"的看法进行说明。我认为，詹姆斯遗漏了体验的整个维度。答案并不存在于詹姆斯的意识分析之中，而是存在于一个没有意识与无意识之分，既包括意识又包括无意识，既包括认识又包括意志力的维度中。

我们现在就要讨论这个在历史上被称为意向性的维度。

注释

[1] 威廉·詹姆斯在其《心理学原理》关于意志的章节中说，自由意志的问题在心理层面是无法解决的，这是个形而上学问题。心理学家赞成自由意志的观点——这是决定论问题，他应当知道他说的是形而上的问题并采取适当的防护措施。

[2] Alan Wheelis, "Will and Psychoanalysis," *Journal of the American Psychoanalytic Association*, IV/2, April, 1956, p. 256. Wheelis 在这篇文章以及在 *The Quest for Identity*（New York, W. W. Norton & Co., 1958）最后几章给出的问题解决办法缺乏他的分析那样的敏锐性。

[3] 厄内斯特·萨克托告诉我，小海鸥在看到漆在木头上或以其他形式出现的与母鸥喉部标记相类似的黄色标记时就会有摄食反应。

[4] 摘自威廉·F. 林奇未发表的论文，他 1964 年在关于意志与责任的会议上有过口头说明。

[5] 摘自赖特·托马斯和斯图亚特·布朗所写的《荒原》的讨论与批评。*Reading Poems: An Introduction to a Critical Study*（New York, Oxford University Press, 1941），p. 716.

[6] 同上。

[7] 威廉·林奇在 1964 年美国存在心理学与精神病学年会上的讲话。这使我想起了斯宾诺莎（Spinoza）学说，我们应当"首先抓住我希望获得的美德"。这样，我们才可能看到这美德如何运用于出现的每一状况中，然后，它会渐渐在我们身上留下深深的印记。那关于美德的忠告能够或应当遵循多少，

我们不得而知。但我们以上想强调的斯宾诺莎与林奇神父的意义是意识可传达的积极方面。

[8] 同上。

[9] 同上。

[10] Leslie Farber，来自纽约一个关于意志和责任的会议上的文件，1964。后收录于 *The Ways of the Will*: *Essays Toward a Psychology and Psychopathology of Will*（New York, Basic Books, 1966），pp. 1-25.

[11] E. R. Hilgard, "The Unfinished Work of William James," 美国心理学会年会文件, Washington, D. C., September, 1967。待发表。

[12]《心理学原理》，詹姆斯之名作，1890 年出版，比弗洛伊德出版其《梦的解析》早十年。

[13] 詹姆斯认为，动机的快乐－痛苦系统——我们热切地争取某些事物因为它们能带给我们快乐，反对其他的事物因为它们带给我们痛苦——有两大缺陷：一是虽然快乐与痛苦是在表层的动机，但它们不过是众多不同动机中的两个。二是在更基础的层面，快乐与痛苦更是附属物而非原因。我行动以达某种自我满足。如果我行动有助于此，它就会带给我快乐。就如詹姆斯所说，我不会因为从中得到了快乐就一直写下去，但我发现自己在写并满怀兴奋，我继续这项计划或任务有其自身的原因，虽然我可能确实从断断续续写下去中得到了几种不同快乐。

[14] James，Ⅱ，p. 546.

[15] 同上，p. 321。

[16] 同上，p. 322。

[17] 同上，p. 524。

第九章

意向性

　　学习不是知识的片段积累。它是一种发展，每一点知识都会使学习者成长，因而使之能够形成越来越复杂的客观性——客观复杂性是与主观能力同样发展的。

　　——胡塞尔（Husserl），由昆廷·劳尔（Quentin Lauer）阐释

　　在我们探索愿望更深层的重要性时，我们注意到一个奇怪的主题总是不断地出现：在愿望中发生的事比呈现在我们面前的要多。当林奇谈到愿望中的"自主"元素，或当他与法勃都谈到愿望与想象和自发性之间的关系时，就蕴涵了这个主题。尤其当我们思考愿望的意义时，这个主题便会出现。人类愿望的那个方面超越了纯粹的力量，它是以语言、艺术以及其他符号来表达的。詹姆斯在其对寒冷的早晨起床的阐述中回避的问题也以一个大大的"×"呈现了问题的主题。

　　像伴奏般贯穿我们讨论的这个主题就是意向性。凭借意向性，我们能有意建构一种给予体验以意义的结构。它不是意向，而是构

成意向的基础。它是人形成意向的能力。在詹姆斯的例子中则是对于将要开始的一天之可能性的想象，借此发展出我们对于形成、影响、改变自己和与他人有关的一天之能力的体验。詹姆斯躺在床上的幻想是对此的精彩表达，尽管他对此予以否认。意向性是意识的中心，我认为它也是愿望与意志问题的关键。

这个词是何意思呢？我们可在两个层面来定义它。最初的层面是：我们的意向是由我们对于世界的看法决定的。比如说，今天下午我上山去看房子。假设我在寻找一处我的朋友们可以租住度夏的房子。在我得到这所房子前，我会询问该房子是否建得牢固，阳光是否充足，以及其他对我来说与"避身处"相关的问题。或者假设我是炒房者，那么吸引我的就是翻修该房子有多容易，我付款买的房子是否能以更好的价格出手以及其他有关"利润"的问题。或者假设这是我们正在探访的一位朋友的房子，那么我就会以"待客"的眼光打量它——它宽敞的院子、舒适的座椅，方便我们下午的谈话更加愉快。或者假设这是我朋友办鸡尾酒会的家，他曾在我家办的鸡尾酒会上怠慢了我；我会发现，我看到的都表明任何人都更喜欢我家而不是他家。此外还有贬损的嫉妒和我们人类因"社会地位"而恶名昭著的其他方面。又或者，最终，这个下午，我带着水彩画工具，决计画个素描，我会看到这房屋如何与山相靠，屋顶线条的起伏或和山顶相合、或隐入低谷。而实际上，我现在甚至因它给予我的更伟大的艺术之可能性而更喜爱这摇摇欲坠、每况愈下的房子了。

在这个例子里，刺激物同样是一所房子，我也是对其回应的同一人。但在每一例中，房屋与体验却有完全不同的意义。

　　但这只是意向性的一个方面，另一个方面是它的确来自客观对象。它是一种意向结构，保证我们虽然是主体，却有可能看到并理解作为客体的外部世界。意向性是它们之间的桥梁。在意向性中，主客体间的二分法部分地被超越了。

意向性的根源

　　在我看来，这个概念如此重要，而在当代心理学中又被如此忽视，因此我请读者与我一同探寻其意义。我们可从古代思想中发现其根源。亚里士多德说："双眼所见（用我们的话说，就是我们所觉察到的）是灵魂的意向。"西塞罗（Cicero）说："灵魂是身体的张力。"[1] 但特定的意向性概念本身却是由中世纪早期的阿拉伯哲学家引入西方思想的，并且成为中世纪思想的核心，那时其含义是我们如何了解真相，即它是种认识论。有两种意向性被加以区分：第一意向性，指对于特定事物的认识——实际存在的客体；第二意向性，这些客体之间的关系成为普遍的概念——通过概念进行了解。

　　这一切都需要这样一个先决条件：除非我们以某种方式参与其中，否则我们无法了解一件事。对于圣托马斯·阿奎那（St. Thomas Aquinas）而言，意向性是思维能力对已知事物的理解。很遗憾，译者没能将他的话翻译得让我们易于理解："思维能力通过在智力活动中被形成的事物，形成其自身对于所知事物的意向。"[2] 我们注意到 "being informed"（被形成）是被动语态，其后跟着 "form"（形成）这个主动语态。我以此来说明在认识的过程中，我们内心被已知事物定形；而在同一行为中，我们的思维能力同时也赋予我们所理解的事物以形式。这里重要的是 "in-form" 这个词或 "forming in"。告诉某人些什么，让其内心成形，就是塑造他——这是一个过程。在心理治疗中，在恰当的时刻，治疗师的一句话或一个字就会使这个过程变得非常有力。这与我们在学校所接受的教育是多么不同，那种信息不过是些枯燥的资料，是由我们操控的我们外部的东西。

因而意向性开始是方法论，是一种认识事实真相的方式，它包含着我们所了解的事实的意义。

伊曼努尔·康德（Immanuel Kant）在现代思想中的"第二次哥白尼革命"使我们这个主题向前迈进了一大步。康德认为，心灵并不仅仅是感觉可在其上刻画的被动的陶土，或是仅仅吸收事实并分类的东西。真实情况是客体遵从（conform）了我们的理解方式。[3] 数学就是一个好的例证。这些是我们头脑中的概念，但自然会使"答案"与之相符。就像罗素（Bertrand Russell）继康德一个半世纪之后所说的关于物理学的看法："物理学是数学化的，不是因为我们对物质世界了解得太多，而是因为我们对此了解得如此之少，我们只能发现其数学特性。"[4] 康德的革命性在于他使得人的头脑成为对其所了解事物主动的参与者、塑造者。其自身去理解，然后构成其世界。

在 19 世纪的后 50 年，这一概念又被弗朗兹·布伦塔诺（Franz Brentano）重新引入。他在维也纳大学的演讲颇有说服力，弗洛伊德与胡塞尔都去听了他的讲座。布伦塔诺认为可以这样一个事实对意识进行阐释：它是对某事的打算，指向其自身之外的事物，即它是对某客体的打算，因而，意向性赋予意识以富有意义的内容。

虽然就我所知，弗氏并未在其著作中提到过布伦塔诺，但显然他并不只是布伦塔诺讲座中默默无闻的旁听生。据我所知，有证据表明，弗洛伊德积极听课，布伦塔诺有一次还给了他建议。一个人的想法以如此关系密切的方式对另一个人的观点产生影响并成为后者思想的重要组成部分，可能永远与其思想相伴，这种例子并不罕见。依我之见，弗氏观点中之意向性便属此例。意向性成为弗氏自由联想、释梦及幻想之方法的基础。他没有明确提及此概念的原因，与我们理论心理学和科学心理学忽略了其他方面的原因相同。弗洛伊德试图为其精神分析建立一种自然科学形式的心理学，其明确的意向性——精神与身体之间"缺失的环节"——即使不至于使此任务不可能完成，也使其实现变得十分困难。譬如，弗氏致力于从力比多中形成一种"经济学"理论，而力比多是在兴奋的经济量中不断变化的重要变量。我们可假定某种力，譬如说，纯粹的性欲，其与整个身体的腺体和神经肌肉相关，同时也有性器官的特有的兴奋。但事实证明人的力比多根本不是一个定量，而是随其与爱人、父亲、母亲、过去恋人等的关系起伏涨落，而这些象征性意义——此为定性的——作为变量较力比多的量更为重要、更有力量。实际上，弗洛伊德首先教给我们的这些意义正好破坏了他自己或其他人有关纯粹定量的阐释。

胡塞尔是现代现象学之父布伦塔诺的信徒，并将此概念延伸到我们整个的知识中。他指出，意识从来不是存在于主观的真空中，而总是对于某事物的意识。意识不但不能与其客观世界分离，而且事实上构成了其世界。依胡塞尔之说法，其结果便是"意义是心灵的一个意向"[5]。意识本身的行为和经验不断地形成和改造着我们的世界。自我与客体、客体与自我之间是不可分割、相互关联的，自我参与到这个世界中，并对其进行观察，自我与世界失去彼此是不可想象的。当然，这并不是说体验的主观与客观方面一刻都无法排除。当我测量我的房子，想看看粉刷它需要多少油漆时，或当我拿到孩子的内分泌检验报告时，有一阵子我会将对此的感觉排除在外，我只想尽可能清楚地了解这些数字。但接着我的职责就会将这些客观事实放回到它们对我的意义的背景中——我粉刷房子的计划或我对孩子的关心。我认为，心理上的一个严重失误会将体验的一部分分离而再也无法将它重新放回去。

海德格尔又进了一步，将胡塞尔的概念从柏拉图唯心主义的"凭空想象"中脱离出来并将其扩展至人类全部的感觉、价值认同以及行为中。他是以关怀（sorge）的概念来进行此项工作的。关怀在与康德的理解相类似的意义上构成我们的世界。人是存在，海德格尔关心的是存在，所以再三再四地如是说。而当人不能存在时，我们就可以从治疗学角度观察到的其墨守成规与人格解体的状态的意义上说，他失去了其存在，即他失去了潜能。在关怀与意向性之间存在着一种密切的关系。词根"tend"——to take care of（照顾）——是 intentionality（意向性）一词的中心，这一事实已能说明问题。

一个词本身就体现了一种积累与创造性的智慧，因为它是无数想为自己与其文化中的同胞积累一些重要的东西的人几个世纪的创造、发展与改造的产物。让我们看看通过追溯"意向性"及其相关的"打算"与"意向"这些词的词源对它们进行理解对我们有何帮助。

这些词统统来源于拉丁词"intendere"，都是由 in 加上 tendere、tensum 构成的，非常有趣，后者意为"伸展"，"紧张"（tension）一词便由此得出，这立刻让我们明白了紧张便是向某物"伸展"。

现在有一个事实可能会使读者惊讶，我就曾如此。那就是韦氏词典[6]中的"打算"（intend）一词的第一个含义与"目标"或"计划"毫不相干，就像当我们说"我打算干某事"时，更可能指"我想要表明"。韦氏词典的第二个含义则给出了这样的定义："头脑中的目的或计划。"我们唯意志论的维多利亚传统中的大多数人都倾向于略过最初级、最中心的含义而只使用这个概念的派生含义——有意识的计划和目的。我们的心理学很快就能证明这种有意识的计划和目的几乎是错觉，我们根本就不是能够做出这样精密的、自由选择的、自主的计划的生物，我们被迫抛弃全部的"打算"、一切的"意向"。我们已经知道通向地狱的路是由良好的意向铺就的。无论如何，我们现在明白了这些意向无论是好是歹，都是我们自欺的无稽之谈。但倘使你将自欺变成自私自利并意识到假使没有这自私自利便根本无所谓知识或行动——这种自私自利所包含的一切都有其关切与意向，并且我们就是藉由这些打算来了解我们的世界的——如果你将这同样的词从贬义转换成褒义的形式，其含义是如何不同啊！

意向更重要的方面是其与意义的关系。我们将其用法律术语的一种形式提问：法律的打算是什么？当涉及其意义时，"打算"就是"头脑转向目标"，韦氏词典的第一条定义这样写道，"因此，是一个计划、目的"[7]。"计划、目的"跟在"因此"之后，也就是说，经验的唯意志论方面在于头脑已转向对我们有某种重要性与意义的目标。

贯穿这词源学的当然是"tend"这个小词，它指的是朝向某物运动——趋向、趋势。对我而言，它似乎是我们整个探索的核心，它出现在核心永远提醒我们，我们的意义绝不可能只是"理性的"，或者我们的行动纯粹是由过去推动的结果，而是我们在两者中向某物移动。说来也怪，就像我们大体理解的那样，这个词也有"照料"的含义——我们照管我们的牛羊，我们照顾自己。

因而，当胡塞尔说"意义是心灵的一个意向"时，既包含了意义，也包含了行动，即朝向某物的运动。他指出了这个词在德语中的双重含义：meinung 一词表示意见或意义，与表示照料的德语动词 meinen 的词干相同。在这一点上对英语进行考量时，我发现我们也有那种双重含义，这令我感到惊讶。我们所受的教育使我们认为客观事实包含了一切事物，即使其自身不是至高无上的，其地位也仅次于上帝。当我说"我的意思，是纸是白的"时，你会将我的话仅仅看作对事实的陈述，这是单方面的相等，即"A"等于

"B"。但当我说"我想（mean）拐弯，但车轮打滑了"时，你会将我所说的"mean"看作我的意向，是对我的承诺或信念的陈述。我们只能从后者看出我是否能使之实现。

因此，我们所争论的论点之结论是每一种意义中都包含着承诺，这并非指我有了个想法之后，为了实现它而运用我的肌肉。这最不可能是行为主义者看了这些段落之后会说的意思："就像我们常说的——无论如何，意识只存在于行动中，而我们不妨只研究肌肉的运动，从行为开始。"不，我们的分析恰好得出了相反的结论，就像喉部在谈话时那样纯然的肌肉运动恰好是你所没有的。你更可能是一个有打算的人，你除了能够看到公开的行为与其意向相关并且是对意向的表达之外，你是理解不了这行为的。意义与意向分离就失去了意义。意识的每一行为都是朝向某物的，是人转向某目标，并且无论多么不易觉察，其中都包含着朝向行动方向的推力。

认知，或了解，或意动，或意志，就都相互协调起来，彼此不可或缺。这便是承诺如此重要的原因。如果我没有对某物的渴望，我就不可能了解它，我就不可能满足我的意愿。在这个意义上，可以坦白地说人形成了自己的意义。请注意，我不是说他只形成了其意义，或他不是时刻与现实辩证地相联系。我是说，倘使他没有专注于形成他的意义，他就永远不会了解现实。

至此，我的任务都是在定义意向性的概念。我已经强调过它既包含认识又包含我们对现实的构成，并且二者彼此不可分割。从意向性的观点看，詹姆斯躺在床上的沉思完全是合理的，他突然起床也不是虚无缥缈的"幸运的瞬间"或"幸运的偶然事件"，而是他

"与这一日事件相联系"的可理解的、可靠的表达。那是他"富有想象力地参与"到这一日及当日的事件中，正是这些伸出手抓住了他，使他能够起床。

精神分析实例

我现在想举几个精神分析中的意向性问题的例子。在这些有趣的例子中，患者察觉不到一些明显的事实，并非因为眼睛有问题，或神经功能有问题，或是任何一类问题，而是因为他陷入意向性问题而使其无法看清事实。

我的一位患者说母亲刚怀上他时是想将他打掉的。出生后的头两年，她将他交给一位未婚姨妈抚养，之后又将他送到了孤儿院，并且答应每周日来看他，但却很少露面。现在假如我们对他说——如果我天真地认为那对他有好处的话——"你母亲恨你"，他能听到这些话，但却对他毫无意义。有时会发生生动而令人印象深刻的事——这样一位患者甚至听不到像"恨"这样的词，即使治疗师重复这词他也听不到。假如我的患者是位心理学家或精神病学家，他有可能会说："我意识到这一切似乎在说我母亲不想要我、不爱我，但那些词对我而言不过是些不相干的词。"他并非在搪塞我或在跟我捉迷藏，这仅仅是一个事实："这位患者在准备好接受这样的精神创伤前是察觉不到它的。"

这种经验当然对任何人都不陌生：我们感到会被解雇，我们所爱的人即将死去。但我们内心经历的却是一场奇怪的自我对话："我知道以后这会发生，但现在我看不到它。"这话的意思不过是说："我知道这是真的，但我还不能允许自己看到它。"假如我们既无法面对正发生的创伤又无法回避它的话，这世界就太无法承受了。精神分裂症就是对这种两难困境的一种反应。有时，治疗师会错误地向患者不断灌输其一直无法承认的事实——例如，告诉一位妇女她不爱自己的孩子。但若患者不放弃治疗的话，后果常常是其会发展出其他一些可能更糟糕的自我与现实之间的阻碍。

意向性预设了这样一种与世界之间的亲密关系：如果我们不能不时地将世界阻隔在外的话，我们便无法继续存在。这不应仅以非难之词"阻抗"称之。我不怀疑弗氏及其他人所说的阻抗的存在，但我现在强调的是一种更广泛的、结构性的现象。即如梅洛·庞蒂所说的："每一意向都是一种关注，是一种我能够的关注。"[8] 因而只有到了我们能够以某种方式体验到与某事相关的"我能够"时，我们才能够对此事给予关注。

同样的识别在记忆中也以极其有趣的方式表现得十分明显，患者常常需要分析一两年之后才能记起一些童年发生的明显事件。当他们突然间确实记起了某件事时，难道是其记忆力提高了？当然并非如此，而是患者与其世界之间的关系发生了变化，通常是因为他们信任治疗师，从而也信任自己的能力增强了；或是其他原因，如其神经性焦虑减轻了，或者他们与意向性的关系——人们大多是以纯粹的有意识的意向开始，而意向性正与此相反——发生了变化。记忆是意向性的一项功能。记忆在这方面就像知觉，患者如果没有准备好面对它，就想不起来。弗朗兹·亚历山大（Franz Alexander）写道："恢复童年记忆不是分析的原因，而是其结果。"[9]

所有这些都仰赖于了解与愿望、认知与意动的不可分割。这在心理治疗中表现得最为清晰。患者来治疗是因为他们意识到他们在生活中不能行动。他们不知道——他们意识不到其"无意识"驱力，不了解其自身的机制，从未在意识层面了解这些机制的童年成因，等等。但假如这是唯一的方法的话，患者将会在治疗室的躺椅上治疗七八年而从不行动。因此，他们不是不够了解。而心理分析，用希尔文·汤姆金斯的话说，就成了"使人们优柔寡断的系统训练"。

但治疗朝向相反方向也是错误的，就像此后学校所做的那样，它们坚持治疗师的作用是向患者阐明"真相"，并使其采取相应的行动。这就使治疗师成为社会上的心理警察，其工作就是帮助患者适应我们特定历史时期的道德——这些道德准则，我们只能说，即使它们还能维系，其价值也是极不可靠的。我们避免这两个错误的唯一途径便是将问题移入意向性的更深层次。

我在此的论点是，心理分析的功能应当是将"意向"推向意向性更深、更广、更有机的维度。心理分析的功能不是一直都表示从来不存在纯粹的有意识的意向，我们——无论我们是不是真正的杀人狂——都是被"非理性"，原始生命力，以及叔本华、尼采还有弗洛伊德所说的生命的"阴暗"面的动力驱动吗？弗氏否定了深思熟虑是行为动机。无论我们做什么，促使我们行动的都远远不只是我们的"理论"原因和理由。心理分析的资料使我们在意向与意向性之间有必要的区别和必需的联系。

我们现在得停下来将"意向性"与"目的"或"唯意志论"做一下区分。意向性是认识论的一种形式，既非目的又非唯意志论。意向性包含反应，而目的与唯意志论则不包含。意向性不是唯我论，而是人对其世界结构的一种武断的反应，意向性奠定了使目的与唯意志论成为可能的基础。

患者自愿的意向，就其所知，可能就是按预约时间来我这里治疗，告诉我发生在他身上的这件或那件重要的事，要放松并要完全坦诚。但与之相反的是，其无意识的意向可能会通过扮演一个"好患者"来取悦我，或想让我对其出色的自由联想印象深刻，或想以其可能对自身或他人所做的灾难性事件的描述来迫使我无条件地关注他。

意向是一种心理状态，我可以使自己自愿地做这做那。意向性则构成了有意识及无意识意向的基础。它指的是一种存在的状态，并或多或少地包含当时人与世界定位的全部。而最有趣的是心理治疗中强烈的自愿意向——这与"意志力"相关——阻碍人通向其意向性。正是它阻碍患者与其经验的更深维度的交流。我们的威廉·詹姆斯及其维多利亚的意志在床上做着思想斗争，只要他斗争，他就只能瘫在床上不能行动，这是个有趣的例子，而且只要他还是以那样的方式进行斗争，我们可以肯定他会一直瘫在那里不能行动。

意向性，当我用这个词时，我就已经深入即时觉知的层面之下，且包括自发性、身体元素以及其他通常被称为"无意识"的维度。这既有积极的意义，也有消极的意义。譬如，我此刻的意向是将这些在我看来重要的想法写成可读的形式并在不太久的将来完成这一章。但除非我投入比那要求更多的意向性——除非我致力于尽我所能将我写得真实、优秀——否则我只是完成了一项枯燥乏味的工作，我不会创作出任何真正重要或有创造性的东西。在我快乐地写作这一章时，我会阻隔可能涌现在我脑海的新想法，阻隔那些来自经验的前意识和无意识维度的新观点和新形式。意向是伴随着有意识的目的的，但精神分析的礼物则是深层维度，这是个礼赠，它极大地扩展了意向，事实上是将其从有意识的目的推向了更全面、有机、有感觉与愿望的人，这个人既是其过去又是奔向未来的产物。精神分析不会让意向只停留在简单的意向上，而会将其推向意向性更深、更广、更本真的层面。

我们说过，意向性给予了意志与愿望以基本的结构。从精神分析角度讲，在意向性赋予的这种结构中存在对有意识的意向的压抑与阻隔。弗氏通过"自由联想"将其显现得异常清晰，无可辩驳。看似随意的自由联想其实根本不是随意的。在自由联想中，思想、记忆和幻想是从这样一个事实中获取其形式、其模式及其有意义的主题的，这些患者或我们当中任何一个不是在治疗室的躺椅上而是在正常的思想与创造中进行自由联想的人当时都可能根本觉察不到——这些是他们的幻想、他们的联想，来自他们对于世界的认识、他们的责任以及问题。只有事后，当事者本人才能够看到与理解他所说的这些貌似随意的、毫无关联的事件中的意义。自由联想是一种技术，它超越了纯粹的、有意识的意向并将自我交托给了意向性领域，这些更深层的意义存在于意向性更广阔的领域，也正是在此处我们首先找到了患者压抑的原因。我认为，弗洛伊德与精神分析的长期影响将会深化与扩展我们对于意向性的理解。

知觉与意向性

我的桌上有一张纸。如果我想在这张纸上做一些我手稿的笔记，我会从它是空白的这个角度来看这张纸：它上面是否已写上了东西？假如我的意向是给孙子叠纸飞机，我就会看这张纸是否厚实。又或者我打算在上面画画，我看到的则是纸质粗糙的纹理是否使我的铅笔便于绘画、使我绘画的线条更有趣。在每一种情况下，纸都是同一张纸，我也是对其做出反应的同一个人。但我看到的是三张完全不同的纸。当然，我若称之为"失真"是不合理的，这只不过是刺激与反应的一个既定事件、特定模式可有无限多样的意义的一个例子。

意向是一个人将注意力转向某物，在此意义上，知觉是受意向性指挥的。这可以从意识是由图形到背景这一事实加以说明。如果我看树，则山是背景；如果我看的是山，则情况正好相反——山成了图形而其余的则成了背景。知觉这种选择性的、非此即彼的特性便是意向性的一个方面：我在这一刻不能既看这一物又看那一物。在那一刻说"是"也就意味着我也必须对其他事物说"不"。这只是说明意识的本质是怎样相互冲突的一个例子。这种冲突是意志不可或缺的部分，是意识的起源，而这个意识的起源就存在于意识本身的结构中。

但现在我们得赶紧说这个选择的过程——我看是这儿而不是那儿——根本就不是仅仅使用脖子和眼睛的肌肉向我选择的我所关注的目标转转头、将视线投过去。现在发生的是一个更复杂、更有趣的过程。这是一个对目标进行构想的内在过程，以便我能够感知它。这就是我的主观体验与客观世界所发生的事件之间极其紧密的相互关系。我无法知觉某物，直到我能够构想它。唐纳德·斯尼格（Donald Snygg）教授提醒我们，当库克船长（Captain Cook）的船驶入原始社会的人们的港湾时，他们是看不到他的船的，因为他们没有用于描述这艘船的词汇和符号，这说法令人难以忘怀。[10] 他们感知到的究竟是什么我不得而知——或许是一片云或一只动物，但至少它是他们有符号来代表的某种东西。用语言或者符号来表示的过程，是感知的构想方式。

"conceive"一词在我们的社会中用来表示怀孕，这种比拟也不恰当。知觉行为也需要有带给自我新生事物的能力。如果一个人不能够，或由于某种原因尚未准备好对他所看到的事物在其自我中产生一个新立场、一种新的态度，他就无法感知它。从精神分析的例子中，我们可以清晰地看到，在患者没有准备好采取面对事实真相的态度，不能够构想它们之前，他无法获得洞察力，无法感知其自我与其生命的事实真相。

perceive（察觉）与 conceive（想象）两词的词干都是拉丁语 capere，其意为拿、抓住。甚至连"apprehend"（领会、搜捕）也会有同样的主动而非被动的特性，因为它来源于 prehendere，即用手抓住之意。（这一含义与我们大多数人获得的有关知觉，即正在受到刺激和给视觉留下印记这样的被动画面相距何其遥远啊！——这便是在这些词的演变中传承的智慧！）性与怀孕的类比，并没有什么不妥：知觉和概念二者都是对这个世界主动的构成。这个世界则是在人以外的生物、人及与其相关的世界之间的交流中运行的。新想法诞生了，塞尚的树的新视野被创造出来了，新的发明被创造出来了——意识在孕育其知识的意义上是在创造，但这是主体与客体之间持续的交互、吸引与反吸引、响应的关系；与性交不同，它不仅仅是主人与奴隶之间的关系。倘若我们使用古老的雕塑家与其黏土的比喻的话，我们一定会明白黏土也塑造了雕塑家，因其作品取决于黏土的条件，它限制甚至改变了其意向，因而也形成了其潜力和意识。

如果意向性像我们认为的那样是知觉的一个重要过程，那么就更加不幸，在心理研究中这个维度已被排除在考虑之外了。我们不该将其专门排除在这个画面之外——我认为这本身就损害了我们的工作——我们应当直接将意向性包括进来，这就意味着要将实验者的成见考虑进去。罗伯特·罗森塔尔（Robert Rosenthal）已经证明了实验者的期望，也就是"意向"是怎样影响了实验结果。[11]我们还应当在任何实验中将人类研究对象的意向性包括在内。在参考你的实验时，是什么加强了你同事的意向？你赋予那些在教室里接受主观题知觉测验的被试者的意向性是什么？实际上，这让人非常惊诧，我们似乎相信这些东西不会有什么区别。

无论如何，我都一再强调，在读心理研究报告时，我确信心理学家正在研究的东西与他认为他正在研究的东西是不同的。除非他能够在意向性层面阐明参加者的情况，否则他实际上不会了解他正在得到什么。

这将我们从身体关系的阈限带到了意向性。但在我们跨越这个阈限之前，我们必须消除一个误解。不能将意向性与内省相混淆。它并非内窥或自我审视以发现这样那样的情况。它并非将我转换成客体的注视。它与"检查"无关，正如保罗·利科指出的那样，或将我劈成"旁观者"与"行动者"。继笛卡儿将一切分为主体与客体的二分法之后，将意向性与内省联系起来的普遍趋势成为关于我们时代要克服此习惯如何之难的另一个评注。意向性体现在行动本身，我通过行动而非自我注视展现自我。与意向性相关联的归因并非思考的问题，而是一种行动，由于它总是包含反应，因此它是可靠的。

身体与意向性

维多利亚时代的人使用其意志来压抑被其称为"低级的"身体欲望。一个人若不考虑身体欲望的话，当然不可能成为一个能够做决定的人。我们在上一章对于愿望的讨论表明身体的愿望必须与意志整合，否则此会阻碍彼。身体是由与意向性相关的肌肉、神经以及腺体构成的。当我们暴怒或想要攻击时，我们的肾上腺素的分泌会增加；当我们焦虑或想要逃跑时，我们心跳的速度会加快；当我们性兴奋而想要性交时，我们的性器官会充血。在治疗中，当患者在特定时间通常与其意愿和意向性阻隔时，治疗师最好仅仅帮助患者意识到其身体感觉和状态。

威廉·詹姆斯对身体非常关注。我们从其重视感觉以及将情感视为身体内部变化的知觉这样坚定不移的看法就可了解到这一点。与之相类似的是另一个维多利亚时代的人——弗洛伊德对于性与本能的观点。在这两人身上，我们都看到了维多利亚时代的人向身体妥协的努力。他们的文化将他们与其身体疏离了。他们都将身体当成了工具，当成了一种仪器，而未意识到这不是其设法克服疏离的一种表达。

25年前得肺结核时，我发现我所继承的"意志力"令人奇怪地毫无作用。那些日子里，唯一的治疗方法就是卧床休息和小心的、循序渐进的锻炼。我们不能用意志力让我们自己好起来，而且"意志坚强"[12]控制型的人得了肺结核通常会病情恶化。但我发现，在治疗中听我身体的话是至关重要的。在我们的社会中，要求我们努力倾听我们身体的声音是一种对于可能来自身体的任何提示持久"开放"的努力。近年来，身体再教育学家、健身瑜伽教练的工作都显示出倾听自己身体的能力与心理健康之间重要的相互关系。在我们使用像我"接受"疲劳、我"同意"休息、我"赞同"我的医师或老师的建议、我"采纳"养生法这样的表述时，意志不见了。因而，存在着一种意志，它不仅是反对身体的欲望，它还赞同身体，它是一种内在的意志，是一种参与而非反对的意志。

"意志是通过欲望行动的。"亚里士多德说。我的欲望是在我的体内被感觉和体验的，并伴随着相应的腺体变化这一事实——它们是具体化了的欲望这一事实——意味着我无法逃避采取与之相关的立场。也就是说，假如我有了一个愿望，即使我只是否认我有这样的渴望，我也无法避免热切地争取它。只有当我脱离自己的身体时，冷漠才会出现，因而，完全否认对愿望的觉知通常会使人暴力地对待自己的身体。

我的身体极好地表明了这样一个事实：我是一个个体。我是个肉体，作为一个单独的实体与他人分离，我无法逃避以这种或那种方式冒险——或拒绝冒险，这是一回事。有人可能努力地在心理上安抚其他什么人，给他人在思想上留下印记。但身体上的连体双胞胎是很罕见的。不能体验到自我是与其他人，比如说与母亲分离的患者常常代表患有严重的病理性的疾病，通常是精神分裂的类型。我的身体是空间的一个存在，有着我的运动给予它的这种与空间的运动性的和特别的关系，这一事实使得我无法逃避以这样或那样的方式"采取立场"，这成为一个生动的象征。正如保罗·利科所强调的那样，意志是具体化了的意志。因而，如此之多与意志相关的词都是指我们身体的位置——"take a position"（做决定），接受一个"view"（观点），选择一个"orientation"（方向），或说某人是"upright"（正直的）、"straight"（直率的），或相反，是"prone"（有倾向的）、"cringing"（卑躬屈膝的）、"ducking"（回避），这都是指通过身体姿势来表现意志与决心。易卜生戏剧中的培尔·金特只要跟着无形的精神力"around"（兜圈子）、"crooked"（绕弯子），他就永远不会成为一个独立的自我。他只有像易卜生所表述的意志坚定的人所采取的立场那样，"straight through"（径直穿过）才能获得自我。

更有趣的是，身体是意向性的语言，它不仅表达意向性，还与之交流。当一位患者跨进我咨询室的门时，其意向性就表现在其行走方式、其姿态中。他会留下来还是离开呢？他是半张着嘴说话吗？当我不去听他说话的内容而只是听他的语气时，他的声音又在说明什么？不仅是在治疗中，而且在现实生活和我们的交流中都有比我们意识到的多得多的内容——舞蹈细微的特征、我们通过身体运动不断创造的各种形式所传达的意义。

在威斯康星州进行的对精神分裂症的研究中，卡尔·罗杰斯（Carl Rogers）及其同事对至少几个月里除用身体语言外无法或不愿交流的患者之意向性与身体进行了生动的描述。例如，尤金·根林（Eugene Genlin）讲述了他到病房为一位从不开口的、充满敌意的患者进行治疗的情况。[13] 起初，这位患者看到根林博士进门，拔腿就跑；接着，这位患者不再马上逃走；最后，他可以在根林博士身旁站一个小时。在他恐惧时快速眨动的眼睛中，在他要哭或要笑时嘴的颤抖中——在所有这些表情中包含着比大多数的口头表达更重要的，当然也是更有说服力的一种语言。显然，这种语言比那些为了避免认识到其自身潜藏的情感而在咨询室里唠叨几个月的患者那光鲜的、理智化了的谈话，传达出的意义多得多。

意志与意向性

莎士比亚在一首十四行诗中，写了一日的旅途劳顿之后，晚上上床睡觉的情形。他写道：

> 精疲力竭，我赶快到床上躺下，
>
> 去歇息我那整天劳顿的四肢；
>
> 但马上我的头脑又整装出发，
>
> 以劳我的心，当我身已得休息。
>
> 因为我的思想，不辞离乡背井，
>
> 虔诚地打算到你那里朝拜，
>
> 睁大我这双沉沉欲睡的眼睛……[14]①

　　莎翁这样使用"打算"这个词时，其行为已在其意向中表达出来。在我们的时代，我们会说："打算对你进行热诚的朝拜（intend to make a zealous pilgrimage to thee）。"我们会将行动看成孤立的、必须明确说明的东西，某种你全神贯注于它、做出决定之后附加的东西。莎翁写作的时期，英语就像所有语言在其古典时期的情况那样，具有意向与行动不可分离的特点，因而有着特殊的活力与力量。我们后来的语言则反映了头脑与身体的二分法。我们认为意向与身体理所应当是分离的，我们必须说出"做"本身。这一章的重点就是，莎翁所使用的语言不但具有诗意，而且更准确地描述了人的心理。这是在人为地描述之前我们所体验到的。意向与行为的分离是非自然状态，并不能准确描述人类的体验。行动是包含在意向

---

① 诗歌译文摘自：莎士比亚十四行诗．辜正坤，译．北京：中国对外翻译出版公司，2008：27。——译者注

中的，意向也包含在行动中。

保罗·利科教授举了以下的例子。[15] 我在旅行，而旅行不仅仅是客观状况，即看到自己在那里，它也是要做的事，是我要实现的计划。它是有我能实现这个可能的（我有多大力量，就有多大可能）。利科指出，在这段旅行的规则中，我们在谈及未来结构，但将其贬为"只是"主观的并不准确。它一点也不乏客观性，因为它是与未来相关的，是与未决定的结构相关的。认为他们的观点是只以客观事实构成世界，这是对维特根斯坦（Wittgenstein）及实证主义者不公正的贬低——而在这一点上行为主义者也包括了进来。"我能"是这个世界的一部分，这个观点在治疗中尤为重要，因为患者来治疗是因为他们无法说"我能"而只能说"我不能"；为了理解"我不能"，我们必须看到其背后的"我能"，这是对"我不能"的否定。

读者像我一样，都一定会注意到这章通篇都是 will（意志，将）这个词。当与意向性相连时，它也是我们英语用于将来时态的同一个词。意志与意向性都与未来密不可分。两者的含义——"一般将来时，将发生某事""是个人决心，我将使之发生"——都在意向性的每一个陈述中心以不同程度呈现出来。"我 9 月要来纽约"可能包含的决心很少而几乎完全是对未来的简单陈述。但"我要结婚"或"我要写首诗"对未来的评论则大大减少而更多地表明决心。将来不只是包含将要发生的时间状态，而且包含这样的元素："我要使之成为这样。"力量就是潜能，潜能则指向未来：它是将被实现的事物，将来是我们自我承诺的时态。我们开了一张期票，让自己去冒险。尼采所谓"人类是唯一可以做出承诺的动物"便与我们将自己置于未来的能力相关。我们还会想起威廉·詹姆斯的说法："但愿如此。"许多患者的无望可能以其压抑、绝望、"我不能"感表现出来，是与无助相关的。以一种观点看，可视之为无能力看到或建设未来。[16]

正是在意向性与意志中，人类感到了其身份。"我"是"我能"的"我"。笛卡儿之名句"我思故我在"是错误的，因为身体是不能够通过这样的思考获得的，自然也不能通过理智化获得。正如我们前面所指出的，笛卡儿的表述遗漏的恰是最重要的可变性：它从思想跳到了身份，而这时实际上出现的是"我能"这个居中的变量。克尔凯郭尔在嘲笑黑格尔同样过于简单化和唯智论的"潜能变为现实"的说法时声明，潜能确实会变为现实，但中间的变量是焦虑。我们可对此重新表述："潜能是对我的感受——我的力量、我的疑问——因而，它是否会变为现实，在某种程度上取决于我——我在哪里发号施令，我有多犹豫。"发生在人类体验中的是"我构想—我能—我将—我是"。这个"我能"和"我将"是基本的身份感。这使我们不至于因认为患者要在发展出一种身份感之后行动而在治疗中无立足点；相反，他是在行动中获得身份感，或至少可能感受到它。

我在其他地方已经指出，焦虑与潜力是同一经验的两个方面。[17]当性交的潜在性出现在青少年身上时，他不但能感觉到这新的能力赋予他的热情与自我价值，而且不能正常地焦虑。这些能力不能使他进入一种复杂的关系模式，这些关系具有潜在的重要性，他在其中才能行动。当一个人意识到并接受自己的潜力时，正常的、建设性的焦虑才随之出现——意向性是正常焦虑的建设性使用。如果我能够对以我的能力采取行动有期待并有可能性时，我就会前进。但如果焦虑压倒一切，则行动的可能性便被掩盖了。因此，保罗·蒂利希指出，明显的神经质焦虑会破坏意向性，"破坏我们与知识或意志有意义的内容之间的关系"。这是"无价值"的焦虑。没有意向性，我们事实上"毫无价值"。

非常有趣，蒂利希接着将意向性与生命联系在一起，然后又与勇气相联系。

人类的生命力与勇气一样伟大：它们是独立的，这使得人类成为最生机勃勃的生物。他们可在任何方向超越特定的状况，而这种可能性驱使他们超越自我进行创造。生命力是超越自我进行创造而不失去自我的力量。生物超越自我创造的力量越多，其生命力也就越旺盛。这个科技创造的世界是人类生命力最显而易见的表现。它表明人类生命力大大超越了动物的生命力。只有人类具有完整的生命力，因为只有他们有完整的意向性……如果生命力与意向性之间的相关性能够被正确地理解，人就能够接受在其真实性的界限内对于勇气的生物学阐释。[18]

压倒一切的焦虑破坏了感知与构想一个人的世界，无法向其伸展以形成并改造它。在此意义上，它破坏了意向性。在严重的焦虑中，我们无法希望、规划、承诺或创造；我们退回到狭窄的意识栅栏后，只希望保护自己直到危险过去。人类的生命力不仅以生物学的力量展示出来，还表现为以各种创造性活动与世界相联系，形成并改造了世界。因而一个人意向性的程度可以视为其勇气的程度。蒂利希描述了"阿瑞特"（arête）这个希腊概念，其含义为力量与价值的结合，而罗马的美德同样也是男性力量与高尚道德的结合。"生命力与意向性在这完美人类的理想中结合起来，它既来自野蛮，同样也来自道德。"[19]

从该词本身的来源提供的最后线索中，我们可以更进一步，将意向性与生命中体验的"强度"和"专注"的程度联系起来。我们总是试图确认生命力一词在心理学范围的含义，比如用"活力"这一类的词。没人能十分确信自己说了些什么。难道不是意向性给了我们从心理学意义上定义生命力的标准吗？意向性程度可以阐释人的活力、其潜在的承担责任的程度，如果谈论的是患者，就是其继续完成治疗任务的能力。

注释

[1] 这是由保罗·蒂利希为我从德语哲学词典中读译的。

[2] 同上。

[3] 在此，"conform"一词极其有趣，意为"以……形成"。

[4] 由 Arthur Koestler, *The Act of Creation*（New York, Macmillan Co., 1964, p. 251）援引。

[5] 由 Quentin Lauer, *The Triumph of Subjectivity*（New York, Fordham University Press, 1958, p. 29）援引。

[6] *Webster's Collegiate Dictionary.*

[7] 同上。

[8] 保罗·利科教授在研讨会上引述。

[9] 个人交流。

[10] 1953 年 1 月在纽约心理学协会年会上的演讲。

[11] 参看罗伯特·罗森塔尔教授有关实验性偏见的许多论文，哈佛大学社会关系系。

[12] 由保罗·利科在个人交流中引述。

[13] Eugene Genlin, "Therapeutic Procedures in Dealing with Schizophrenics," Ch. 16 in *The Therapeutic Relationship with Schizophrenics*, by Rogers, Genlin, and Kiesler（Madison, Wis., University of Wisconsin Press, 1967）.

[14] 来自十四行诗第 27 首。

[15] 索邦神学院哲学教授保罗·利科的研究与研讨会为当代对意志的理解做出了极其重要的贡献。利科的一些观点随着其《耶鲁的特里讲座》的出版在美国产生影响。我从与利科教授的个人讨论中吸纳了许多观点，对此我表示感谢。

[16] 这符合罗伯特·里夫顿（Robert Lifton）博士的精神疾病是因一种"受损的象征性不道德感"产生的概念。尤金·明可夫斯基（Eugene Minkowski）博士也认为，它不是抑郁之结果而是其原因（参见：Chapter 4 in *Existence: A New Dimension of Psychiatry and Psychology*, eds. Rollo May, Ernest Angel, and Henri Ellenberger, New York, Basic Books, 1958.）。我们人类的存在与患者的愿望相关的是其欲求的一面，是心理治疗的一个健全的、建设性的方面。这些愿望与欲求当然可能是不切实际的、非真实的，或可能充满了"占着茅坑不拉屎"的怨恨，但这就更有理由使它们公开化。否则其情况可能会接近一种真正的、纯粹的愿望缺乏，在此情况下他很容易显现出明显的冷漠症状。无论如何，关注意向性的未来会极大地决定有关过去他能记起什么，以及他如何处理，就像我在前面提到的那样。

[17] May（*The Meaning of Anxiety*）.

[18] Paul Tillich, *The Courage to Be*（New Haven, Yale University Press, 1952）, pp. 81-82.

[19] 同上，p. 83。

第十章

治疗中的意向性

> 无论从理论上还是在实践中，我们都不喜欢或去帮助那些不擅长冒险或能感觉到自己生活于危险边缘的人。
>
> ——威廉·詹姆斯

现在回头说说治疗，我们有双重目的。第一，我们要谈谈有关怎样在临床中使用意向性和意志来帮助有心理问题的人的建议。第二，我们要看看实践案例给予我们这个仍然是最重要的问题——意向性与意志是什么的问题——怎样的见解。心理治疗应当给予我们资料来源。其在有关意向性是如何被活生生的、有感觉的、痛苦的人们体验着的这些方面的丰富性与深度上是独一无二的。

在关于意向性的讨论中，我或许给人留下了这样的印象——这违背了我的意向——有一种行使意志力的理想方式，通过参与来行使意志力。这种人的身体与世界和谐一致，是愿望与意志的领域。但意志的冲突是什么呢？当然，这种冲突存在，并要求我们向另一个领域推进。就如同威廉·詹姆斯令人动容的描述，简单的、生而处优的人毫无冲突，英雄与神经症患者则有大量的冲突——因为他们有认识它们的原因。神经症可粗略定义为不能满足自我的两种方式之间的冲突。借用詹姆斯的话为例，因为床上暖和而待在床上或起床以表明自己的高贵品格对你的思想境界都毫无影响。如果詹姆斯是我的患者并以这样起不起床的冲突作为咨询的开端的话，我会立刻同意——缄默或直接说出来——他的愿望：在一个寒冷的早晨躺在温暖的床上是舒服的。而且（或许是更重要的），它还以抗议命令起床工作的严苛社会表明你的自主性带给了你额外的满足。此外，或许待在床上表达了詹姆斯对待其父亲——那个既非常爱他又对他要求很多的了不起的男人——矛盾态度的两种声音。只有承认并证实了这个直接的愿望，我们才能够深入其真正渴望的更深层次，即其日常生活中。

在阐明患者意向性的过程中，治疗就将战斗移到了真正的战场上。它帮助患者和我们自己在一个有可能实现真正满足的战场上与冲突决战。它将战斗移到了真正的满足与不满足之间的场地。威廉·詹姆斯的幻想与日常的可能性相关，我坚持认为那不是偶然的"失利"，它表明在意向性层面，他是一个真正的人，显而易见地对于生活具有极其必要的兴趣，并且致力于他所能做的事。

我作为治疗师的工作就是尽我所能地意识到患者在一个特定时期的意向性是什么。而假如像在许多治疗过程中的情况那样，这个时期不只是相当一致的连续的过程中的一段，而且是代表了某种危机的话，我的任务就是将其抽出以便患者不能不注意它，而那常常并非易事。

以下我逐字逐句引述的内容就是一位患者治疗到第七个月时的情况。这位患者是位作家。他的一个症状就是相当顽固的，有时会是极重的"作者心理阻滞"。他是一个练达的、有才华的 40 岁男人，在到我这儿之前做过 5 年的精神分析。

以前的分析对他有些帮助。现在他能够保住饭碗，此前则是靠其妻子继承的进项为生。但他仍十分焦虑、抑郁，还存在性问题（以前的分析师感到这些症状无法治愈，其中原因我就不去探究了）。无论如何，在他处于一种痛苦的、失能性的紧张绝望状态并中断了之前的治疗的一个月后，他给我写信，我同意见他。我决定给他治疗的动机部分是这种有着内在的资源与才能而未能得到帮助的人——至少在基本意义上如此——所提供的挑战。从其以往的分析来看，治疗是应当能够帮助此类患者的。如果没能治好，我们应当知道为什么。他是一个老练的人，几乎了解该领域的一切，这也是我对他的治疗与对其他患者相比更主动、更具挑战性的部分原因。

如果我可以一开始就陈述一个与我们在此的讨论相关的结论的话，那就是：我现在相信，精神分析不"奏效"。在若干案例中，不能触及像普莱斯顿（Preston）这样的人的问题之基础的一个原因，是患者的意向性未被触及。因而，他永远不能充分地表达个人意见，未被充分地分析，没有完全的遭遇战。

在我描述的这次治疗之前的 5 个月，他未见我时情绪极不稳定，他奋力要完成一篇重要的文章，这种情形已持续了几个星期。在那次咨询中，我感到他急切地想要得到帮助，而我——就像我常做的那样，改变了我的治疗技巧——直截了当地、明确地介入他的阻滞问题，询问他当他坐在打字机前发生了什么等问题。那次咨询后，他回到了工作室，写出了在他看来是所写过的最好的文章。这看法后来也得到了客观的证实。我又提起此前的这件事是因为它与其有意识的意向有某种关联，这与我下面所描述的治疗中他的意向性形成了对比。

这次，他一进门就一下子倒在躺椅里，大声地叹着气。

普莱斯顿（以下简称普）：我写作时卡住了，比从前还糟糕。最无价值的东西——就是我努力在写的那个简单玩意，这部戏没多大价值，就是二流的。我什么也干不了……最严重的阻滞，我不知有多久了，我写的时候一直就是这种状况……我写了那么厚一沓纸（打手势）。这清楚地证明我的精神状态……文章空洞无物……不像我想的那样美妙……就像是对我反常状态的极佳说明……要出什么事……那意味着我今天下午得回办公室——我不想去。我还有其他的事——明晚就得完成，最后期限，太难了——不明白它为什么如此沉重（停顿一下），我不知道该继续谈这件事还是别管它、谈其他事。

治疗师：我想由你来决定，你随意谈。

普：（深深地叹气）我习惯了在这儿自己当舞台监督……我的意思是可能只谈这个以避免谈其他的事。我在一切情况下都无法控制自己的行为。我今早神清气爽地着手写这篇文章……而突然地！当然了，现在压力在疯狂地增加……我没法考虑该干什么……啊……我不知道是否该谈这事……这不足挂齿，你知道……这不过是篇不重要的东西。

他用一种无精打采的、漠然的声音说着这些，说话时嘴几乎不张。在重重地叹了口气后，他接着说：

昨晚我做了梦，记不清了，但我记得我差不多做过这些梦……假如我记得的话，可能会有所突破……我就能与自我联系……一堵薄墙……我为什么就穿透不了呢……我进来之前在想……在我身后，在我的疾病之后，有如此大的惯性。你知道，每次我似乎到任何地方，看到什么，或者什么改变了——它就像是自封轮胎里的针刺，你知道……得做点什么……我的焦虑在积累……我成天紧张不安……我试图压制它……我有受虐妄想……在努力写作时，我每隔 5 分钟就得起来，进洗手间，喝点东西……我写了这么厚一摞了（打手势）……不知怎么的，它会自己写，我总是开不好头……我最后变得……对它毫无兴趣……我不去考虑它……我现在的状态最糟糕了。我对它不感兴趣……是种习惯了。

这一小时咨询的前一刻钟，我几乎完全沉默，只是尽力地听，单纯地、诚恳地听：他所传达的信息透露了什么？他想要什么？今早之后，他是什么？他是在寻求帮助，就像 5 个月前咨询时的情形那样吗？在听到"我对它不感兴趣"，不知怎么"它会自己写"这样的话时，我不能得出他希望在写作问题上得到帮助的结论。然而，他非常心烦意乱，这是显而易见的、真实的。他想要一些魔力来帮他写作吗？在普莱斯顿的生活方式中当然有这样的元素：在他所说的第一个梦中，他在医院被注射了一种能让人吐露实情的麻醉药。开始这药没起作用，接着他感到眩晕，他和护士相信这药会起作用，但接着在梦的结尾，他怕"他说出的真相是他们不想听的"。我相信在今天的表现中就"包含着这个成分"。他需要以受虐的方式使自己"眩晕"来"接受魔力"。但我认为这不是主要问题。此外，在这早期的梦中有个引人注意的句子——他害怕他要说的不是他们想要听的。这显然是在说关键并不是魔力，而是"想要说的"——他对"他们"（主要包括我，就是梦中给他注射麻醉药的人）隐藏起来的态度与感觉。这就是其意向性，正是我在此一直使用的这个词。它出现在梦中，因而受意识的影响少，这就使我对此特别关注。

在我努力听明白了今天发生的情况时，我又回想起一开始他是怎样走进来一头倒在躺椅上的。当时，我不是意识到而是感觉到他在生气。现在他说话的方式证实了这感觉：他的嘴几乎是合着的，仿佛从牙缝里"挤"话。因此，我推断他在生气，或更确切地说是在生我的气。

我应当将我感觉到的告诉他吗？如果我说出来，他或许会点头同意，那么除了再往栅栏后退一点，可能表现出某种半隐蔽的愤怒外，什么都不会发生。又或者他会说我错了，然后我们又观点一致了。若意向性是愤怒或是其他消极形式，理性讨论就不在此列了。我们不能以词语阐释来表达意向性，普莱斯顿以其非凡的象征——"我是一只自封轮胎"——再清楚不过地表明了这一点，无论怎样刺他都不过是像刺在这样的轮胎上一样，他还会完全封闭起来。

当然，我必须使他感到他在生我的气，使他和我一起做他在做的事。作为治疗师，如果我认为患者经历这样的痛苦挣扎与折磨只因为对我有利，那就太傲慢了。但我恰巧是在那一刻与他同处一室的另外那个人，是他人际关系世界中人的化身。因此，无论其中的基因遗传成分怎样，我都是意向性所指并共同演绎它的对象。我和他在一起，在这里我本身既是一个真正的人，又是人的世界的代表。在与我的关系中，他能够在内心与人际关系的世界中体验并生活在他的冲突中。

一刻钟后，我们之间发生了以下变化。

治疗师：从一开始你就一直在说它会自己写……你和它无关……你将它都交给了我……你甚至问我是否应当谈它……你置身其外，你对此什么也不做。

普：（停顿一下）这是我不能控制的事……我生命的一个主要部分没有中心……我自己的中心不起作用。的确，我将它放在外面了，我没什么可说的……（我不接话时，他更愤怒了）我无法改变它。

我感到他提及的"我生命的一个主要部分没有中心"，很可能是从他读到的一些我自己写的书里得来的，那是个诱饵，诱我和他讨论，但我只是回答他："是的。"

普：我不能……这不是蓄意的——或是战略性的。怎么

292　　爱与意志

办，怎么办！我坐在打字机前，我工作，我工作……我拼命地想啊想……见鬼，我到底该干什么？这文章一点不难……我工作——这材料没吓住我……它并不枯燥——没什么东西……我知道该写什么……知道该怎么写……我知道自己的看法……我坐在打字机前，却什么也想不出来，什么也没有，没有！没有！我写了这么厚一摞纸——翻来覆去，都是同样词的不同变化……喂！（大叫起来）我到底该怎么办？

治疗师：你在问我，是吗？

普：那当然！

治疗师：你在问我——这本身就将你自己置身其外了。

（停顿一下）

普：好吧，现在我觉得非常非常生气……哦，我什么都不想说……我觉得现在我被困住了，我想杀人……

治疗师：你怒不可遏。

普：我知道。

治疗师：是生我的气。

普：是的，没错。

治疗师：你几分钟前说你无法做事是因为你没有意志，但你没意志的原因是你总是置身其外。你和要做的事没有任何关系，它自己会写。如果没人在打字机前，那谁会写呢？

普：我没意志让自己置身其中，意识上我能，但意志却完全是无意识的。前天晚上，我意识上想和这姑娘发生性关系（他在此提到的是两个晚上之前他阳痿的事）。

治疗师：昨天治疗时你说的正好是你不想和她发生性关系。

普：好吧，我想我的意思是我想要……或者我应当想要——哦，上帝呀，我不知道（从理论上讲，最好的防御就是巧妙地攻击。他改变了策略）。从去年秋天到现在，我一点没变，我跟从前一样糟——和来找你时一样糟。

我将他把这事"都交给了我"说出来的目的，读者们非常清楚：我在让他面对"它自己会写"、他"与它毫不相干"这样的假象，我在让他注意他的意向以便使他感受到意向与其意向性之间的冲突。他今天早晨来找我的目的或许是让我帮他解决写作阻滞问题。但我们一开始就看到了他无精打采的态度和说话语调与他确实遭受着痛苦并与一个严重的问题斗争的事实之间存在的明显矛盾。这两个主题在意向的层面是矛盾的，但它们必定有着某种统一并被包含在其意向性中。这次咨询可以看作意向与意向性之间的冲突公开化了，并且不可避免地经历着随之而来的无论怎样的情绪（在本案中，是愤怒）。当我说"如果没人在打字机前，那谁会写呢"时，他的回答显然应当是"可能你会帮我写"（使它神奇地写出来）。但当这问题公开提出来时，这显得十分荒谬，他是不会这么回答的。当冲突的确很清楚时，普莱斯顿就说了关于意志的那些引人注目的话。如果我与他讨论这个问题，结果会是毫无用处的理性化，而我们就失去了重点；但假如我们将其置于这个背景中，我们则会发现他对有意识地想要什么的想法（意向）与其潜藏的意志（意向性）

之间的矛盾做着精彩的陈述。像普莱斯顿这样的聪明人，在精神分析情绪反应最强烈时，常常会说出十分惊人的见解却意识不到他们所说的话的意义。我认为他所说的"但意志却完全是无意识的"这句话便是如此。

若读者指责我在给此人"下套"，我会说是的，但这不是我努力在做的事——或者更确切地说我在给冲突下套，这样才会迫使它亮相。假如我的推测是错误的——也就是说，如果我误解了正在发生的情况，他也并未生我的气——那么这些句子就如种子落在石头上毫无结果：他不会对此做出反应，或者他只是告诉我我错了，可能接着会告诉我怎么回事，或者他可能会非常悲观绝望。如果治疗师对于意向性的判断是错误的，其结果是治疗性的交流根本不会奏效。

当该患者在意识中感受到了冲突的巨大影响时，他就会责难我，生我的气——我根本就没帮到他，他和刚到我这里治疗时一样糟。这种愤怒当然是意料之中的；当提瑞西阿斯使俄狄浦斯的冲突完全进入意识层面时，我们从俄狄浦斯对他的愤怒中就可看到其原型。

录音文字继续着上次的交流：

治疗师：好了，今天有一件事很清楚，你在生我的气，说说吧。

普：不是这样，好吧，或许是这样……真见鬼。究竟是怎么了？我完了，我死定了，我废了。我做不了，我的工作悬了，我会丢了饭碗的。我付不起治疗费了。我要告诉他们："我是神经症患者，我完不成稿子。"他们听了会很高兴，所以我得走了，我得回去爬格子了。

治疗师：啊，那样你就能使劲地报复我了，是吧？你就要完了……成了流浪汉……什么也做不了……也没钱付给我。

普：好吧，我不是那意思，这不是真话，我说的都不是真话，这就是令人沮丧的原因。

治疗师：今天有一件事是真的，就是你在生我的气，你一进门就在生气。让你写不出东西、让你紧张的就是你的怒气。

普：我干吗要生气？我生什么气？我生气是什么意思？生气有什么意义？……我不想谈这个了。

治疗师：这与这些为什么和是什么无关。你在生气，你不想谈，那可是你让我束手无策的最好办法。让我束手无策，这是你生气的方式。

普：那我就告诉你，有什么了不起的！然后呢？

治疗师：你想让我干什么？

普：我不知道，我觉得在生气，可当我考虑它时，它又消失了。

在与我愤怒交锋之后，患者的"你想让我干什么"这句话我认为是非常重要的。这是那些问题——"你希望从我身上得到什么"或更令人震动的"你今天为什么要来"——之一，是我常问的话；当患者向我提出带有敌意的问题时，我也常常会问这句话。这是将意向性显现出来的直截了当的方式。如果我在他充分体验到其愤怒之前这么做，他就会用这样的套话将这问题甩在一边：他想让我帮他解决写作阻滞的问题不是显而易见的吗？但现在这个问题无法回避了，咨询的第一次真正的绝望出现了。

普：我忍不住，因为我开始想……我不能……

在他几近绝望之时，我做了一个总结性的阐释：

治疗师：你告诉我你什么也写不出来，你跟我说你很生气，但对此你什么也不说，因为你在考虑。好吧，你能做的一件事就是把你的感觉告诉我。昨天你大部分时间是在告诉我你一直有病。当你告诉我你写作时发生的情况时，你真正所说的是你没努力——你每隔 5 分钟就起身喝点东西或干点别的什么事。我今天听到的可不是"我不能"，而是一遍遍大叫着"我不"。我不是说你可以靠意志改变这些——我的天，如果这么容易解决，我们干吗还在这儿？但在你的"我不能"背后是一场愤怒的、固执的战斗，是今天与我之间的战斗，也是与你父亲之间的战斗。你几分钟前跟我说的正好是最能激怒你父亲的话。你要失去工作，没钱，完蛋了，成了流浪汉。

他的声调当然不是刚才那样了，接下来的回答完全不再是此前无精打采的"你得听我的"那种腔调了。他现在张开嘴说话，显得很诚恳，想和我交流。

普：我告诉你，我和刚来这儿时一样。不是的，我改变了许多。可看上去还是老样子。为什么？冲突更危险，这个刀刃很锋利……我现在看到了，从前我没意识到。我其实必须让你将我看作患者。的确，你拒绝相信我不可能改变时我很生气。哦……哦……病成这样，我病了（以自嘲的口气）。你一声不吭……你必须将我当成患者。你仿佛是在说"都是胡扯"。……你相信我能行。而我想让你认为我不行。我不想做，干得好不能令我满足，满足来自生病。我是名受难者。

治疗师：一点不错。

普：我是名殉道者，我高尚、敏感，我做不了。那是个悲剧。我昨天说我一定是患了阳痿——那是为女孩们受难——阳痿……现在我阳痿了。我干吗非得生病？我为什么需要表现出我活不下去？如果我成功了，我就得死。如果我康复了，我就会死。他们不能赶我走，不能抛弃我。"你怎么能这样对待一位患者？"如果我能自己养活自己，啊，你就会将我扫地出门——"从我的房间里滚出去，从这房子里出去。"我会被抛弃……我不属于这个世界。

治疗师：至少现在情况明了了。你抛弃了自己——你对待自己的方式就好像你不属于这个世界，这就是你今天写作时的所作所为。如果你这么来说"我努力工作，我做了"，那有什么特别的？而如果你说"我什么也干不了"，那才是真的悲剧。

普：这就是你不接受"我不能"时我如此生气的原因。我那会儿生气，现在不气了。我那时因为没法谈出来才这么生气。那就像这样闭着嘴。还有比这更清楚的吗？

治疗师：是的，就在我不同意你的"我不能"时你生气了。

这证明了前面所说的治疗师要从患者的"我不能"背后以"我能"来看待他。当然，我并不是指我们向患者说出他那"我能"的一面就能有所帮助。或者，我们必须说出来。"我能"成为实际的可能性并被患者意识到可能需要很长时间。我的看法是，除非"我能"是与之相对立的"我不能"的一部分，或者治疗师有力量改变患者甚或给予他感情慰藉，否则患者会永远讨论叙述"我不能"而不进行可行性讨论。但是，"我能"使得"我不能"的讨论有了动力，使其受创，并利用某个动机进行改变，否则"我不能"就是放任。起初或许还有一种喜忧参半，怀旧的、浪漫的、玩世不恭的满足，但很快就会变成只有空虚与嘲弄。

当患者真正感到无助与绝望时，我就不会以这种方式质疑他们。其原因显而易见——主要是他们不需要。在此最为重要的是"我写不了"被普莱斯顿当成一种策略对我发号施令。它是真正的"我不能"的掩护，不是"我不能写"，而是"我不能康复，否则我会被赶走，被抛弃，不被爱"，就像他后来所说的。当你认定他们的"我能"时，即使你不是劝诫他们，给他们讲大道理，而只是从知识（以及健康的观念）中得出人是可改变和成长的这样的实际看法，对于这些患者而言也是个严重威胁。对其构成威胁的原因不仅仅是这使他们必须承担责任，还有更微妙、更深刻的威胁，就是他们没有一个能使自己适应的世界。他们一生不断为自己建造的无法适应这个世界的壁垒强烈地动摇了其与自我世界的关系。

在这次治疗剩下的时间里他断断续续说着，大部分时间都在哭：

普：我绝望地努力对自己说："我生病了。"为什么呢？这个我刚才忘说了……你提到我父亲时，我首先想到这个。我为何要略去这一点！我说我在写的东西与今天的阻滞无关，其实它当然与之相关。这部戏是关于父亲、母亲和儿子的。儿子刚从战争中归来，回家两天后就要出去搞女人，就像我打仗回来时那样。父子俩站在那儿，很紧张。儿子对母亲说："我要出去，父亲从未对我说过他爱我。"接着，儿子想，或许我没告诉过他。于是，他说："爸，我真爱你。"父亲很紧张，接着松懈下来和他拥抱在一起。我假装我不想要它，但其实我还是想听父亲说："我爱你，你能行。"（停顿）我想让父亲搂着我说："我爱你。你没事。你能工作，你肯定能……你有权生活。"我没能得到父亲的认可。而母亲对我做出了让步……改变了我……这让人紧张。但父亲没有。父亲只是说："离姑娘们远点儿。"父亲从不让我出门，我想听我父亲说："你能。你能！"他说："你不能……你生存不了。"

在这次治疗余下的时间里，他体会着那种人们爱他只是因为他的名气，而他的恐惧又与之相矛盾，认为他若更出名，他就不会被接受。他自己的内心冲突——当发生人际冲突时所显现的内心状态——从最后所说的话中完全表达出来："我就像面镜子——两个人：一个人朝着这个方向，另外那个人朝着另一个方向。"

我们如何总结这里发生的状况呢？首先是患者有意识的意向。据他所知就是"我发现自己在写作时阻滞了。被阻滞时，我感觉糟透了"。但他并未意识到这种糟糕透顶的感觉是因为要面对这样一个问题开始讨论而产生愤怒和怨恨，而是感到那些一般的烦躁和由此产生的意向："我要赶紧请梅博士来解决这个问题。"

接着，正如我们所见，我们发现了其意向性、其整体上与我相处的模式。尽管是在无意识的层面，但这在他一进门时就已表现出来。该意向性包含了对我的愤怒与怨恨和攻击性的发号施令，这在他提出这样一个恰当的比喻时暴露出来："我是这儿的剧院经理。"这是以斗争的形式让我接手，把写作的担子交到我的肩上，等等。我把这比喻成躺在床上的幼儿的要求，这小王子要求成人为其服务并被激怒了。同时，他获得的承诺（大多来自其母亲）也没能兑现。他产生的愤怒一方面是因为他竟然陷入这样的阻滞，这是伤害之外又加上令人羞耻的侮辱，因为王子当然能够挥舞着权杖——这支笔，创作出伟大的作品。如果咨询开始我就问他，他是无法表达出我刚才描述的状况的。但我不想称之为"无意识"，因为它被表现出来了，表现在他身体的动作语言中，通过与我的交往方式象征性地表现出来。它是连接知觉和意识各个层面的桥梁。

但接着发生的就可以说是无意识的了——在他说前一天晚上他

看到的戏与其不安无关时包含着被压抑的成分。当我不去附和他的"我不能"时，被压抑的记忆浮现了。依我的判断，只有在与我交战之后，患者才能穿透这压抑。接着，他才能想起来他看的戏的确与其冲突有很大关系。毫无疑问，这也与他今天早上会出现严重阻滞有很大关系。（"如果我写得好，成功了，父亲就不爱我了。"）

在最后 20 分钟，内心冲突的问题出现了，在其愤怒之下是对爱的渴望，以及对被拒绝与抛弃的恐惧。被爱，尤其是被女性爱的唯一办法就是生病、身处困境、失败。这与遗传因素、童年经验等都有很大关系。这不是精神分析探索的领域。但若没有对于意愿与意志的探索——也就是说，如果意向性不先亮相——我们也无法涉足这些领域。

在我们讨论意向性的过程中，有些读者可能会问：在治疗中，这与"付诸行动"之间有何区别呢？而且他们可能会盯着问这个问题。难道对于作为与意向分离的那一部分的行动的强调不是意味着"付诸行动"的建议吗？

"付诸行动"是为避免觉察而从冲动（或意向）到公开行为的一种转化。发现欲望或意向所蕴含的全部意义，领悟其中的意义，其典型的表现即是使患者的自我世界的关系更加混乱，因而会比将欲望付诸实施的身体行动产生更多的焦虑与痛苦，即使在后一过程中受到挫折与伤害也不例外，至少，如果人能将全部问题保持在身体行为的层面，他就不必面对更难应付的对于其自尊的威胁。这也是"付诸行动"正好与幻想、精神错乱以及反社会性格类型相关联的原因。"付诸行动"不是发生在意识层面，而是发生在"知觉"层面，我在接下来的部分会对此加以说明。这是人与动物都具有的能力，是先于意识的更为原始的发展阶段。在成年患者中，"付诸行动"通常是为摆脱欲望与意向所做的努力，而未将其转化为意识。不将意向性付诸行动而与之共处实非易事，生活在意图和行动的两极则意味着要承受焦虑。因此，如果患者不能以行动逃避焦虑，他们便会反其道而行之，以否认整个意向本身来避免紧张。

老练的患者会使用这种方法——这在我看来已成了当今的普遍方法——理智化意向从而否认其影响，削弱整个体验并使其渐渐枯竭。如今，当一位患者感到对父亲的恨并想杀死父亲时，他通常知道他不必真的拿枪这么干。但假如他接着提醒自己，"每个人在精神分析中都有这种想法，这只不过是俄狄浦斯情结的一部分"，从而使自己从整个事件中脱离出来，没完没了地谈论它，他就不会受益，只会巩固其防御而使我们无法解决他与父亲之间真正存在的问题，这样的患者所做的正是将意向性从经验中除去。他将其删除，这样他就真的不会有什么打算了。不用朝着什么前进，而只是讨论一个孤立的想法。疏离与精神变态的行动是避免面对其意向性之冲击的两种截然相反的方式。前者是一种理智化、强迫性的方式，后者则是幼稚的、精神病型的。

我们想让患者做的是真正地体验其意向的蕴涵与意义，而"体验"包括行动，但是界定在意识结构之中，而并非身体的。当我们强调意向在意识结构中包含其行动时，就意味着两件事：第一，这种行动必须被感觉到、体验到并被当作我的一部分与其社会蕴含一起接受。第二，我们因而可以摆脱将其付诸身体行动的需要。我们是否会付诸实施是另一个层面的问题。我面对了我的意向性，我能够希望在外部世界做决定。

精神分析应当是体验意向及其蕴含的行为与意义的最佳场所——借用弗洛伊德关于移情的说法，是"意向性的操场"——患者无须将其转化为公开的行为。诚然，治疗师也冒着一定的风险。每当患者真正体验到了什么时，就会有风险，这时就有可能发生伤害性的行为。但当患者意识到他有杀父的欲望而变得情绪烦乱时，这种情感也能够并且应当被用于改变患者与其父的关系。依我之见，当这种弑杀的仇恨与欲望在成人身上呈现出来时，一般都是对于父亲依赖的表达。正常的、建设性的结果是通过洞悉这种体验的意义以及对这一情感的宣泄，他会将自己与父亲之间过度的联系"杀死"从而获得更多的情感独立。毫无疑问，这种解释听上去过于简单化，但我希望它表明了体验意向及其蕴含与精神变态的付诸行动之间的区别。精神变态与分离型患者都是在奋力逃避面对其意向性的意义。我们在本章中一直在设法阐释意向性，这完全是为了还原行动的这种意义并使其成为我们关注的重点。因此，对于意向性的关注可真正避免在精神分析中将意向付诸行动。

在此还要说明一点，意向性基于患者与治疗师共享的意义母体。每个人，无论是正常人还是精神病人，都生活在某种程度上由他自己建立的意义母体中——它是独立的——但它是他在人类历史与语言这个共同的环境中建立起来的，这便是语言如此重要的原因。这是一个我们发现和形成我们的意义母体的环境，是我们与同伴们共享的环境。"语言是每个人的精神基础。"宾斯万格（Binswanger）说道。以同样的比喻，我们可以说历史是每个人的文化躯体。意义母体先于讨论、科学及其他，因为是它使得讨论——就像在心理治疗中——成为可能。我们完全客观地置身其外，就永远不可能理解患者或任何人的意义母体。我们必须能够参与到患者的意义中，但同时又能够保持自身的意义母体，这样才能不可避免地、合理地向他解释他现在的行为——往往是他对我们的所作所为。在其他的人类关系中，也是如此。友谊和爱情要求我们参与到他人的意义母体中而又不放弃自身的意义母体。这是人类意识获得理解、成长、变化，变得清晰和富有意义的方法。

心理治疗的阶段

对于患者的治疗过程需将患者的愿望、意志与决定这三个维度结合在一起。在患者从一个维度进入下一个维度的整合过程中，前一个维度会合并表现在下一个维度中。意向性则在三个维度中都会出现。

我们在本书前面讨论了愿望、意志与决定。现在，我们对意向性进行过讨论之后，又回到这些话题，这非常重要。意向性对于充分理解愿望、意志与决定是必不可少的。我们现在欲通过在所有这三个层面叙述临床治疗，更充分地说明我们问题的意义。

第一个维度——愿望。它存在于觉知的层面。这个维度是人类这个有机体与动物共同具有的维度，是对于婴儿愿望、身体需求及欲望、性欲，以及各种无穷无尽的愿望的体验，这些愿望存在于每个个体中；在从罗杰斯的心理治疗到最经典的弗洛伊德的心理治疗中，它们几乎都是核心部分。当首先导致觉知阻滞的压抑被带到意识层面时，才可能会使体验着这些愿望的人产生剧烈的，有时是创伤性的焦虑与恐慌。对于暴露压抑的重要性与必要性——在我们讨论范围之外的动力学方面——不同治疗方法的观点大相径庭；但我无法想象有哪种形式的心理治疗会不将觉知过程置于重要地位。以沃尔朴（Wolpe）和斯金纳的条件反射疗法为例，其目的并非将觉知带到意识层面。然而，我不能将其称为心理治疗，正如其名称所暗示的，行为疗法——修复、再教育、重新训练新的习惯模式。

愿望的体验可能以最简单的形式出现——爱抚或被爱抚的愿望，这是与最初在早期经验中与母亲和家庭成员的照料和亲近相关联的愿望。在成年经验中，愿望可能是从性亲昵到触摸朋友的手或清风吹拂与水流过肌肤时的快乐，直至靠近盛开的连翘树丛时那种令人眼花缭乱的瞬间，以及从这黄色花海极目远眺，被那湛蓝的天空打动这样的复杂却又质朴的体验。这对世界的直接认识以越来越快的步伐贯穿生命的始终，它比从大多数心理讨论中所获要更多样和丰富。

这种对于自己的身体、意愿和欲望不断增长的觉知——这一过程显然是与身份体验相关的——通常也会使人对于自我作为一个存在更欣赏，对于存在本身更尊重。正是在这一点上，东方哲学，像佛教禅宗，可以让我们学到很多。

让我们再看看海伦的案例。我们描述过这位患者。她以"有志者事竟成"作为抵制想让母亲抱着她的强烈渴望的反应形式。我们注意到这种渴望似乎是在其出生后的头两年其患抑郁症的母亲被送进精神病医院后出现的。海伦没有注意到她有需要母爱与温情以及想被抱着（虽然她已在不检点的性关系中从跟她睡觉的五花八门的男人那里得到了）这些愿望。在其忙碌的、紧张的生活的表面之下，她只感到了普遍的压抑、忧伤与哀痛。她认识和接受了这些婴儿的愿望。在治疗时对它们的体验使她表现出明显的愤怒、怨恨、无助，并为其"软弱"感到羞耻，一度非常消极，转而又变得愤怒，等等。我提及这些情况以表明将这些重要的、被长期否认的愿望带入觉知层面实非易事，完全不是幼稚的愿望游戏。这是一种典型的创作，可能会令人十分焦虑不安。因此，我们发现精神分析中常会出现回归。我们将这些愿望带到意识层面并不只是为了"发泄"或"宣泄情感"——虽然我们认为真切地体验情感是必需的，同时还不可避免地会感到忧伤、哀痛，以及对逝去过往的哀悼，但比纯然情感宣泄更为重要的事实是这些愿望指向了意义。海伦开始发现她未能得到的母爱与其想从络绎不绝的男友身上得到的东西之间的联系，她以性及亲密关系作为口腔满足和她婴儿期的竞争性的需求（"如果父母不给我爱，我就要让他们看看我是如何得到爱的！"）的替代品，而这是与神经症中的愤怒与憎恨的一般发展相一致的。这种方式除其他作用之外，还能使其父母非常生气。

因此，我们的文化中存在一种并不少见的更高阶段——一种更能将上述情况纳入结构中的形式，在其中患者发展出"不想要"的目标。这是一种不期望任何东西的玩世不恭或绝望的目标。从我的经验来看，这常常伴随着强迫型的人格。这类人生活在这样的套路中："最好别想要什么。""想要会暴露我。""愿望会使我受伤。""如果我没什么愿望，我就不会软弱。"我们的文化以一种古怪的、具有讽刺意味的方式与之相配合。一方面，社会似乎承诺我们所有的愿望都会被同意——大量的广告向你保证让你一夜间成为金发或红发美女，离开速记员的椅子，周末乘上飞往拿骚^①的飞机。霍雷肖·阿尔杰的神话早就被摧毁了，但神话并不是要给予我们一切。另一方面，我们的文化中似乎还有一种奇特的谨慎——"只要你别有太多的感觉，别让人知道你想要的太多，你就仍然能获得大量的满足。"其结果是，我们不是像霍雷肖·阿尔杰那样征服世界，而是被动地等待直至科技之神——我们不是在推动或施加影响，而只是等待——带给我们指定的满足。这一切都是因相信 20 世纪巨大的机器神话而获得的回报的一部分。

然而，有人可以从文化角度对此进行阐释，结果也相同：人们背负着许多愿望，而他们对此的反应是被动的，并将其隐藏起来。在我们这个时代，斯多葛学派已不是战胜愿望的力量，而是将其隐藏起来的力量。比方说，一位患者不停地将这个那个合理化，为此进行辩解，在甲乙之间进行权衡，仿佛生活是一个巨大的市场，所有的交易都是在纸上和电报上进行，而里面从没有货物。在进行心理治疗时，我有时很想大喊："你难道没有什么想要的吗？"但我并没喊出来，因为不难看出，在某种程度上，患者确实想要很多；

---

① 位于中南美洲加勒比海边的巴哈马的首都，海滨疗养地，有全世界最大的岛上酒店，深受美国人欢迎。——译者注

问题在于他已对此进行了规划再规划，直到它成了"咯咯响的干骨"，就如同艾略特描述的那样。否认愿望被合理化、被接受，相信否认这些愿望就会使其得到满足，这种趋势成为我们文化的特色。无论读者是否在这个或那个细节中同意我的观点，我们的心理问题都是同样的。我们有必要通过将其渴望及渴望的能力呈现出来，帮助患者获得情感生存能力与真诚。这不是治疗的终点，而是一个基本的起点。

我们注意到，身体在产生愿望中尤为重要。在我们讨论这个维度时——渴望身体的爱抚，主要是作为身体行为的觉知，等等——该词常常出现。身体在治疗的这个阶段作为语言是相当重要的。愿望，以及渴求之下的意向性，以细微的手势、谈话与走路姿势、倾向或远离治疗师表达出来——这一切都包含一种语言，因为它是无意识的，比患者有意识的语言表达更准确、更真实。这便是需接纳身体，为之欢呼雀跃，对之充满欲望，爱它，尊重它的普遍原因。用威廉·赖希的话讲，"身体盔甲"一旦被破坏，冲突便会显现出来，它们永远作为身体表达的一部分存在着。但冲突可以建设性的方式去应对，而若身体的阻隔仍旧存在，便什么也不会发生。

从愿望到意志

第二个维度是从知觉到自我意识的转化。这是与人类觉知的特殊形式——意识——相关联的。意识一词的词源是 con 和 scire，含义为"知晓"。严格地说，自我意识——我们在此使用这个术语来表达其一般意义——是个冗余，意识本身就包含我对自己角色的认识。在这一层面，患者体验着"我－是－有－这－些－愿－望－的－那－个－人"这一维度。这是将自我作为拥有一个世界来接纳。如果我体验到我的愿望并非只是朝向某人或某事的盲目推力，我是那个站在这个世界中的人，在那里，我和他人之间的接触、滋养、性快乐以及关联性都成为可能，那么我就开始看到我可以怎样为实现这些愿望而行动。这就给了我一种内视或者是"审视内心"的可能性，审视这个世界和与自己有关的其他人。因此，一方面由于我不能忍受这些愿望不能满足，另一方面由于我被强迫性地推向其盲目的满足，先前压抑愿望的困境被这样一个事实取代：我本人是参与到这些快乐、爱、美、信任的关系之中的。然后，我就有了改变自己行为的可能性以使其更可能实现。

一般来说，我们用以表示有自我意识的意向的术语是意志。这个术语反映了这样的故意行为的主动色彩和自我主张。

在这一维度，意志不但是作为对愿望的否认，而且是作为在意识较高的层面与愿望的结合进入此画面的。在纯粹的觉知和愿望的层面体验连翘树丛后那湛蓝的天空，可能会带给人喜悦与继续或重复这种体验的欲望，但意识体验到我是生活在花儿是黄色的而天空是如此明朗的世界中的人，我与朋友共享这种体验更能增添这种愉悦，可以更深刻地蕴含着人类存在之生命、爱、死亡以及其他基本问题。正如丁尼生在看到布满裂缝的墙上开出的花时所说："我不明白上帝和人是什么。"这就是人类创造出现的维度。人类不会停留在天真的快乐上，而是去绘画，或写诗，他希望借此向其同胞传达他的体验。

通向决定的愿望与意志

治疗过程的第三个维度是决定与责任感。我有些冗余地用这两个术语并将两者与意志加以区分。责任感包括做出反应、回应。正如意志是人类特有的觉知形式，在向自我实现、整合、成熟前进的人类身上，决定与责任感是意识特有的形式。再者，这一维度不会以否认愿望和自我主张的意志获得，而是包含并不断呈现在前两个维度中。从我们的意义上讲，前两个维度创造出一种行动和生存的模式，愿望赋予其权利并使之丰富，为意志所主张。它对其他在实现长期目标过程中对自我重要的人做出反应并负起责任，如果这一点并非不言而喻的话，它就可能长篇累牍地出现在沙利文的精神病学人际关系理论中、布伯的哲学以及其他人的观点中。他们都指出，愿望、意志和决定都出现在这些关系的网络中。不仅个体的实现依赖于这个网络，其存在本身也有赖于此。这听上去像是伦理道德陈述。它的确是，因为道德有着心理基础，这个基础存在于人类超越自我导向的直接欲望之具体环境而生活于过去与将来的维度中的能力，其自身的满足十分依赖于这些人与这些群体的幸福。厄内斯特·基恩（Ernest Keen）教授对我说的决定的第三个维度做了如下阐述：

当我的自我意识出现时，我会体验到自己是一个"评价的自我"和一个"发展的自我"。这术语不太精确，或许因为这种体验是极其个体化的。这种"出现"包括我的身体觉知和自我意识，或者说我的愿望和意志的整合与结合。在与这个世界的结合中为一个人存在的整体作用保留一个追加的层面，这比愿望与意志的若干部分更能反映"决定"的辩证本质和以人的整个存在打算的重要洞察力。一个"决定"既非愿望亦非意志之行动，也不是二者相加的结合。对某物的欲求违背了我的意志就像是被诱惑去偷糖果，而以意志反抗愿望则像否认我喜欢糖果，做决定就像公开表明（对自己）我要（或不去）尽力得到它。因此，做出决定是个承诺。它总是有失败的风险，并且它是我整个存在都参与的行动。[1]

人类的自由

我们的最后一个问题是人的意志与其自由的关系。威廉·詹姆斯指出这是一个道德的而非心理学的问题，这是完全正确的。但就像詹姆斯看到的那样，这个问题无法避免，有些答案常常是在每个人的生活与工作中设定的。只有真诚的表示才能使之清晰。

弗洛伊德与新心理学的影响大大扩大了决定论或必然性的范

围。我们从未看到我们是怎样一种条件作用的生物。我们是如此地被我们的无意识过程驱动与塑造。如果我们的自由只是在剩下的领域，即决定论占据后留下的其余消极空间中选择，我们就真的迷失了。自由与选择缩小了，在新的决定论被发现之前，它们成了从桌子上暂时扔给我们的面包屑。于是，人类的意志与自由成了幼稚的谬论。

但这是关于意志与自由之天真无知的原始观点，必须将其抛弃。自弗氏以来有一件事是明了的，那就是"最初的自由"，即在坠入"意识"之前的伊甸园，或在奋力获得或扩大意识之前的婴儿天真无知的自由。当前与机器的斗争又是同样的问题。如果我们的自由是"剩菜"，是机器所无法给予的，整个问题就迷失在这样的开头里：我们注定在将来某一天发明出能做到这一点的机器。自由永远不能依靠必然性这种悬而未决的东西，不能依靠上帝或科学或任何其他的东西。自由永远不会是对于法则的否认，仿佛我们的"意志"只是在从决定论中暂时获得的慰藉里起着作用。但计划、形成、想象、价值选择、意向性才是人类自由的特质。

自由与意志不仅体现于对决定论的摒弃中，还包含在我们与它的关系中。"自由，"斯宾诺莎写道，"是对必然性的认识。"[2] 人类与其他动物的区别在于他们有能力了解他们是被决定的，并选择与决定他们的东西之间的关系。除非他们放弃意识，否则他们能够且必须选择他们如何与必然性，诸如死亡、年老、智力限制及其自身环境不可避免的条件作用相联系。他们会接受这种必然性，否认它，与它做斗争，确认它，允许其存在吗？这些词中都包含着意志的元素。现在该清楚了，人是不能只置身于其主观性之外的，像剧场里的评论家似的，看着必然性来决定他对此的看法。他的意向性已是他发现自我的一种必然性的元素。自由并非存在于我们对客体性的胜利中，亦非存在于主体性留给我们的狭小空间中，而是存在于我们是体验着二者的人这一事实中。在我们的意向性中，二者会一起显现。在我们对二者的体验中，我们已将其改变。意向性不但使我们采取与必然性面对面的立场成为可能，而且要求我们有这样的立场。在心理治疗中，患者大谈决定论时，通常就是他丧气或希望逃避其意向之意义时，这一点屡见不鲜。"并且他越是决定成为决定论者"——他越是表明（这已是意向性了）他与命运毫无关系——他越是使自己进入决定了的事实中。

尼采常说"爱命运"，他的意思是人能直面命运，能够了解它，不惧怕它，爱抚它，向它挑战，与它争议——且爱它。虽然我们说自己是"命运的主人"是妄自尊大，但我们也避免了成为其牺牲品的需求，我们是我们的命运的共同创造者。

精神分析要求我们不应当停留在意向或意识的合理化上，而必须推向意向性。我们的意识再不是简单地基于相信"因为我们是有意识地思考，所以它必然是真实的"这样的观点。意识是直接的体验，但其意义却必须借助语言、科学、诗歌、宗教及所有人类象征意义之桥的其他方面来传达。

我们与威廉·詹姆斯一样面对着生活于过渡时期的迷惘状态，他是在开始时，希望我们接近尾声。他清楚一件事：即使人永远没有把握，即使没有绝对的答案——也永远不会有——人也必须行动。在他 30 岁前后，因抑郁症导致瘫软无力的状态而对最简单的事都无法决定之后的 5 年，有一天，他决定他可以做一件充满意义的事，去相信自由，将其作为命令。"第一项自由的行动，"他写道，"就是选择它。"后来，他确信正是这种意志行动使其能够应对和超越其抑郁。在其传记中很清楚，就在那时，持续到他 68 岁去世的极富建设性的生活开始了。

这项命令成了詹姆斯意志观的一个完整部分。在我们出现的许多感觉中，许多影响我们的情境中，我们都有力量来硬性地认定这种可能性而不是那种。我们实际上是说："让这成为我的现实。"詹姆斯一下子跳到了"就是这样"的命令上，这是他所做的承诺。

他知道在意志行动中人在做的比他看到的更多。他在创造形成从前不存在的东西。在这样的决定、这样的命令中存在着风险，但它仍是我们对这本来就有而非得来的世界之贡献。我对于詹姆斯之意志理论的批评在于他省略了这个问题的本质——意向性。但在人类意志行动中，每个人从头开始并且只能在苏格拉底决定服毒芹时和他一起说："我不知道，但我相信。"然后来个大跨越。詹姆斯还是非常了不起的。因为他的话带着真诚与一种从自己的痛苦与喜悦中锤炼出来的人的力量，所以我们最好引用他的话：

包围着我们的这个广阔的世界给我们提出了各种各样的问题，以各种方式考验我们。有些考验我们可以容易的行动来对待，有些问题我们可以结构清晰的语句来回答，但从未提出的最深刻的问题却无法回答，而要无言地求助意志并绷紧我们的心弦说："是的，我要让它如此。"……

这个世界从而可在英雄人物的身上发现与之匹敌的价值。他能够使自己挺立，保持内心坚定之努力是人生游戏中直接衡量其价值的标准。他能够忍受这个世界，他仍能从中发现热情，不是"鸵鸟般的忘却"，而是完全依靠面对世界的精神愿望，尽管那里遍布荆棘。……

"你想还是不想使它如此？"……我们不停地发问，从最大的事到最小的事，从最理论性的事到最实际的事。我们的回答或同意或否定，但不是用语言。那些无言的回应似乎是我们与事物本质交流的最深刻的声音，这是何等奇妙！我们与之相合的竟是我们对世界所做的本来的而非得来的贡献，这是何等奇妙！

注释

[1] 厄内斯特·基恩在 1964 年夏天我在哈佛大学任教期间任我的助教，现在是巴克奈尔大学的教授。

[2] 罗伯特·耐特博士在将斯宾诺莎的决定论作为破坏人类自由的决定论引用时是错误的。这是一种误解，它将所有的决定论与科学的因果的过程混为一谈。如被定为最终的原则，这些实际上可能会损害人类自由。但斯宾诺莎的决定论深化了人类体验，如果你需要，它就是更多的尊严。它使得自由来之不易却更加真实。对斯宾诺莎而言，"必然性"就是生与死的事实，而非如耐特所说的技术过程的必然性。

第三部分

————

爱与意志

第十一章

爱与意志的关系

性欲是战争之源与和平的结果，其基础是严肃的，却是玩笑的目标，它是智慧取之不竭的源泉，是所有影射的关键，是一切神秘暗示的意义……只是因为最深刻的严肃性存在于其基础上……但这一切都符合这样一个事实：性欲是生存意志之内核，因而是所有欲望的集合，故而我在本文中将生殖器官称为意志中心。

——叔本华

很奇怪，叔本华这个常被称为厌世者的人竟敏感地在这一部分有上述言论，将性欲称为"生存意志之内核"，"将生殖器官称为意志中心"，在此他表达了一条爱与意志之关系的真理。实际上，两者之间是以现代人通常所理解的相反方式彼此依赖的。力量——我们目前可将其看作意志——和爱，甚至是性爱，被看作对立的。我相信叔本华是对的，它们并非相反，而是密切相关的。

我们对于原始生命力的讨论表明自我肯定和自我主张这显然是意志的方面却是爱不可或缺的。我们在本书中将它们放在一起讨论，因为它们是以对我们所有人的个人生活，特别是对心理治疗都至关重要的方式相互联系的。

爱与意志都是体验的结合形式，即二者都描述了一个人伸展出来，朝向另一个人，试图影响他或她或它——并且开放自己以便可以被他人影响。爱与意志都是塑造、形成这个世界并与之联系的方式。它们试图通过那些我们想要得到其利益或爱的人来从这个世界引发回应。爱与意志是用以携带力量以对他人产生影响并被他人影响的人际关系体验。

相互阻碍的爱与意志

当爱与意志之间不能保持正确的关系时，它们都会失去效力，这一事实说明了爱与意志之间的相互关系，二者之间可相互阻碍。意志能阻碍爱，这尤其可在有主见型人的"意志力"中看到，这种人出现在里斯曼的研究中。[1] 这类人常常是 20 世纪初几十年间强有力的实业和金融巨头，是我们通向带有维多利亚时代末期特点的、强调个人意志力的观点的链条。[2] 这一时期，人们可以谈论"无法征服的灵魂"并声称："我是自己命运的主宰。"但若灵魂确实是无法征服的，我就永远不能充分地爱，因为爱的本质就是攻克一切堡垒。而我一定要成为自己命运的主人的话，我就绝不能让自己激情澎湃，因为强烈的爱总是可能产生悲剧性后果。我们在前面的章节中看到，伊洛斯"使人四肢无力"并"挫败了他们胸中的智慧和他们所有精明的计划"。

我的一位年轻的学生患者的父亲就是意志阻碍爱的例子。他是一家大公司的财务主管。他打电话和我谈"使其儿子的治疗效果最大化",就仿佛我们在他公司开董事会议。儿子在学校生点小病,这位父亲就会立刻飞去照顾他;同样是这位父亲,却在儿子在度假屋前的草坪上拉女友的手并亲吻女友时大发雷霆。吃晚饭时,父亲告诉儿子,自己正谈判要购买儿子一个朋友的公司,他如何因为谈判进展缓慢而发怒,并打电话给未来的合作伙伴告诉他们"别再提这事了"。他好像没有意识到他捻一下手指就将另一家公司推向了破产。这位父亲是位热心公益的市民,是几个城市改进委员会的主席,但当他身为一家跨国公司的财务主管时,他不能理解为何下属说他是"欧洲最铁石心肠的畜生"。这位父亲认为可以解决其一切问题的"意志力"实际上同时又阻滞了其感受力,切断了他倾听他人的能力,甚或有可能尤其切断了他倾听儿子的能力。因此,这位极具天资的儿子几年来无法完成大学学业,度过了一段"垮掉的一代"式的日子,最终,经历了一番曲折才让自己在事业上取得了成功。

这位患者的父亲是典型的有主见型的人,总是可以照顾别人而不喜欢他们,可以给他们钱却不给他们心,可以指导他们却不倾听他们。这种"意志力"是将如此有效地操作有轨电车、股票交易,经营煤矿以及工业其他方面同样的力量搬进了人际关系中。有意志力的人操纵自己,却不允许自己看到他为何不能以同样的方式操纵其他人。这样将意志等同于个人操纵是错误的,它将意志置于爱的对立面。

这类人无意识中具有负疚感，因为他们操纵孩子又导致他们对孩子过度保护和过分纵容。这样的假设是合理的，基于心理治疗工作中的大量证据。这些孩子能从家长那里得到汽车却未得到道德价值。他们学会了声色犬马，却未被教会感受生活。父母们似乎隐约意识到其意志力的价值基础不再起作用了。但他们既不能找到新的价值又不能放弃这操纵的意志。这些家长似乎认为他们的意志对整个家庭都适合。

这种对于意志的过分强调阻碍了爱，迟早会导致做出相反反应的错误，发展出阻碍意志的爱。这在由有上述父母的孩子构成的一代中表现得很典型。我们这个时代由嬉皮士倡导的爱似乎是这一错误最清晰的写照。"嬉皮士之爱是恣意妄为的。"这是这项运动的普遍原则。嬉皮士之爱强调直接、自发与暂时的情感忠诚。嬉皮士之爱的这些方面不仅是反对上一代操纵的意志的完全可以理解的反应，还有其自身的价值。在生命活动中体验到的即时性、自发性与对关系的忠诚现在是合理的，是对当代中产阶级的爱与性的批评。嬉皮士的反叛有助于摧毁破坏人格的操纵性意识。

但爱也需要持久性。爱在恋人们因体验彼此邂逅、冲突与成长的所有过程而达到的深度中。这些是任何持久的、切实的爱之体验中不可或缺的。这涉及选择与意志，无论你冠之以何种名目。诚然，一般的爱对于一般的、团体的情境是足够了，但我并不会心存感激，如果我被爱只是因为我属于人类。与意志分离的爱或无意义的爱是被动的，这种被动不包含自己的激情，也不靠它生长，因此，这种爱趋向分裂。它会在非完全个人的东西中消失，因为它不能被充分识别。这种区分包括意志与选择。选择某个人意味着不选择其他人，而嬉皮士们却忽视了这一点。嬉皮士之爱的即时性似乎消失在那短暂的、转瞬即逝的爱中。

现在，在嬉皮士们反抗的流水线式的、周日晚上的性那种不自然的中产阶级的爱之后，自发性已成为极大的安慰。但关于爱的忠贞与围绕着该问题的长期争执又如何呢？情欲性不仅需要有能力将自我交付与即时体验的力量，让自我受其刺激，还需要将这一事件带入自己的中心，塑造和形成其自我和因这种体验而出现的意识新层面的关系。这需要有意志的元素。维多利亚式的意志力缺少伴随着爱的感受性与灵活性。嬉皮士运动则相反，他们的爱没有伴随着意志的耐力。在此又阐述了这样一个重要的事实："爱与意志"彼此不可分离。

最后能够表明爱与意志彼此相属的问题是其"解决之道"的相似性。在我们这个时代，二者都不能只依靠新科技修补旧价值，以更合意的形式重申旧习惯或以其他类似方式得到完全的解决。将老房子漆上新颜色是不能令自己满足的，被摧毁的是基础，是"解决方法"，无论我们冠之以何种名目，我们都需要新的解决方法。

"解决方法"所必需的是一种新的意识，其中包含着占据中心位置的个人关系的深度与意义。在一个剧变的时代，这样一种包容的意识常常是必需的。缺少了外部指导，我们就将道德转向内心，这对个体提出了个人责任的新要求。我们必须在更深的层面发现作为人的意义。

性无能的例子

性的能力问题尤为有趣，因为它体现了意志与爱的融合。性无能表明人试图使其身体做些什么——进行性行为——而"它"不想做，或稍稍变换一下说法：患者试图在不爱时让身体去爱。我们不能决意要有能力，我们不能决意去爱，但我们可决意开放自我，参与体验，允许可能性变为现实。性无能不是意向的失败，而是意向性的失败。正如性语言是男性阴茎的肿胀勃起与女性的兴奋和准备好性交，爱欲的语言是幻想、想象和整个器官的敏感性，若对第二种更深的但却更微妙的语言充耳不闻，则身体会通过性无能以更直接、更迫切、更显著的语言传达信息。

前一章所举的普莱斯顿性无能的例子可在此详述，以表明性无能的动力以及爱欲与性之间的差别。治疗时，我问普莱斯顿那天晚上当他宽衣解带就要与女孩上床时，他脑子里有何幻想。可以理解，他难以回忆起来，因为这些形象和与之相联系的感觉在他强迫自己行动时被压抑了。当他确能忆起时，其所述幻想是这样的：女性的阴道是捕熊的陷阱，它会将他的阴茎骗进去，使他令她怀孕、生孩子，这样就能永远套牢他。在他继续讲述幻想时，很显然，不但他在被女性困住时——与听上去一样矛盾——即他被诱奸而不是去诱奸时经历过这种情形，而且这也是他对她逆向性虐待的表达，因为他开始着手行动，使她更兴奋，只为了最后使她失望。因而，阳痿精确地表达了普莱斯顿潜意识幻想中否定的象征意义。这样的幻想完全不是心血来潮的结果，而是其焦虑、其服从女性需要以及对她报复的精神与必要的表达。

幻想是想象的一种表达。幻想与想象都是一种能力，个人意义借此行动。想象是意向性的栖息地，而幻想是其语言之一。我在此使用幻想一词并非指我们借以逃避的非真实之物，而是指"phantastikous"的原始意义："能够表现""使之可见"。幻想是一种语言，是完全的自我、交流、献出自己、试试是否合适的语言。它是"我想／我要"的语言，是自我的想象对环境的投射。如果人做不到这一点，那么无论其身体是否到场，他都不会出现在有关性的或其他种类的这种情境中。幻想吸收了现实，然后将现实推向新的深度。

想象与时间

利用幻想的积极面可在普莱斯顿治疗的其他时间看到。我举一个例子：

普：我考虑了我们一直在谈论的事——我是怎样避开所有经验，活在防护墙之后的。然后，我做了一件充满意义的事——"只要你保护自己，你就不会快乐。你为什么不放手呢？"于是，我就这么做了。接着，我开始感到贝弗莉

（Beverly）很有吸引力，性关系似乎也很令人愉快，但我还是不能勃起。我很担心。然后我想，我必须每次都性交吗？不。接着，我就勃起了。

　　他们之后良好的性关系当然不是他的问题的全部答案。他冲突的更深根源在那次治疗的后半段出现的问题中显现出来。他说："我承受不起贝弗莉的爱。"然后，他谈起了母亲和姐姐。他大叫着："我不能向她们屈服！我得找她们算账！让她们去死！我不会屈服！"显然，这显露出必然要解决的神经症问题。但第一个问题即建设性的"意志的行动"必须与第二个问题即无意识的方面联系在一起。正如第二个问题不能被忽视一样，第一个问题也不可忽视。这个问题的两极辩证地推进，相辅相成。

　　我们不能决意恋爱。当我们可以以意志开放自己，把握机会时，我们能设想可能性——这就像患者所证明的那样，付诸实施。这驱走了阻碍我们构想的东西，驱走了无意识与被压抑的困难的源泉，我们就可以让我们的想象力利用它，凝思它，在头脑中反复思考它，专注于它——在幻想中"邀请"爱的可能性。

　　这将我们带到了时间的问题上。在阳痿案例中，我们认出了再熟悉不过的模式——一种强迫性的匆匆忙忙的感觉："我们马上脱衣服"或"我们得赶紧上床，我阳痿"。为了做我们有着严重冲突的事，我们被迫行动。为了智取，我们试图一下子跳进去，至少超过追逐着我们的、被压抑的意识"追踪者"。"如果这事干完了，就算了结了。"就像麦克白在紧要关头的典型独白，"那就快点儿干吧。"我们必须赶快行动以免我们意识到。在另一层面，我们知道我们是知道它的。在恋爱中，许多人不给自己时间了解彼此也是我们时代病的一种普遍症状，约翰·盖尔布瑞斯（John Galbraith）说，我们这个时代是沿着高速公路找汽车旅馆的"快餐性"的时代。

当我们说到我们"飞到性以避开爱欲"时，"飞"这个词可以从几个方面理解。"飞"，意思是仓促地去——我们感到强迫性的冲动，但认识不到那是我们自己的焦虑在推动着我们。"飞"还可以理解为逃避——如果在我们的幻想抓住我们之前，在冲突的声音变得太刺耳以致我们无法勃起，失去与女性性交的欲望之前尽快完成，就万事大吉了。匆忙的行事常常使爱欲短路。

现在，我们该谈谈爱欲、时间和想象之间的基本关系了。爱欲需要时间：需要时间了解事件的重要性，需要时间让想象发挥作用。即使不是"思考的时间"，至少也需要体验和参与的时间。这就是为什么恋爱中的人想独处、独自逛逛。他们并没有把注意力集中在行动或试图行动上。他们在给爱欲时间让它去行动。这个时间的重要性是爱欲区别于性的一个特征。在第一眼看到那个人时，爱欲似乎就可能发生作用（一见钟情绝不是神经症或不成熟）。这个突然被爱上的人与我们过去的经验和未来的梦想中的心爱之人的形象相吻合。我们感受着与我们个人的"生活方式"相关的他或她。我们形成了这种"生活方式"并与之相伴一生，并且我们对自己了解得越充分，它就变得越清晰。但这个融合的过程需要时间，使爱欲与大量来自我们辨识自己的记忆、希望、恐惧、目标……如此以至无穷的东西交织在一起需要时间。

爱与意志的结合

人类的任务是将爱与意志结合。它们不是以自动的生理成长结合起来的，而必定是我们意识发展的部分。

在社会上，人们趋向于将意志与爱相对立起来。关于这一点有其重要的历史渊源。我们有在母亲怀中吃奶而与母亲融为一体的早期体验的记忆，即柏拉图的"回忆"。之后，我们又与宇宙结合，我们与它紧密结合并体验到"与存在的结合"。这种结合产生了一种满足、平静的快乐、自我接纳与兴高采烈。这在禅宗或印度教这类宗教的冥想中或在吸食某些毒品时会重新体验到。神秘主义显示出这种与宇宙的结合并产生我完全被宇宙接纳的淡淡喜悦与幸福感。这是蕴含在每个伊甸园神话、每个有关天堂的故事、每个"黄金时代"的人的背景——深深地嵌入人类集体记忆中的完美。我们不必靠自我意识的努力就能满足我们的需求，就像心理学所描述的，早期在母亲怀中吃奶时的状态，这是"最初的自由"、最初的"是"。[3]

但这最初的自由总是会崩溃的，这是因为人类意识的发展。我们体验到我们与环境的不同以及和它的冲突，体验到我们是客观世界中的主体——即使也可变为客体。这是自我与世界之间的分离，是存在与本体的分裂。在神话中，这是每个孩子再次展现亚当"堕落"的时候。最初的自由是不充分的，因为如果我们要发展成人类，是不能总待在那里的。虽然我们将我们与之分离的体验当成罪过 [在阿那克西曼德（Anaximander）的无限分离感中]，但我们都必须完成它。然而，它却保留着这一切完美的源头、所有乌托邦的背景。永远会有个地方应当有天堂的感觉，永远会有人在努力——永远创造却永远注定是令人失望的——试图重新创造一种像早期在母亲怀中的完美状态。我们不能——并非因为上帝做了什么，或某个偶然的机会，或某个可能会有所不同的意外事件。我们不能只是因为人类意识的发展。然而，我们还是不断地寻找，就像在我们写了一篇好文章或创作了一件好的艺术作品后，我们还会"摔倒"，但我们仍旧准备爬起来重新与命运抗争。

这就是为什么人类意志以其特有的形式，总是以"不"开始。我们必须与环境对抗，能够否定它——这些存在于意识中。阿瑞提指出，在所有意志说"不"的能力中都有其根源——这不是反对父母的"不"（尽管在反抗他们时，它会显现出来。它代表了个人权威之宇宙的真实面貌）。这个"不"是对我们从未创造的世界的抗议，也是在重新塑造和形成世界的努力中对自我的坚持。在这个意义上，意志总是以反对什么开始——这通常可在特别反对与母亲最初的结合中看到。难怪这么做时会有负罪感和焦虑感，就像在伊甸园中；或有冲突，就像在正常发展过程中。但孩子必须完成这个过程，因为这是督促着他们的意识发展；也难怪他们在一个层面肯定它，在另一个层面又懊悔。这是接纳原始生命力的一个方面。在重新体验这一阶段的过程中，一位患者梦见一只"老虎"，他惯于将其解释为其母亲，但能纵观全局的治疗师不断地说："老虎在你心中。"这种方式让他能够放弃与它的斗争，理解它，将其作为自己力量的一部分吸纳。这样，作为一个人，他就变得更肯定。

意志以反对开始，以"不"开始，是因为"是"已包含其中。危险在于发展的这个阶段可被家长理解为消极的，他们的狂怒表明了这一点。或将孩子原初的"不"解释为对其个人的反抗，这样可能孩子就会认为家长反对其发展与自主，他就可能反对选择。他们引诱他放弃（在某种程度上，他甚至会向这种引诱屈服），回到"天堂"（现在，这"天堂"要用引号）。在成年患者身上，我们看到这是一种渴望、一种怀旧和自我挫败，想要回到最初的结合。但过去不可能再来或再变为现实。

这就是为何意志与爱的再结合对人而言是如此重要的任务与成就。意志必定会摧毁幸福，使人在新的层面体验他与世界成为可能，使成熟意义上的自主、自由以及随之产生的责任感成为可能。我们让意志为我们奠定基础，使较为成熟的爱成为可能，不再寻求重建婴儿状态。人类就像奥瑞斯忒亚，现在自由地为自己的选择承担起了责任。意志摧毁了最初的自由、原始的结合，并非为了永远对抗宇宙——即使我们当中有些人的确在那个阶段停下了脚步。随着最初身体结合天堂的瓦解，人类现在的任务是在心理上获得新的关系，这种关系的特征是选择爱哪个女性、参与哪些群体，并以意识来建立哪些感情。

因此，我谈到爱与意志的关系，并非将其作为一种自动出现的状态，而是当作一种任务。等到获得了它，它就成为一种成就。它指向成熟、统合、成为一个整体。如果不与其对立面相联系，这一切就不可能达成：人类进步永远不是在一个向度上的。但它可能成为我们回答生命之可能性问题的试金石和标准。

注释

[1] David Riesman, Reuel Denney, and Nathan Glazer, *The Lonely Crowd* (New Haven, Yale University Press, 1950).

[2] 我体认到我是虚构地描述了这一类型的，有许多与此规则不符的例外——就像威廉·詹姆斯及其父母。将我们每个人的憎恨、我们面临的时代的命运都考虑进去，我认为我的观点大体是合理的。

[3] 阿那克西曼德在其未完成的著作中写道："每一个体的确在为使其从无限中分离出来而忏悔。"

第十二章

关怀的意义

唯仁者能好人，能恶人。

——孔子

越南战争中有个奇怪的现象，那就是这次战争的拍摄——为电视拍片子、给报刊拍照片——与其他任何一次战争中的拍摄都不同。不再是有关胜利的画面，没有像在硫磺岛上那种将旗帜插入丘顶的画面，也不再有凯旋之师走过街道。这次战争中每天会有相关方面宣布死伤情况，点数尸体，因为没有什么其他可数的。而其他的东西出现了：这不是计划好的，或是人的大脑有意识地决定的，它是从照片中透露出来的——那些新闻记者呈现了我们所有人的无意识，他们的立场与战争无关，他们是从躯体与肌肉运用的角度拍摄了这张而非那张照片。他们唯一关心的是人类的利益。这些照片拍摄的是伤员们彼此关怀的画面，拍摄的是士兵照料伤员：一个水兵搂着他受伤的战友，而那伤员疼得大叫，一脸茫然。照片背后展现的是最基本层面的东西——关怀。

就像电视节目播出的，在越南的村庄，毒气弹被扔进洞口和茅屋以将躲藏的残余越共人员驱赶出来。但从洞里出来的只有妇女儿童。有个孩子，大约只有两岁，和他母亲一起被赶出来，坐在母亲膝头看着大块头的黑人水兵。孩子脸上是毒气弹留下的烟尘，他一直在哭，一脸困惑。现在除了哭，他不知道如何理解这样一个世界。但镜头立刻转向了那个低头看着这孩子的美国水兵。他身着军服，长相威严，有些令人害怕。他也带有同样的表情：困惑。他低头凝视这孩子时大睁着双眼，双唇微启。他目不转睛，一直盯着这孩子看。他该如何理解他做了这事的这个世界？当播音员喋喋不休地解释这毒气只有十分钟的损害，而不会留下有害后果时，摄影师一直聚焦在水兵的脸上。水兵是回忆起了他曾是南方某州的孩子，在玩的时候被人从岩洞和棚屋里驱赶出来吗？是想起了他也是被认为"劣等"的种族的一员吗？是想起了他也曾是个只能向外看和仰视世界的孩子，那是一个由于孩子无法理解的原因而导致痛苦的世界吗？他在这个孩子身上看到了自己，看到了自己作为一个黑人孩子的困惑吗？

我想他是不会有意识地思考这些的：他只是看到那里有另一个带有人类共同基础的人，因为这个基础，他在越南沼泽里暂停片刻。他的注视是关怀，而摄影师恰巧看到了他——恰巧几乎总是看到他如此——并且将摄像机对准了他的脸！一种只为了人类而伸展出去的潜意识为我们提供了我们所有人负罪感的无意识表达。当播音员用毫无感情的声音宣布一长串伤亡人员名单时，摄影师们此刻并且永远默默地只在展现我们自己盲目的、无意识的肌肉的外延，将其摄像机一直对准那个盯着大哭的孩子看的大块头黑人的脸、那个在整个现代战争悲哀的流沙中的无名氏。

这就是对关怀的简单说明。这是一种状态，它包括对另外一个与某人的自我相像的人的辨识；包括对另外那个人的痛苦与欢乐的认同；包括内疚、同情，并且认识到我们所有人都在一个普通人的基础上，而我们所有人都源于这个基础。

爱与意志中的关怀

关怀是一种状态，在这种状态中确实存在重要的东西。关怀不是冷漠的反面；关怀是爱欲必需的源泉，是人类温情的源泉。非常幸运，关怀产生于与婴儿行为相同的行为中。从生理上看，如果婴儿不被母亲照顾，他很难活过生下的第一天。从斯皮茨（Spitz）的研究中我们知道，婴儿如果未能得到母亲的关怀，就会退回床角，失去活力，永远不会发展，而永远保持一种麻木状态。

对希腊人而言，伊洛斯没有激情是无法生存的。我们同意这一观点，我们现在可以说伊洛斯没有关怀就不能生存。爱欲这个原始生命力从心理开始，抓住我们并将我们抛入其旋涡中。这需要加入必要的关怀，这成了爱欲的心理方面。关怀被本性的痛苦感赋予了力量，如果我们不关怀自己，我们会受伤。这是认同的来源：我们可对孩子的痛苦或成人的伤害感同身受。但我们的责任是别让关怀仅仅成为一种神经末梢的问题。我并不否认生理现象，但关怀必须成为有意识的心理事实。生命来自身体的生存，但美好的人生来自我们所关怀的事。

对于海德格尔而言，关怀是意志之源。这便是为什么他除了与其他哲学家辩论时从不谈论意志或决意。意志不是独立的"能力"或自我的一个部分，每当我们试图使其成为一种特殊的能力时，我们就会遇到麻烦。[1] 它是整个人的作用。"当被充分构想时，关怀的结构包括自我的现象。"[2] 海德格尔写道。当我不关怀时，我就失去了我们的存在，而关怀是回归存在的途径。假如我关怀存在，我就会以对其幸福的关注引领它；而若我不关怀，我的存在就会分裂。海德格尔认为："关怀是人类存在的最基本的组成现象。"[3] 因而它是存在论的，因为是它构成了人。意志与意愿不能成为关怀的基础，相反，它们是建立在关怀之上的。[4] 如果我不关怀开始，我就不会愿望或决意。而若我真的关怀，我就会情不自禁地愿望或决意。"决意是随心所欲的关怀。"[5] 海德格尔说道。而我还要加一句：是变得主动的关怀，自我便是由关怀保持其恒定的。

暂存性使关怀成为可能。奥林匹斯山上的神不关怀，在此我们对这一人人可见并感到奇怪的事实做出解释。我们是有限的这一事实使关怀成为可能。在海德格尔的概念中，关怀还是良心的源泉："良心是关怀的召唤""其自身便表现为关怀"[6]。

海德格尔引用了一则关于关怀的古代寓言故事，歌德在《浮士德》的结尾也使用了它。

> 有一次，当"关怀"过河时，她看到一些黏土，她沉思着拿起一块来塑造它。正当她考虑要塑个什么时，丘比特过来

了。"关怀"请他赋予其精神，他欣然应允了。但当她想用自己的名字称呼它时，他却不允许她这么做，而是要求给它取自己的名字。当"关怀"与丘比特正为此争执时，大地出现了并且想给这个生物取自己的名字，因为她用其身体的一部分滋养了它。他们请农神来做仲裁，而他做出了以下决定，这决定似乎很公正："因为你，丘比特给了它精神，在它死后精神归你；大地给了它身体，死后身体归你；但因'关怀'先塑造了这个生物，所以只要它活着，她就拥有它。既然现在你们是在为它的名字争执，那它就叫'homo'（人）吧，因为它是由 humus（earth，腐殖质，土）做成的。"[7]

这则引人入胜的寓言说明了重要的一点，这是由仲裁人农神（即时间）提出的：虽然人是用土来命名的，但在人自己的看法中其仍是由关怀构成的，人在生存于世的短暂时期被托付于她，这也表明了对于时间三个方面的认识：过去、未来与现在。大地拥有人的过去，宙斯拥有未来；但"因'关怀'先塑造了这个生物，所以只要它活着，她就拥有它"，也就是现在。

对于存在论的大致了解使关怀与意志如此紧密相关的原因更加清楚，它们实际上是同一体验的两个方面，这也是愿望与意志之间的区别。麦奎利（Macquarrie）写道：愿望像"一种纯粹的向往，意志仿佛搅乱了它的睡眠，但却没有超越行动的梦想"[8]。意志是愿望完善的、成熟的形式，它与存在论的必然性一起植根于关怀。在个体有意识的行动中，意志与关怀是并存的，存在于同一感觉中。

这给予我们一条原则，实际上要求我们在关怀与多愁善感之间有一个明确的区分。多愁善感是对感情的思考而不是对其客体的真正体验。托尔斯泰讲述了一位在剧场里哭泣的俄国女士，显然她该为坐在外面寒风中的她自己的车夫哭泣。多愁善感、自鸣得意是因为我们有这种感情，它始于行动也在此结束。但关怀是对某事物的关怀。在我们体验我们关怀客观事物或事件时，我们被激励。在关怀时，人必须通过参与到客观事实中来对情况做出反应。人必须做决定。这是关怀将爱与意志相连之处。

保罗·蒂利希说，我们也可将担心——通常与形容词"极其的"共同使用——视为我们所讨论的问题的同义词。但为了达到我们的目的，我更想在此使用更简单、更直接的词——关怀。我也可使用同情一词，该词对许多读者而言是关怀一词更为高深的形式。但同情，一种"对于"某人的"情感"，也是一种感情，是可产生和消失的热情。我之所以选择关怀一词，是因为它是存在论的，并指一种存在的状态。

关怀之所以重要，是因为它是我们时代正在消失的东西。在校园反叛和对国家的抗议中，年轻人为之拼搏的是一种逐渐渗透性的观念，即什么都无所谓，以及那种什么也做不了的普遍感觉。这种威胁是冷漠，不介入，抓住永久性的刺激物。关怀是其必需的解药。

学生反抗的形式易于受到批评，它们可归结为为保持"权利之下的正义"而进行的斗争。在这个世界里，一切似乎日益机械化、计算机化，并以越南战争告终。尽管学生们并不知道"别装订，别损坏，别折叠"的红色标语，但他们却将海德格尔关于人在存在论上是由关怀构成的说法付诸行动了。它是对空虚的拒绝，虽然它在各个方面所面对的都是空虚；它是对人类尊严的顽强坚持，虽然它在方方面面都被玷污；它是对自我执着的主张，给予我们的行为以内容，虽然这些行为可能只是日常事物。

爱与意志在古老的浪漫与道德意义上是含糊不清的概念。实际上，在那个构架内，它们可能既无法获得亦不可使用。如今浪漫即将成为明日黄花，我们便不能通过诉诸浪漫来使之获得支持，或通过呼吁责任来支持它们。二者都不再有说服力了，但那古老的、基本的问题仍旧存在：有什么事或人对我是重要的吗？如果没有，我能找到对我来说的确重要的人或事吗？

关怀是一种独特的意向性，它尤其会在心理治疗中显现出来。它意味着希望某人好。如果治疗师的内心没有这样的体验，或者治疗师不相信患者身上所发现的情况是重要的，这对治疗来说真是大不幸。intentionality（意向性）与 care（关怀，关心）的一般的、原始的意义包含在 tend（照料）这个小小的词中，该词既是 intentionality 的词根，又是"关怀"的含义。tend 意味着一种倾向、一种趋势，是人对一个特定的方向、一种行动的支持，也是在意、留心、等待，显示挂念。在此意义上，它是爱与意志二者的源泉。

关怀的神话

我现在要提到历史上与我们这个时期非常相像的一幕。这有助于我们理解有关关怀的神话。在古希腊这个黄金时期，神话与象征给予市民对抗内心冲突与自我怀疑的甲胄。在此之后，我们进入公元前3世纪和公元前2世纪，我们发现自己身处的世界与埃斯库罗斯和苏格拉底的时代有着大相径庭的哲学情绪。我们发现，在各个方面，焦虑、内心怀疑、心理冲突都在文学中肆虐。这个世界不同于我们自己的世界，正如希腊化时期的一位学生所描述的：

> 假如有天早上醒来，你发现某种奇迹将你带到了公元前3世纪早期的雅典，你会发现自己处在一种似曾相识的社会与精神氛围中，城邦的政治理想——自由、民主、国家的自给自足——在一个被大规模的专制统治、被经济危机与社会动荡动摇的世界里已失去魅力。古老的神祇保留着其庙宇和祭品，但已激发不起强烈的信心。柏拉图与亚里士多德这些前一世纪的大师们的思想似乎对于新一代没有什么启迪——这普遍的幻灭、怀疑论与宿命论的情绪无药可医。[9]

现在以及紧接下来的时期，作者的确感觉到焦虑。普鲁塔克生动地描述了一个焦虑的人有着像手心出汗或失眠这样典型的恐惧症状。[10] 埃皮克提图（Epictetus）有一章的题目就是"关于焦虑"。文中他给出了关于焦虑状态的诊断以及克服它的方法。"此人在得到或避免意志上发生了混乱，他的方法不对，他在发烧，因为其他情况不会使其面色改变并颤抖、牙齿打战。"[11] 卢克莱修（Lucretius）哀叹于焦虑的无所不在——对于死亡的恐惧、对于超凡的神灵的恐惧。在其诗歌《宇宙的本质》(*The Nature of the Universe*)中，他仰望苍穹，"繁星点点"，而"在心中却已因其他的悲哀而痛苦，新的焦虑开始苏醒并抬起了头。我们开始疑惑：是否我们可不向这难以理解的神圣力量屈服，这神力驱使这闪烁群星运行在各自的轨道上"[12]。

卢克莱修所提到的焦虑原因又让我们联想起了当今与飞碟、夜晚的光源有关的焦虑。这是人们对来自其他星球的探访、小魔怪等的恐惧。一些像 C. G. 荣格这样具有洞察力的心理治疗师认为，现代的恐惧变成了与太空有关的焦虑，在 20 世纪中期产生的隐匿的焦虑比普遍承认的要多得多。[13]

我们现在的时代与这个忧心忡忡的希腊化时期之间的相似之处不仅仅在于这些投射与幻觉。卢克莱修回顾了公元前 3 世纪时所做的描述，抛开其诗歌风格不谈，亦可从当代报纸中看到，它是这伟大社会的写照：

> 实际上，伊壁鸠鲁（Epicurus）看到，所有人类维持生命所需要的东西都可由其任意支配……他们的生计有保障。他看到有些人有名有利、有权有势而志得意满，为其子女的好声名而心存快乐。然而，尽管如此，他也发现，每个家庭都有痛苦的心灵。他们因精神的痛苦而不断遭受折磨。他们无力减轻这痛苦，被迫怨天尤人地发泄自己的痛苦。[14]

卢克莱修接下来努力对此做出诊断，这非常有趣。他总结道：

"该病之根源是容器本身。"即人类自身，或人类的头脑出了问题。埃皮克提图相信，如果以完全理性的方式向人们解释自然界，他们就会从焦虑中摆脱出来。卢克莱修是其追随者，更对此深信不疑。

当然，我认为该病的根源是人失去了其世界，发生的巨变是人与这个世界、与他人、与自我失去了交流。也就是说，神话与象征已崩溃了。人类正如埃皮克提图后来所说的"不知道他*在世界*的何处"[15]。

在这个希腊化时期，涌现出一大批学派，其中不仅包括斯多葛学派与伊壁鸠鲁学派，还包括犬儒学派、昔勒尼学派以及享乐主义者，同时还有传统的柏拉图学派和亚里士多德学派，他们都向人们传授如何在充满心理与精神冲突的世界上生存。这些学派的方法无论优劣，现在都呈现明显的心理治疗特征。

有几个学派将人们的中心问题看作如何控制其感情、如何居于生活冲突之上。斯多葛学派与伊壁鸠鲁学派发展出心神安宁的学说，认为对待生活应持一种"不可动摇性"的态度，达到一种毫无感情的平静；尤其是斯多葛学派，认为应通过坚强的意志力，通过不让自我被悲痛、困苦、失去生命等一般的情感触动达到这一点。你应当超越外部事件，保持自己的秘密。或者倘使你做不到这一点，你也至少不该受其影响。伟大的力量——看看罗马军团的士兵和指挥官——是由斯多葛学派的信仰与实践产生的。

但这种力量是以压抑所有的情感，无论积极抑或消极的情感为代价获得的。作为给予一种心理治疗的尝试，伊壁鸠鲁学派与斯多葛学派的做法大致相同。"两个学派都要求将感情从人类生命中完全排除。"多兹写道，"两者的理想都是……摆脱烦扰人的感情。要达到这个目标，要么持有有关人与上帝的正确观点，要么就索性没有任何看法。"[16]

伊壁鸠鲁试图通过理性地平衡其快乐获得身心的宁静。他赋予理性的快乐以特殊的价值，这似乎向人生的满足打开了一扇门来迎接感官的快乐。卢克莱修告诉我们，伊壁鸠鲁"限制欲望与恐惧"，因为"通常他都表明人完全没有必要在胸中掀起忧虑的汹涌波涛"[17]。但无论这种通过限制恐惧（非常有趣，它也意味着限制欲望）加以控制的意图是什么，这种方法在实际操作中都导致对人的动力欲望的阉割。当时一位作家甚至说伊壁鸠鲁是阉人。

享乐主义者的传统是强调感官享乐。但这些享乐主义者会发现，正如其他时代包括我们这个时代的享乐主义者会明白，为了享乐本身而寻求感官满足，结果却是奇怪的不满足。该学派的一位教师——赫格西亚斯（Hegesias），甚至在得到快乐时还会感到绝望，他成为悲观主义哲学家。托勒密（Ptolemy）不得不禁止他在亚历山大演说，因为这些演说导致如此之多的自杀事件。这一时期是教师或哲学家"将其讲堂当成病态灵魂的医疗室"[18]的开始。

在所有这些努力帮助人们应付其焦虑的人中，最突出的就是卢克莱修。他对人类的痛苦非常敏感，并且是位诗人。他不能对周围的心理与精神的痛苦漠然视之。无论他多么渴望心灵的平静，其诗人天性都无法让他超然其外或具备以必要的压抑获得平静的能力。"人类胸中挥之不去的恐惧与焦虑，"他写道，"不会因武器相撞的叮当声或是暴雨般落下的投掷物而退却。它们趾高气昂地行走在王公贵族间。它们不会对金子的光芒和紫色袍服之耀眼光泽充满敬畏。"[19]

他知道有些焦虑是因为人生的无意义。"人们能十分清楚地感到心灵的重负，这重负使他们沮丧。只要他们能确切地觉察到这抑郁的缘由、在他们胸中的这邪恶之源，他们就不会过着我们现在所看到的这种极其普遍的生活——没人知道他们真正想要什么。人人都试图从现在的处境中脱身。似乎只有移动才能摆脱这负担。"[20]作为颇具洞察力的心理学家和诗人，卢克莱修对这令人厌倦的东奔西跑做了如下补充："这样做，个体实际上是在摆脱自己。"他接着写道："通常，那些堂皇宅邸的拥有者，待在家里穷极无聊。于是，他离开宅邸，只为了在他感到自己离家在外并不更好时能尽快地返家。他离家去他的乡间别墅，驱车前行，马不停蹄，仿佛赶着救火一般。可脚刚跨过门槛，他就开始哈欠连天或怏怏不乐地就寝，大脑一片空白，要不然就再奔回城里。"[21]

卢克莱修以虔诚的宗教热情投身于诠释从其前辈伊壁鸠鲁那里承继的信仰。他相信，对于自然宇宙的决定论的理解能治愈我们的恐惧与焦虑。

如同茫茫黑暗中的孩子颤抖着，一切从头开始①，我们有时在大白天感到被恐惧困扰，这恐惧如同黑暗中的孩童想象的恐惧一样没来由。心灵的恐惧与黑暗无法被阳光——这白昼耀

---

① 因黑暗而迷惘，一切重来（暗喻修辞法）。——译者注

眼的光线驱散，却能因对外部世界之形式与内心本质之活动方式的理解而消失。[22]

卢克莱修认为，如果他能消灭神祇与神话，帮助人们成为开明的、经验主义的、理性的人，他就向使人们摆脱其焦虑迈出了必要的一步。伊壁鸠鲁在钱币上和塑像中到处看到神的形象，他犯了许多经验主义者所犯的错误，认为神实际上是客体。他将神放逐到两个世界之间，避免他们与人类接触（这就无怪我们现在准备到那些空间旅行了），大刀阔斧地解决了这个问题。"神性的本质就是要在极其宁静中享受永恒的存在，与我们的事物疏远分离。它摆脱了一切痛苦与危险，自身极其强大，避免了我们任何的需求，对我们的功过毫不在乎，不会生气。"[23]

卢克莱修比其前辈更进一步，试图将神话一并废除，并希望借此使人们摆脱"对神无理由的恐惧"[24]。他声称："没有神话讲述的不幸的坦塔罗斯（Tantalus）……没有躺在地狱中永远被猛禽啄食的提提厄斯（Tityos）……但提提厄斯却在我们当中——那拜倒在爱的脚下的可怜的家伙，的确是被猛禽撕扯，被痛苦的妒忌吞噬，或被其他激情的毒牙撕咬。西西弗斯（并非神，但）也生活在现实之中，专心致志于获得勋章……至少刻耳柏洛斯（Cerberus）和复仇女神，黑暗及喷发着可怕烟气的地狱之门，根本就不存在，也压根不可能有。"[25]"也没有普罗米修斯其人，因为最初将火带给大地并为人类所用的是闪电。"[26]

因而，他是第一个使读者认为神话人物是住在某个地方的真实存在的人（当然，让埃斯库罗斯相信这一点是不可能的）。接着，他对这些神话人物做了心理分析——这些神话人物不过是每个人主观过程形象化的表达。神话的确有着个体体验的主要原动力的一极。但这只说对了一半，它遗漏了神话的广阔蕴涵。神话是人试图理解并对这样一个令人烦恼的事实的妥协：他的确生活在一个无限的宇宙中，在这里西西弗斯现象客观地显现在正常与病态焦虑的人身上。这不仅因为每个工人辛辛苦苦、反反复复地做着同样的工作（"而他命运的荒唐比起西西弗斯毫不逊色，正如加缪指出的那样"），还因为我们所有的人都永远在循环往复，劳作、休息、再劳作，成长、分裂、再成长。西西弗斯的神话就表现在我心脏的跳动中，体现在我新陈代谢的变化中。认识到神话是我们的命运便是在一种原本无意义的宿命论中找到意义的开始。

但在他通过解释来消除神话的热情中，卢克莱修本人又被迫陷入新的神话编造中。尽管这具有讽刺意味，但这是所有从事——我们借用杰罗姆·布鲁纳的词——"神话汇编"的人之命运，他们发现自己在私下里正在编撰新的神话。卢克莱修称，假如读者能让自己认识到生命中的"原因"，他就能摆脱焦虑。如果人找不到足够的原因，最好指定些虚构的原因！这是因为，我们不会放弃"任何时候感官可觉察的都与真实毫无二致"的信念。当知觉似乎具有欺骗性时，"在缺少原因的情况下指定虚构的原因也比让能清楚理解的事物摆脱我们的掌控强。这就从根本上攻击了信念——挖开了维持生命的根基"。

这就是科技人的神话：假定人类由其理性的理解来支配，其感情会遵循该理解，其焦虑与恐惧因而可被治愈。这是我们这个时代再熟悉不过的神话。

因为神话必须具有其艺术"形式"，所以我们或许会将卢克莱修的整首诗看作这个神话的化身。卢克莱修本人就是普罗米修斯式的人物，他向自己感到的迷信、愚昧与引起恐惧和焦虑的宗教大胆地挑战。他自己的神话有着内在的矛盾。其神话存在本身就证明了其论点的错误，即有可能构建一个"没有神话的生命的神话"这一事实使我们对他的质询显得尤为重要。

他致力于否认原动力与非理性。实际上，具有讽刺意味的是，其自身的死亡据说是其参加了一个巫术活动导致的："传统的说法（丁尼生使得这种说法长盛不衰）是他在服用春药发疯后自杀身亡。"无论这是事实真相还是杜撰，实际上都是一回事——这是历史对其死亡做出的诠释，以春药这种最为非理性与原动力的象征"使其生命丰满起来"。

卢克莱修的努力的确是勇敢的。凭借其壮丽诗歌艺术的翅膀，他似乎勇敢地从捷径飞向了文明。但当我们更仔细地对其进行检查时，我们则发现这条路通向深渊——一种骤然的空虚感，那就是死亡的简单事实。在卢克莱修的诗中，一再出现死亡。他试图向其读者解释，假如他们接受他的证明，相信死后没有地狱，没有魔鬼焚烧他们，或对他们施以其他惩罚，他们就无须惧怕死亡。但这些想象的关于人们恐惧死亡"原因"的"解释"，对卢克莱修本人也不起作用，因为他不断地关注死亡，因为他有着深刻的人类情感，对人类包括其自身有着主动的同情。

结果证明，这种关于死亡的冲突像纠缠着大多数人那样也没放过他。这种冲突根本不是未来地狱的存在问题，其根源在于人类的爱、孤独与悲痛。其诗歌的最后是对雅典瘟疫令人难忘的生动描述，他再次展现出死亡，如同诗的开头一样细腻、一样令人战栗。

> 孤独的葬礼匆忙举行，墓前无人哀悼……一种尤为悲惨的症状是：一旦发现自己染病，人便失去了勇气，绝望地躺倒，仿佛被判了死刑。在对死亡来临的等待中，他就完蛋了……整个国家因恐惧而疯狂。一个接一个，在经历丧亲之痛时，自己的生死也是听天由命……人们不顾强烈的反对，将亲人的尸身扔在别人搭建的柴堆上，又将火炬掷向它们。通常生者因这争执血流成河，不愿将亲人的尸体抛弃。

这最后一行诗——在极度悲痛中，人宁愿自己死去，也不愿抛弃亲人的尸体，徒劳地想留住他们所爱之人的画面——是人的生命超越了所有自然规律解释的最有力的象征。这是生命的意义存在于人类的同情、孤独与爱之中的鲜明证据。读完此诗，我们确信这是焦虑真正有害的、恐怖的及不可避免的根源。无论卢克莱修还是其他什么人都不可对其拒绝、否认或减轻。

但卢克莱修的勇气与诚实是值得称颂的。即使他解决不了死亡的问题，在面对它时，他也从不退缩。根据理性"法则"——结尾这样的描述恰好是错误的——人应当下肯定的结论！我们看到，卢克莱修不仅仅是被大脑控制，而且是被深刻的人类情感控制；最终，他的诗歌战胜了他的信条。是他的艺术之美使他不是"解决"或回避死亡，而是始终面对它。死亡焦虑——所有焦虑最基本的根源——仍然存在。卢克莱修一生都在体验他自己的恐惧与焦虑，或许不仅是他自己的恐惧与焦虑——这毫无疑问与使其成为如此杰出的诗人的敏感与优雅相关。

但我们还不能就此止步。从某种意义上说，卢克莱修的确超越了死亡的问题。这是因为，他的画面中包含爱与死亡，将互不相容的协调起来、相互对立的统一起来，正如埃斯库罗斯在其《奥瑞斯忒亚》中所做的。卢克莱修是利用了一个新的神话这样做的，这十分清楚地出现在了其诗歌的最后一页。

这并非我们前面提到的他的自然主义解释信条和他有意识地打算超越。我的心理治疗经验使我对理性解释是否能减轻焦虑感到怀疑。有些其他情况发生了，即解释变成了一种更深奥的神话工具，这种神话的确在此理性更深的层面抓住了人们。这种解释成为我这个做解释的人关怀你、你我可彼此信任和交流这个神话的一部分。这个内涵可能比我的"解释"或说明本身是否完全精确或"出色"或怎么样都重要得多，在心理分析中必定如此。我常常注意到，当我在精神分析的意义上给患者一个说明时，当时给他印象最深刻的不是我所说的在理论上是对是错，而是我所说的表明我相信他能够改变并且其行为具有意义、是积极神话的一方面。在这样的解释中，更深层的神话是，我们能够信任我们的人际世界，人类意识原则上可与那种意义相联系。

在读过卢克莱修的作品之后，我们站起身来，能够更好地面对死亡并且去爱。读完了这首诗，我们确信，尽管死亡不可避免，但我们能够共同承认我们不甘于忍受割断我们的爱，因为从雅典人对其所爱之人的尸体依依不舍这一点来看，人类之爱甚至更为珍贵。

这是一个神话如何包含意向性的例证。神话是一种语言，意向性借此可传达。读者会回想起我们对于意向性的原始定义。发生在卢克莱修的诗中的最后的情形就是在我们生命的彼此关系中，以及在与宇宙的关系中，死亡是一种客观事实。我们在这样的关系中认识到富有意义的结构。我们在此看到一个例证，说明了意向性与有意识的意向之间是如何清晰地区分的。这在卢克莱修的案例中，就是阐明某些解释。其中有许多被证明是错误的，而其中大多数是互不相干的。但在他对其任务的执着中，他根本未完全觉知到的更深维度进入画面中，这比他从其前辈伊壁鸠鲁那里学到的更重要，比其深思熟虑的哲学更重要，甚至比其自动的意向性更重要。这不在于他说了什么，而在于在其诗中，作为一个整体，一个有才华的人，他在感觉、在凭直觉获知、在爱、在争取，也是在思考、在写作、在面对着人类体验整个的广阔领域。

这就是关怀的神话。它声明，无论外部世界发生了什么，人类的爱与悲伤、怜悯与同情都是最重要的。这些情感甚至超越了死亡。

我们今天的关怀

"在爱中，每个人都从头开始。"克尔凯郭尔写道。这个开始就是我们称作关怀的人们之间的关系，它虽然超越了感觉，但却是从那里开始的。当其他人的存在对你重要时，它是一种表示牵挂的关系，是一种奉献的关系。其根本形式是愿意从另外那个人身上得到快乐，在极端情况下为它遭受痛苦。

心理学家与哲学家强调感觉是人类存在的基础，这显示出关怀的新的基础。现在，我们需要建立一种感觉，作为我们与现实联结方式的合理方面。当威廉·詹姆斯说"感觉是一切"时，他并不是指除感觉之外什么都没有，而是指一切始于此。感觉约来了一个人，将其与客体绑在了一起并确保了行动。但在詹姆斯做了这个"存在主义者"阐述之后的几十年里，感觉被贬低，被非难为纯主观的。原因或更确切地说科技原因是通向解决问题之路的向导。当我们不知道——我们很难意识到，除了当我们感觉时——我们是不能够知道的，我们就将"我觉得"作为"我隐约相信"的同义词来说。

精神分析的发展导致不可或缺的感觉复苏。在理论性的心理学中，最近发表的许多论文都表现出心理学家与哲学家对感觉有新的理解趋势，哈德利·坎特利尔（Hadley Cantril）的论文《我充满感情，故我在》（"Sentio, ergo sum"）是其中的一篇。希尔文·汤姆金斯的《人类的专利》（"Homo patens"）是另一篇。苏珊·朗格（Susan Langer）给其新书取名为《心灵，感觉的检验》（*Mind, An Essay on Feeling*）。而阿尔弗雷德·诺斯·怀特海——朗格小姐的老师指出笛卡儿"我思故我在"之原则是错误的，他继续说道：

我们永远不会意识到赤裸的思想或赤裸的存在。我发现自己本质上是一个情感、快乐、希望、恐惧、懊悔、抉择、评估和决定的统一体——所有这些都是我对环境的主观反应，因为我的本质是主动的。笛卡儿"我是"的我的统一体是我将这些杂乱无章的材料形成一种协调一致的感觉模式。

我说过，爱的浪漫与道德基础对我们已不起作用。我们必须从头探寻，用心理学的说法，就是带着感觉。

为了表明感觉是如何简单和直接地——关怀指向爱——出现在心理治疗现场，我以一次精神分析治疗为例，这里的主人公碰巧还是普莱斯顿，在前一章我已对其进行过详细说明。

普：对我父母、姐姐和艺术而言，我是个犹大。对于艺术——我只是让它为我所用……我感觉很糟、很沮丧……我有病，因为我没有爱。

治疗师：（鼓励他放松，以便他能自由联想。）

普：我不是真实的，是个冒牌货，我不是我。真的，我不相信自己。（沉默）我被困住了，陷在了生活之外，被贝弗莉困住了，就像吉格斯（Jiggs）一样，被困住了，无法动弹。我和贝弗莉两周前的性生活很棒。但想想她要是怀孕了——我就给困住了，要去找新住所……（沉默）……我不该说这些，这不太好。

治疗师：为困住所困——至少那是真的。

普：（同意我的观点。沉默了几分钟。然后，轻轻从躺椅里回头看我）我觉得我关怀你，这一定很难，不知该怎么办，是说些什么还是不说，连弗洛伊德也会觉得难。

治疗师：（引起我注意的是他的语气，与他平时扬扬自得、趾高气扬有所不同。几分钟后）我从你所说的话里听到了新调子吗——是对我真正同情的感觉而非得意扬扬？

普：是啊，是同情。只有你和我待在这儿。我们俩都困住了。这与先前的治疗不同。

治疗师：这几乎是我头一回从你那里感受到真正的人类情感……在等待戈多中（他早些时候提到过）他们彼此都感到了些什么。

普：是啊，他们一起等待，这很重要。

真正人类同情感的这个高潮可能看似简单，但在心理治疗中是关键点。为了让大家意识到这是怎样的一步，我们可以现代戏剧为背景来理解它，戏剧探寻的是感觉的这种基本状态。我们的情况是，在我们理性主义与技术性全盛时期，我们忽略了对人的关心，而现在我们要谦恭地回到关怀这个简单的事实上。例如，当代戏剧展现的关键问题是交流的障碍。这是我们大多数严肃戏剧，就像奥尼尔、贝克特、尤奈斯库、品特写的戏剧的主题。面具已被完全揭开，我们看到的是明显的空虚。正如奥尼尔的《送冰的人来了》所表现的，人类的高尚是悲剧或任何人文主义所必需的，人们在舞台上感觉到它的存在是因为伟大逃离了人类——意味着人类的高尚是个真空，是现在缺失的。这是无意义之意义的矛盾状态。明明白白的真空、空虚以及冷漠是不幸的事实。

在等待戈多中，其本质是戈多没来。我们永远等待着而问题仍旧存在。昨天那儿有树吗？明天还会有吗？贝克特——不提另外一位戏剧家和视觉艺术家——使我们震撼，让我们意识到我们人类的重要性，迫使我们更深刻地审视我们作为人的状况。我们发现，虽然这状况表面上毫无意义，但我们仍在关怀。戈多没来，但在等待中还有关怀与希望。重要的是我们等待，并且就像戏剧中的角色那样，在人类的关系中等待——我们彼此分享着破衣服、鞋子、一块萝卜。等待就是关怀，而关怀便是希望。这是一种被 T. S. 艾略特清楚理解了的矛盾状况：

> 我对我的灵魂说，静静地、无望地等待，
> 因为希望会是对错事的希望；无爱地等待，
> 因为爱会是对错误的爱；但信念犹存；
> 可是，信念、爱与希望尽在等待之中，
> 无思想地等待，因为你还没准备好思想。
> 因此，黑暗会成为光明，沉静会变为舞蹈。

诚然，许多当代的戏剧是消极的，其中一些危险地接近了虚无主义的边缘。但不是虚无主义震撼了我们，使我们面对空虚。对于有耳可听的人而言，这种空虚（这一术语现在用以指一种超越的特质）道出了一种存在的更深刻、更直接的忧惧。是关怀的神话——我

常常认为只有这个神话——使我们能够反对犬儒主义和冷漠这些我们时代的心理疾病。

这就指向了一种新道德，它不是表面的和形式的，而是关系中的真实性。已出现在我们身上的这个模糊的道德轮廓已在年轻一代那些真正关心这个问题的人身上显露出来。这些人对名利毫无兴趣，这些东西现在是"不道德的"。他们在寻找个人关系的真诚、开放与真实。他们走出去寻找一种真正的感觉、一种触摸、一个眼神、共同的幻想。这种准则成为固有的意义，是由人的真实性加以判断的。做自己的事，跟着使自己成为对他人有用之人的感觉走。无怪乎在我们的时代人们对于所说的话会有种怀疑，因为这些情况只是为一时的感情所左右。

这种新道德的错误是这些价值缺少内容。内容似乎是存在的，但某种程度上却是基于突发奇想和暂时的情感。永久性在何方？可靠性与持久性在哪里？我们接下来就要讨论这个问题。

注释

[1] 康德说："只有理性的存在有依照其法则条例行事的力量——遵循原则——只有如此他才有意志。"黑格尔马上接着说："由于从法则推知行为需要原因，意志就不过是实际的原因而已。"而康德使用了"力量"一词，说明意志已被理解为能量。"Will and Existence," *The Concept of Willing*, ed. James N. Lapsley（New York, Abingdon Press, 1967），p. 76.

[2] Martin Heidegger, *Being and Time*, trans. John Macquarrie and Edward Robinson（New York, Harper & Row, 1962），p. 370.

[3] Macquarrie, p. 78.

[4] Heidegger, p. 227.

[5] Macquarrie, p. 82.

[6] Heidegger, p. 319.

[7] 同上，p. 242。

[8] Macquarrie, p. 82.

[9] Ronald Latham's introduction to Lucretius, *The Nature of the Universe* (London, Penguin Books, 1951), p. 7.

[10] 我要提到的一些作者生活在一两个世纪之后：普鲁塔克，公元1—2世纪；埃皮克提图，一个生活在公元1—2世纪的罗马的希腊人；卢克莱修，公元前1世纪。但这些人将早期的知识充分记录了下来——卢克莱修详细阐述了公元前3世纪的伊壁鸠鲁，埃皮克提图解释了芝诺的斯多葛派哲学。多兹及其他学者认为那些人的确忠实地表现了希腊化时期其创始者的心绪、口吻。

[11] Epictetus, in *The Stoic and Epicurean Philosophers*, ed. Whitney J. Oates(New York, Random House, 1940), p. 306.

[12] Lucretius, p. 208.

[13] C. G. Jung, *Memories, Dreams, Reflections*, ed. Aniela Jaffé (New York, Vintage Books, 1965), pp. 212, 334. 关键不在于对卫星、宇宙飞船和登月旅行的焦虑本身，而是它们在我们与天体之间的关系变化中象征性地代表的东西。当出现了对天空的新解释时，同样的焦虑也出现在中世纪与近代的转换期。哥白尼（Copernicus）与伽利略（Galileo）时代的市民在地球绕着太阳转的新理论被证明后依旧能感到太阳的光和热，地球依然是由泥土构成的。但它对于人的自我形象、人与教堂的关系及其他借以理解其生命的文化形式产生了深刻的影响。我赞同刘易斯·曼福特（Lewis Mumford）的观点。他在回顾荣格自传时写道，荣格"对于这些不明飞行物的评价比那些期望它们从其他星球带来访客的观点更为现实"。他接着说："人类生活在一个受其自身科学的机械

智能威胁的世界里，这是只能把天空想象成威胁它的力量的时代典型幻觉。"荣格将其视为现代人对更高权力的干涉需求之无意识投射。或译为：因为现代人生活在一个受其自身科学——机械威胁的世界里，这是只能将天空想象成威胁这个世界之力量的时代典型的错误。Lewis Mumford, *The New Yorker*, May 23, 1964.

[14] Lucretius, p. 217.

[15] 斜体是我加的。

[16] Dodds, p. 240.

[17] Lucretius, p. 218.

[18] Dodds, p. 248.

[19] Lucretius, p. 61.

[20] 同上, p. 128。

[21] 同上。

[22] 同上, p. 98。

[23] 同上, p. 79。

[24] 同上, p. 126。

[25] 同上, p. 126-127。

[26] 同上, p.204。

第十三章

意识的交流

让他们以慈悲回报慈悲

让爱成为他们共同的意志

——雅典娜总结雅典人的义务

——埃斯库罗斯：《奥瑞斯忒亚》

当我们寻找我们一直在探讨的问题的答案时，非常奇怪的是，我们发现似乎每种答案总是使这个问题枯竭。每种答案都使我们妄自菲薄，没有一种答案能达到这个问题的深度，而只是将其从人类充满活力的关怀变为简化的、毫无生气的、毫无动力的语句。因此，丹尼斯·德·鲁日满在其《西方世界的爱》（*Love in the Western World*）的结尾中说："或许根本就没有答案"。

化解（resolving）——与解决（solving）不同——问题的唯一方法就是通过更深更广的意识维度来改变它们。这些问题必须包含在其完全的意义中，这种对立甚至会以其矛盾来化解。它们必须建立在某个基础之上，此外还要形成一个新的意识层面。这就接近了我们化解问题的方案，这也是我们所需的一切。例如在治疗中，我们不会寻找这样的答案，或对问题刻板的解答——那会让患者在挣扎中情况变得比原来更糟。我们是要力图帮助他接纳、包含、拥抱和整合问题。卡尔·荣格曾很有见地地说生命中的严肃问题永远无法解决，如果似乎解决了，其中便失去了某些重要的东西。

这是本书伊洛斯、原始生命力和意向性所有这三个核心重点的要旨。伊洛斯的作用，无论在我们自身还是在宇宙本身，都是将我们拖向理想的形式，它激发了我们伸展的能力，让我们被理解、去行动并塑造未来。这是一种对可能发生的事情负责任的自我意识能力。原始生命力那朝阳的一面，在现代社会，居于伊洛斯的地下王国，同时又居于其超验的领域，需要我们在意识的个人维度上整合。意向性是想象的意向，它是我们意向的基础并告诉我们如何行动。它是一种参与了解或执行这预想的艺术能力——试试它是否合适，在想象中执行。其中的每一个重点都指向人类一个更深的维度。每一个重点都需要我们参与，需要开放，需要我们具有给予自我、接纳自我的能力。每一个重点都是爱与意志之基础不可分割的一部分。

我们尚不知那叩响了我们大门的新时代，我们只是透过窗子看到它。我们只是得到我们飞奔而去的新大陆的暗示：那些试图为它制定蓝图的人是鲁莽的，那些试图预测它的人是愚蠢的，那些试图以一句"新时代的人会喜欢他的新世界，就像我们喜欢自己的世界一样"将其打发掉的人是荒谬的。有大量证据证明许多人不喜欢我们的时代。暴力骚乱以及战争是迫使那些当权者改变这个世界所必需的。我们人类的责任是找到一个意识的层面以适合于它，并能以人类意义填补我们的科技带来的广阔的非个人空虚。

各个领域的敏感人士已看到对于这种意识的迫切需要，尤其是在种族关系领域中：如果能超越种族差别，则生；若不能，则亡。引用詹姆斯·鲍德温（James Baldwin）的话说就是："如果我们——我现在指的是相对有清醒头脑的白人和黑人，他们必须像恋人般坚持或创造他人的意识——面对我们的责任而不退缩，尽管我们为数不多，我们还是能够结束种族噩梦，拥有我们的国家并改变世界历史。如果我们现在不畏首畏尾，《圣经》（the Bible）中奴隶们的歌里再现的预言就会实现：'上帝给挪亚彩虹的预兆，不再有洪水、大火。'"[1]

爱与意志都是意识交流的形式。二者都是情感（affects）——影响（affecting）他人与我们的世界的方式。在词的变化上也并非偶然：affect，意思是情感或感情，与变化为affecting的那个词相同。affect或affecting也是一种制造、做或形成某事物的方式。爱与意志都是在他人那里创造意识的方式。当然，二者都可能被滥用：爱可被当成缠住不放的方式，意志则成为操纵他人以迫使其顺从的方式。或许缠着不放的爱与操纵的意志会突然出现在我们所有人的行动中。但情感的误用不是其定义的基础。爱与意志缺失的结果是造成分离，在我们与他人之间拉开距离，最终便会导致冷漠。

个人的爱

在爱与意志的相互包含与转化中，我们发现性爱从驱力发展到需求直至欲望。弗洛伊德最初将性构想成一种驱力，是从后面的推动力、一套储备的能量。这概念大多是因为其患者是维多利亚式压抑的受害者这一事实。但现在我们知道了，性爱可从驱力发展而来，经过原始需求而至欲望。作为驱力，性欲的本质是生物的，具有强制力的特征，具有生理的紧迫性。需求是驱力不那么紧迫的形式。只要需求被压抑，它就趋于成为驱力。在此，我们要将二者放在一起，作为需求，将二者与欲望相对比。

需求来源于生理，因遍布我们周围的性刺激而变得专横。相比之下，欲望是心理的，源于人性（完全在机体意义上）而非生理体验。前者是匮乏的机体，后者则是丰富的机体。一方面，需求从后面推动我们——我们试图回到某物，保护某物，接着便被这种需求驱动。另一方面，欲望在前面拉着我们朝向新的可能性。需求是消极的，欲望是积极的。当然，当人们在一段时期内处于一种持续的刺激状态时，性爱尤其是性未被释放，就会作为被迫的需求回到早期状态，便有可能成为驱力。

我们发现，性并非我们认为的是原始的欲望，其明显的证据来源于我们意识不到的地方，这种证据甚至存在于较人类低级的生物身上。在哈利·哈洛（Harry Harlow）有关恒河猴的大量著作中，很清楚的是，猴子对于接触、抚摸以及关系的需求先于性"驱力"。马瑟曼（Masserman）对猴子的实验也证明了性并非原始的、涵盖一切的驱力。当然，性对于种族是原始的需求，其生物的生存仰赖于性。但当我们的世界越来越少地被这种生物生存的迫切需求束缚——实际上人口过剩才是我们的真正威胁——并越来越向人类的价值与选择的发展开放时，我们发现，这种强调不是建设性的，个体无须将性欲作为原始需求来依靠。

现在到了我们所见的人类进化中从驱力到欲望的转换了。我们发现，爱是个人的。如果爱仅仅是一种需求，它便不会成为个人的，也就不涉及意志了：选择与自我意识自由的其他方面就不会进入这个画面。人只能满足需求，但当性爱成为欲望时，就涉及意志。一个人选择了一位女性，体认到爱之行为，如何实现就日益重要起来。爱与意志是作为任务与实现结合起来的。对于人类而言，最有力的需求并非对性本身的需求，而是对于关系、亲密、接受以及主张的需求。

这正是有男女——爱的极性——存在这一事实在存在论的意义上成为必需之处。不断增加的个人经验与增加的意识并行，意识是一个极，是非此即彼，是对这个说"是"而对那个说"不"。这便是前面的章节中我们要提到怀特海和蒂利希二者所持的有关正负极之理论的原因。爱的矛盾在于它是自我体认到作为一个人的最高层次以及专注于另一人的最高层次。皮埃尔·泰尔哈德·德·夏尔丹（Pierre Teilhard de Chardin）在《人类现象》（*The Phenomenon of Man*）一书中问道："如果恋人们最完全拥有的时刻不是在彼此中迷失的时刻，那是何时？"[2]

在自然的过程中以存在主义显现出的极也在人类身上显现出来。昼在夜中消失，黑夜过去，白昼又出现，阴阳不可分离，总是在摆动之中。我的呼吸是吐了气又吸气。我心跳的收缩与舒张回应着宇宙的这个极；并且只有在诗中说宇宙的脉动构成其生命，并反映在人的心脏跳动上，自然界中存在之每一刻的持续的节奏却反映在每个人脉动的血流中。

爱是个人的这一事实也表现在爱之行为本身。人类是唯一面对面做爱的生物，他们看着伴侣性交。是的，我们可以以各种理由转过头去或采取其他体位，但这些都是同一主题——彼此面对面做爱的主题——的不同形式。这使人的前面——乳房、胸膛、腹部，所有最柔软、最脆弱的部分——完全开放，完全向伴侣的仁慈与残暴敞开——男性因而可在女性眼中看到快乐与敬畏、畏缩或烦恼的细微表情，这是最大限度携带自我的姿势。

这标志着作为心理动物的人的出现，这是从动物到人的转变——连猴子都是从背后交配的。这一变化的结果的确非常伟大。这不但表明了爱之行为不可避免的个人性，其内涵之一便是恋人们想说话就能说，而且强调了在性体验中，将人的一面最紧密地贴近"我们自己"时对于亲密之体验。做爱的两根弦——对于自我的体验及其伴侣的体验——暂且在此融合了。我们感到了快乐与激情，我们看到了伴侣的双眼，也从那儿读到了这行为的意义——我无法将对方的激情与我的区分开。但这一瞥满怀热情，它带来了高度意识的关系，我们体验着我们所做的事——可能是玩，或利用，或分享感官快乐，或做爱，或其他任何形式。但至少这姿势的模式是个人的。我们得阻隔些什么，付出些努力，使其个人化。这是心理学领域的存在论：以自我关系构建人类的能力。

"关联"这个平庸之词在这种绝不平庸的行为中被提升到存

在论的层次，在其中，男性和女性再现了其古老宇宙过程的相辅相成。每一次都如此新鲜，充满惊奇，仿佛是第一次。当毕达哥拉斯谈论星之乐曲时，他指的是作为性爱的基本行为之助奏音乐。

性爱的这一个人方面的一个结果是其给予我们多样性。我们可以看看与其相类似的莫扎特的音乐。有些音乐，莫扎特演奏得很优雅。在有些音乐中，我们感到其音乐是纯粹的感官快乐，给我们以纯粹的快感。在另外一些音乐中，就像在《唐璜》结尾的死亡音乐或其五重奏中，莫扎特在深深地颤抖：我们被命运抓住，而原始生命力作为不可避免的悲剧出现在我们面前。如果莫扎特只有第一个元素——弹奏，他迟早会变得平庸枯燥。如果其只展现纯粹的感官快乐，他会让人腻味。如果他只有火与死亡之音乐，其创造会太过沉重。他之伟大是因为他在所有三个维度上作曲，而且他必须立刻在所有这些层面被听到。

同样，性爱也不能只被弹奏，但或许纯粹弹奏的元素会有规律地出现。由此看来，随意的性关系在分享快乐与温情时可能会有其满足之处与意义。但若一个人对于性的整体模式与态度只是随意，那么演奏本身迟早会令人厌倦。感官享乐亦如此，显然它是任何性爱满足中的一个元素：如果它被迫担负起整个关系的重担，它就会变得令人倒胃口。如果性只是感官享受，你迟早会反对性本身。原始生命力的元素与悲剧性给予爱以深度和令人难以忘怀的特质，就像莫扎特的音乐那样。

爱之行为的方方面面

让我们总结一下爱之行为是如何深化意识的。首先,有一种柔情,它来自对他人需求欲望及其情感的细微之处的觉知。温柔的体验产生于这样一个事实:两个人,如所有个体那样,渴望战胜分离与孤独——这是我们所有人所承继的,因为我们是个体,能够参与到一种关系中。此刻,这种关系不是两个孤立的自我而是一个结合体。在这种爱之行为中,爱人们常常无法说出他或其爱人——这没什么区别——是否能产生一种特别的快感。一种分享出现了,这是一种新的格式塔、一个神奇力量的新领域、一个新的存在。

强烈意识的第二个方面来自爱之行为中的自我主张。尽管我们的文化中,许多人使用性以得到一个短暂、补充的身份,但爱之行为能够也应当为个人身份感提供一个稳固且有意义的途径。做爱可使我们的面貌焕然一新,充满活力。这活力不是因胜利或证明了自己的力量而产生,而是来自觉知的拓展。或许做爱总是包含悲哀的元素——这延续了前面章节所述的情况——正如在几乎所有音乐中那样,无论它如何快乐(正是因为无法持续,人才必须在那一刻听到它,否则它永远湮没)。这悲伤是因为我们想到我们还没能完全地摆脱分离,以及我们能够重获子宫的幼稚希望永远不会实现,甚至我们增加的自我觉知也使我们痛苦地意识到我们没有人能完全战胜孤独。但通过爱之行为本身获得我们个体重要性的充实感,我们便可接受人类的有限性加于我们的这些限制。

这直接将我们带入第三个方面：人格的充实与满足——迄今为止还是可能的。以我们的自我与感觉的觉知开始，我们能不断地感受到我们给他人带来快乐的能力。我们因而可在关系中拓展意义，在任一特定时刻我们所具有的都超越了我们本身。我们确实不再只是我们自己。对此可以想象出的最有力的象征就是生殖——新生命可孕育与出生这个事实。我用"新生命"不但是指"出生"这个字面意义，而且是指一个人自我的某个新的方面的诞生。无论是字面还是部分的隐喻，爱之行为都因生殖而伟大，无论随意的、短暂的，还是忠诚的、持久的，这都是爱之创造性的基本象征。

新意识的第四个方面存在于这样一种奇特的现象中，那就是能够给予另外那个人是这一行为中使人自身得到完全的快乐之基础。在我们这个个性机械化并强调在性对象中"释放紧张"的时代，这听起来像种平庸的道德说教。但这并非多愁善感，这更是一种观点，任何人都可在爱之行为的自身体验中遵循它——给予是一种自身快乐的基础。心理治疗中的许多患者发现，若他们不能为伴侣"做些什么"、给予些什么——常见的表达方式就是性行为本身的给予——他们就会失去什么，这往往使他们有些惊诧。正如给予是一个人自己完全的快乐之基础，在爱的关系中，接受的能力也是必需的。假使你不能够接受，你的给予就会成为对伴侣的控制。反之，若你不能够给予，你的接受就会使他空虚。只能接受的人会变得空虚，这个矛盾的论点千真万确。因为他不能主动参与并将所接受的变为己有，所以我们不是将接受作为被动现象来谈论，而是视作主动地接受：无论在一个人的言谈举止中是否体现出来，他都知道他在接受，他感觉它，将它吸收到自身的体验中。

随之而来的一个必然结果是心理治疗中的奇怪现象：当患者察觉到一些情绪——性冲动、愤怒疏离或敌意时，治疗师一般会发现自己也有同样的情绪。这是因为，当关系是真实的时，他们的移情作用会使其分享情感的共同领域。这就导致这样一个事实：在日常生活中，我们一般会倾向于爱上那些爱我们的人。在此就可发现"追求"和"赢得"一个人的意义。巨大的爱某人的"拉力"正是来自他或她爱你，激情激起了一种回应的激情。

现在，我意识到随这一叙述接踵而来的所有反对意见：一种是人们常常被爱着他们的人拒绝；另一种是我的说法并未将一个人被推动为其所爱之人付出的所有附加情况考虑进去，并且对被动性强调太多。对于第一点反对意见，我以我的观点之反证进行回答：我们与爱我们的人共居于一个格式塔中，为保护自己不受其感情影响，或许有很好的理由，我们会抽身。第二种异议无非是我已经说过的情况的脚注——如果某人爱我们，他会做许多必要的事向我们示爱，而行为并非原因，只是整个领域的一部分。此外，还有一种反对意见会由那些仍将主动与被动分离，并且尚未接受或理解主动接受意义的人提出。正如我们所知，对我们大多数人而言，爱之体验充满了隐患、失望与创伤事件。但世上所有隐患都无法否认这一点：我们所付出的情感传达出去的确引起了对方肯定或否定的回应。我们再次引用鲍德温的话：我们"像恋人般坚持或创造他人的意识"。因此，做爱（用这个既非操纵亦非偶然的动词）是对回应的情感最有力的鼓励。

最后是理想中会在性高潮时产生的意识的形式。这是恋人们被带离其个人孤立的时刻，这是当他们与自然本身结合时所感受到的意识转换发生的时刻。有一种与那样一种时刻触碰、联系与结合的催化的体验。在那一时刻，隔离感消失了，湮没在与自然融为一体的宇宙感中。在海明威的小说《丧钟为谁而鸣》（*For Whom the Bell Tolls*）中，男主人公与所爱的姑娘到山里做爱，当他们归来时，等待他们的老妇人皮拉尔（Pilar）问道："大地震颤了吗？"这似乎是自我意识消失而连大地都包括其中的那突如其来的意识涌现之正常部分。我不希望我的叙述听起来太"理想"，因为我认为，无论其如何微妙，它都是所有做爱的特质，最失去个性的那种除外。我也不希望它听起来只是"神秘"，因为尽管我们的知觉有限，我也认为它都是爱之行为中实际体验不可分割的部分。

意识之创造性

爱将我们推向了这个意识的新维度。它基于"我们"这个最初的体验。与我们所想象的恰好相反，我们的生命不是作为个体，而是作为"我们"开始的。我们由男女结合而被创造，表面上看是一个肉体，却是因父亲的精子与母亲的卵子结合而产生的。个性显现于这个原始的"我们"之中，并依靠着这个"我们"。确实，若不能迟早成为一个个体，与父母分离而主张自己的身份，我们就根本无法实现自我。个体意识便是其中必需的。虽然我们都不是以孤立的自我开始，但我们必须——因为我们已失去了最初的自由（这母亲乳房的伊甸园）——能够主张我们的个性。伊甸园已崩塌，人开始出现。"我们"是机体的起源，"我"则是人类意识的起源。这个个体是一个人，因为他能够接受最初自由的崩溃，尽管这是痛苦的。他能肯定它，并能够开始向完全的自我意识朝圣。这个原始的"我们"是我们进行这朝圣的背景，正如 W. H. 奥登所描述的：

> 无论我们持何种观点，
>
> 它都必须表明，
>
> 为何每个恋人都希望
>
> 使那人成为自己的：
>
> 或许，事实上，
>
> 我们从来就不孤独。[3]

　　我说过，爱欲挽救了性，使之不致自我毁灭。这是一般状况。但爱欲没有菲里亚、兄弟之爱与友谊亦无法生存。不断吸引与持续的激情所造成的紧张若永远持续下去是不堪忍受的。在将其他人的存在作为存在接受的爱人身上，菲里亚是放松。它只是喜欢与那人待在一起，喜欢与那人一起休息，喜欢他走路的节奏、他的声音、他整个的存在，这给了爱欲一个宽度，给了它成长的时间，给了它将根扎得更深的时间。菲里亚让我除了接受与所爱的人在一起，喜欢他，不需我们为他做任何事。这是最简单的友谊，是最直接的关系。这就是蒂利希做了如此之多的接受，以及培养接受这个接受的能力（对现代人来说，这种能力听上去会很奇怪是一个损失）的原因。[4] 我们是独立的人，常常将我们的能力看得很认真，不断地行动和反应，却未认识到生命的许多价值只有在我们不逼迫时才会到来，当它不被推动或要求时它就会静静地到来。它不是来自从后面推动的驱力或前方的吸引力，而只需在一起就会静静地出现。马修·阿诺德（Matthew Arnold）在其诗中就提到这一点：

只需——但这罕有
——当爱人的手放在我们的手，
当我们在没完没了的
奔波与怒目中
感到疲惫时，
我们的双眼可在
另外那双眼中，
读到清澈。
当我们被世界震聋的耳，
被那轻柔的爱之声轻抚
——在我胸中的某处，
门闩被轻轻拨开，
失去的感觉之脉搏

又重新开始跳动。

眼沉心底，

心绪如此平静，

我们说出我们所想，

我们知道我们所欲，

人对其生命之流有了体认。[5]

因此，哈里·斯塔克·沙利文在人类发展中强调"密友"阶段。这一阶段有好几年，大约从 8 岁到 12 岁，是在男孩女孩成熟之前、异性恋尚未实质性出现之前。这是同性之间真正彼此喜爱的时期。这一时期，男孩子搂着彼此的肩膀去上学，而女孩子彼此难舍难分。这是像喜欢自己一样喜欢别人的能力开始的时期。沙利文认为，如果这种"密友"体验缺失，日后此人就无法爱异性。并且沙利文还相信，在"密友"期之前，孩子是不能够爱任何人的，如果有人强迫他或她这么做，他或她可使其表现得似乎是爱别人，但那是一种假象。无论是否接受如此观点的极端形式，其重要性都是清晰可见的。

哈利·哈洛对于恒河猴的实验也给了菲里亚（友爱）之重要性以更多的证实。[6] 那些不被允许在童年期交友的猴子，那些从未学会与兄弟姐妹或"朋友"以各种自由的非性的方式玩耍的猴子，日后就不能充分地进行性行为。换句话说，与同伴玩耍的阶段是学习日后具有充分的性吸引力和回应异性基本的先决条件。在其文章中，哈洛写道："我们认为，只有将爱想象成几种爱或情感系统而非单一情感，才能够理解灵长类动物社会化中的情感角色。"

在我们这个匆匆忙忙的时代，菲里亚被尊为人们还有时间发展友谊的那个逝去岁月的遗迹。我们发现自己如此忙碌，下了班去开会，吃了延误的晚餐，上床睡觉……第二天照旧如此。菲里亚对我们生命的贡献消失了。或者，我们误将其与同性恋联系在一起，美国男人尤其害怕与男性的友谊，害怕其中带有同性恋的迹象。但至少我们必须回想起菲里亚在帮助我们于密友期发现自我并开始身份的发展方面是十分重要的。

反过来，菲里亚也需要神爱（agapé），我们将同胞之爱定义为对他人的尊重、对他人幸福的关怀而不求回报。这是一种无私的爱，最典型的就是上帝对人类之爱。仁爱（charity），从《新约》中翻译而来，译得并不好，但它的确包含无私给予的元素；虽不尽相同，但却与母猫舍命保护幼仔的天性之生物学方面以及人类不求回报而爱自己的孩子的固有机制相类似。

神爱要担负扮演上帝的风险。但这是我们需要并且能够冒的风险。我们认识到，人类的动机没有纯然无私的。最佳情况下，每个人的动机便是这几种不同爱的混合。正如我不想让某人纯然精神地"爱我"，无视我的身体，也没有我是男是女的意识，我也不想只被人爱我的身体。当大人告诉孩子他们做什么"只是为他好"时，孩子能够感觉到那是谎言。人人都不喜欢别人只在"精神上"爱他。

然而，每种爱都先要有关怀，因为它说明某事的确重要。在正常的人类关系中，无论怎样难以察觉，每种爱都有着其他三种爱的元素。

爱、意志与社会形态

爱与意志是在社会形态中发生的。这些形态是那一时期可行的神话与象征，是社会之活力流动的渠道。创造力则是生命力与形态之间斗争的结果。任何试图写十四行诗或格律诗的人都意识到，理想中的这些形式不是减损了创造力而是可增强创造力。而当前对于形态的反抗只是反过来证明了这一点：在我们这过渡时期，我们在搜寻、探求，四处摸索，奋力坚持我们在寻找新形态的实验中发现的一切。艾灵顿公爵（Duck Ellington）在其朴素的说明中说，当他作曲时，他要牢记其小号手无法保证达到最高音，而长号手却善于此道，要在这些障碍中作曲。他说："有限制很好。"不仅是力比多与爱欲，其他形式的爱亦如此：完全满足意味着人类的死亡，爱因恋人的死亡而枯竭。是创造的本性需要一种发挥其创造力的形态，因而障碍便有了其积极作用。

这些社会形态首先是由艺术家塑造与呈现的。艺术家们破土动工，拓展了我们的意识，是他们教会我们去看，指出了通向体验新维度的道路，这是我们在任何特定时期已丢失的。这便是为何欣赏艺术作品会给予我们一种突如其来的自我识别的体验。众所周知的文艺复兴是觉知的伟大诞生。乔托（Giotto）这文艺复兴的先驱以一个新视角看到自然，第一次以三维空间画岩石与树木。这个空间一直存在却未被看到，因为中世纪的人专注于二维马赛克图画所反映出的他与来世之间的垂直关系。乔托扩大了人类意识，因为他的透视法需要一个个体站在某一点上来看这个远景。这个个体并不重要，来世也不再是准则，个体自身的体验与其看的能力才是。乔托的画是一百年后兴盛的文艺复兴之个人主义的预言。

乔托所画的空间新世界是麦哲伦（Magellan）与哥伦布（Columbus）对于大洋与大陆的新的地理探险的基础。这一探索改变了人与其世界的关系。它也是伽利略与哥白尼天文探索的基础，这改变了人与天空的关系。这些空间上的新发现导致人类自我形象的剧变。我们的时代并非第一个需要面对因人类发现了外部空间新维度并同样需要心灵新的扩展而产生的孤独的时代。约翰·多恩（John Donne）的诗反映了这一时期的心理剧变与精神孤独：

> 人们坦率地承认，
> 当他们在星球、在苍穹中，
> 寻找如此多的新事物时，
> 这世界已不再。
> 一切都已破碎，所有的一致性，
> 都已消失；这所有的合理性，
> 这所有的关系；
> 君、臣、父子，均需忘却。
> 因为，每个人都认为，
> 他必须成为
> 浴火的凤凰。[7]

哲学家莱布尼茨（Leibniz）的没有门窗与他人交流的孤立的单孢体学说也表达了这种孤独，科学家帕斯卡尔（Pascal）也表达了这种孤独！

　　当看到人类的盲目与悲惨，看到全世界都沉默不语，看不到光明的人，孤独无依，仿佛误入世界的这个角落，不知是谁将他置于此，他因何在此，或死后将变成什么，什么都无法知道。我开始害怕，就像睡梦中被带到可怕荒岛中的人，醒来后不知身在何方，又无法逃离荒岛。[8]

但正如这些人能够发现意识的新层面，在某种程度上，它填满了空间这个新的水库，因此我们这个时代必须有同样的转换。

20世纪初的塞尚，以新的方法观察和画空间。他不是以现在的视点，而是以自发的整体性、一种对空间形式的直觉的理解的新方式来观察和画空间的，他画的是空间的存在而非大小。我们看到其画布上的岩石、树与山时，我们发现自己不是在想"这山在这树后面"，而是注意到一个紧密的整体。它的奇妙之处在于它将近与远、过去与现在、意识与无意识包含在我们与世界的关系这个紧密的整体中。最近，当我在伦敦看到塞尚的一幅油画《安锡湖》（*Le Lac d'Annecy*）（此前我从未看到过）时，它激起了我的兴趣。我注意到他实际上将山画到了树上，这与其实际上看到的此山在20英里开外的事实相反。在塞尚看来，形式不是作为相加在一起的独立的项目出现在我们面前，而是吸引着我们的存在。在塞尚的肖像画中亦如此——呈现在我们面前的人物不是有着前额、两只耳朵和一个鼻子的脸，而是存在，这个存在的说服力无法以我们幼稚的现实主义来描绘。它向我们揭示的是人类更真实的东西而非现实主义。重要的观点是，若画能与我们交谈，它就会要我们加入画作本身当中。

在塞尚身上，我们看到了空间、石头、树和脸的这个新世界。他告诉我们，机械的旧世界已翻篇，我们必须看到并生活在这个新的空间世界中。这甚至在其看似平庸的有关餐桌上的苹果和桃子的画作中都很明显，但在其树的画作中尤为清晰和具有说服力。在大学时代，我常常在高大的榆树下，穿过校园去上课，我对那些树的魁梧与力量赞叹不已。如今，我去办公室时走在河岸大道的榆树下。在这两者间，我看到并认识到塞尚榆树画作的壮观——或更是体验到的——与我大学校园中的完全不同。现在这些树是与树的实际尺寸无关的形式乐章的一部分。天空中的白色三角的形状与给予树木形态的树枝一样重要。悬挂在天空中的纯粹的力量与树的大小无关，而是由横在哈德逊河上方灰蓝天空中的线条与枝丫构成的。

塞尚揭示的新世界的特点是超越了因果，没有"A"产生"B"、产生"C"的意义上的线性关系，形态的所有方面同时产生于我们的视觉中——或索性什么都没有。这都表明我们的时代将会产生新形态。画作是玄妙的，不是写实的或现实的，它涵盖了时间的所有范畴——过去、现在、未来，意识与无意识。更重要的是，如果我完全置身画外，我连画也看不到。只有当我参与其中时，它才能与我交流。如果将塞尚的岩石当作精确的透视图来看，我就看不到塞尚，我只能将岩石当作通过我自己的身体、感觉和对我的世界的感知来与我谈话的形态模式看时才能看到他。这是我必须移情的世界。我必须在一个基本形态的世界中——将自我交付于它，这是我生命的基础。这是这些画作对我的意识的挑战。

但我如何知道如果我让自己进入塞尚新形态与空间的轨道就能重新发现自己？这个问题解释了为何许多人会狂暴地、非理性地以及激烈地反对现代艺术。它的确破坏了他们的旧世界，因此必定会被憎恨。他们再也不能以旧的方式看待这个世界了，再也不能以旧的方式体验生命了。一旦旧的意识被破坏，就再也没有机会重建它了。尽管由于塞尚属于中产阶级，他似乎呈现出强有力的、坚实的形态，生命在其上看起来很安全，但我们却不应因此而意识不到其画作中包含一种完全不同的语言。这是一种使凡·高几年前精神错乱，而尼采付出了高昂代价与之斗争的意识程度。

塞尚的画作与"分而治之"的精神分裂相反，它具有自培根以来人与本质关系的特征，并将我们引到了灾难的边缘。塞尚的说明指出，我们能够且必须将世界当成一个紧密的、自发的整体用意志去爱。在塞尚及其同道身上，有一种神秘的、象征性的新语言，它在我们面临的新环境中对于爱与意志来说更为充分。

无论以何种方式体现，它都传达了艺术家的激情，那是从其潜意识、无意识体验到的他与其世界之间的关系的重要性。communicate（传达）与 commune（谈心）相关。反过来，二者都是体验与我们的同胞交流、求同的途径。

我们将世界作为一个紧密的、自发的整体来爱并加之以意志。

我们通过我们的决定、法令、选择将我们的意志施予这个世界。我们爱这个世界，给予它感情、精力、爱的能力，并在我们塑造和改变它时改变自己，这便是一个人与其世界充分关联的意义。我并非暗示这个世界在我们爱它并对其施予意志之前是不存在的，人只能以其设想为基础来回答该问题。作为具有与生俱来的现实主义风格的中西部人，我会认为它的确存在。但它并不真实，与我无关。我未对其造成影响，我如同梦游，模糊不清，没有实际的接触。人可以选择将其排除在外——就像纽约人乘坐地铁时那样——或者可以选择注意它、创造它。在此意义上，我们赋予塞尚的艺术或沙特尔大教堂以力量，以使我们前进。

我们现在最终回到我们的个人生活，这又有什么意义呢？我们意识的微观世界是我们所了解的宇宙的宏观世界。这是充满恐惧的快乐，是祝福，是对人类能够意识到自我与其世界的诅咒。

意识使我们的行为令人惊讶地具有意义，要不然这些行为只能是荒唐的。充斥我们全身心的爱欲，以其力量召唤我们，承诺可以变为我们的力量。而原始生命力——这声音常常令人烦恼，但同时也是我们的创造力——如果我们不扼杀这些原始生命力体验，而是带着一种我是什么、生命是什么的珍贵感去接受它，它就会引导我们进入生命。意向性自身由深化的自我觉知构成，它是我们将因意识而惊愕的意义置于行动中的方式。

我们站在从前时代之意识巅峰，其智慧为我所用。历史——这座选择性地珍藏着过去的宝屋，每一时代都将其留给后人——构成我们的现在以便我们能够拥抱未来。重要的是，我们的洞察力——

这在我们脑海边缘作用的新形式总能将我们引入处女地。无论我们喜欢与否，我们都站在了陌生且令人迷惑的大地上。唯一的出路是向前，而我们的选择是：我们是退缩抑或肯定它。

在每一种爱与意志的行动中——最终它们都将出现在每一种真正的行动中——我们同时在塑造自我与我们的世界。这便是拥抱未来的含义。

注释

[1] James Baldwin, *The Fire Next Time*.

[2] 由 Dan Sullivan 援引于 "Sex and the Person," *Commonweal*, 22, July, 1966, p. 461。

[3] W. H. Auden, *Collected Shorter Poems* (New York, Random House, 1967).

[4] Tillich, *The Courage to Be*, Chapt. 6.

[5] *The Buried Life*, lines 77-89.

[6] Harry Harlow, "Affection in Primates," *Discovery*, London, January, 1966, 未注明页码。

[7] John Donne, "The First Anniversary: An Anatomy of the World," *The Complete Poetry of John Donne*, ed. John T.Shawcross (New York, Doubleday & Co., Anchor Books, 1967), p. 278, lines 209-217.

[8] Blaise Pascal, *Pensées*, ed. and trans. G. B. Rawlings, (Mount Vernon, N. Y., The Peter Pauper Press, 1946), p. 7.

罗洛·梅文集

Rollo May

图书在版编目（CIP）数据

爱与意志 /（美）罗洛·梅著；宏梅，梁华译 .
北京：中国人民大学出版社，2025.4. ——（罗洛·梅文
集 / 郭本禹，杨韶刚主编）. --ISBN 978-7-300-33753-
1

Ⅰ. B842.6；B848.4

中国国家版本馆 CIP 数据核字第 2025QN0913 号

罗洛·梅文集

郭本禹　杨韶刚　主编

爱与意志

[美] 罗洛·梅　著

宏梅　梁华　译

Ai yu Yizhi

出版发行	中国人民大学出版社	
社　　址	北京中关村大街 31 号	**邮政编码**　100080
电　　话	010-62511242（总编室）	010-62511770（质管部）
	010-82501766（邮购部）	010-62514148（门市部）
	010-62515195（发行公司）	010-62515275（盗版举报）
网　　址	http://www.crup.com.cn	
经　　销	新华书店	
印　　刷	北京瑞禾彩色印刷有限公司	
开　　本	890 mm × 1240 mm　1/32	**版　　次**　2025 年 4 月第 1 版
印　　张	13.125 插页 3	**印　　次**　2025 年 4 月第 1 次印刷
字　　数	276 000	**定　　价**　89.00 元